中油国际管道公司技能培训认证系列教材

燃驱压缩机组运行与维护
（中级）

中油国际管道有限公司　编

石油工业出版社

内 容 提 要

本书是中油国际管道公司技能培训认证系列教材之一。本书根据燃驱压缩机组运行维护人员的职业特点，主要压缩机组和燃气轮机的结构与组成、压缩机组的控制和仪表系统、燃气轮机运行操作、压缩机组辅助系统操作、压缩机组维护保养的知识和技能。

本书适用于天然气长输管道燃驱压缩机组相关从业人员使用和参考，以及企业内部培训教学。

图书在版编目（CIP）数据

燃驱压缩机组运行与维护：中级／中油国际管道有限公司编. -- 北京：石油工业出版社，2024.11.
（中油国际管道公司技能培训认证系列教材）. -- ISBN 978-7-5183-7119-8

Ⅰ. TE964

中国国家版本馆 CIP 数据核字第 20240K7P64 号

出版发行：石油工业出版社
　　　　　（北京朝阳区安华里二区 1 号楼　100011）
　　　　　网　　址：www.petropub.com
　　　　　编辑部：（010）64243803
　　　　　图书营销中心：（010）64523633
经　　销：全国新华书店
印　　刷：北京中石油彩色印刷有限责任公司

2024 年 11 月第 1 版　2024 年 11 月第 1 次印刷
787×1092 毫米　开本：1/16　印张：15.25
字数：320 千字

定价：65.00 元
（如出现印装质量问题，我社图书营销中心负责调换）
版权所有，翻印必究

《中油国际管道公司技能培训认证系列教材》
编 委 会

主　　任：钟　凡
副 主 任：金庆国　张　鹏　宫长利　刘桂华　韩建强
　　　　　才　建
委　　员：姜进田　王　强　刘志广　徐　宁　袁运栋
　　　　　史云涛　罗胤蒐　刘　锐　艾唐敏　张　宇

《燃驱压缩机组运行与维护》
编 写 组

主　　编：袁运栋
副 主 编：王　巍　张　宇
参编人员：(按姓氏笔画排序)
　　　　　丁振军　王成祥　王华青　邓琳纳　叶尔博
　　　　　叶建军　吕子文　向志雄　刘　岩　孙　强
　　　　　孙波浪　孙海芳　李　振　李　涛　李　铮
　　　　　李国斌　李建廷　杨　放　肖　俏　肖博舰
　　　　　余春浩　宋　航　陈　龙　陈子鑫　陈若雷
　　　　　林　青　郑志明　宗鹤宏　赵　亮　郝振东
　　　　　侯世宇　高　斌　陶世政　崔新鹏　曾克然
　　　　　谭森耀　潘　涛　戴兴正

序

中油国际管道公司发展至今，业务范围覆盖乌兹别克斯坦、哈萨克斯坦、塔吉克斯坦、吉尔吉斯斯坦、缅甸、中国六国，承担着守护国家"西北、西南"能源战略通道的责任，是"一带一路"倡议的先行者与践行者。公司现下辖13个合资及独资公司，建设和运营6条天然气管道和3条原油管道，向国内源源不断地输送着石油、天然气能源。

公司派驻海外工作的运行工程师用工形式多样化、人员技术水平各有差异，海外站场的管理岗位有限。在"十三五"开局之年公司战略性提出了建设"世界先进水平的国际化管道公司"目标，其中的一项重要任务就是提高运行维护人员的专业素质。公司始终将技术创新作为企业发展的动力，把人才作为企业发展的重要基石，致力于培训一流技术水平的员工，来建设世界一流的能源企业。为适应新形势，契合公司建设世界先进水平管道公司战略目标，需探索创新选才、用才、聚才的专业技术人才培养机制，全面提升专业技术队伍的素质及稳定性。

为提升现场工程师技术水平、拓展成长空间、优化现场管理，提升队伍素质，打造一支与业务发展规模相适应的国际化运行管理的人才队伍，公司结合运行管理需求，开展充分调研及研究，探索制定运行工程师培训认证建设，开展了公司运行工程师认证体系建设教材、题库编制工作。这项工作一是有助于现场运行工程师能力和技术水平的提高；二是提升队伍素质，优化现场管理，满足公司的运营需求；三是为公司海外管道安全运行维护提供坚实的保障；四是公司国际化发展战略顺利实施的重要措施。运行工程师认证体系教材和题库的编写工作高度契合公司人才战略目标，对公司专业技术人才培养机制的完善具有重要意义，为公司"双通道"战略的顺利实施提供坚实保障。

中油国际管道公司技能培训认证系列教材全面涵盖了长输油气管道生产运行各主要专业的知识、理论和技能，是为广大油气管道生产运行人员量身打造的学习书籍。

前言

在中油国际管道公司建设"世界先进水平的国际化管道公司"目标引领下,为适应新时期技术、工艺、设备等专业的发展,提高运行员工队伍素质,满足培训、鉴定工作的需要,中油国际管道公司搭建了运行工程师认证培训体系模型框架,按照生产运行业务划分为工艺、设备、压缩机组、电气、自动化、计量、通信、管道完整性、阴极保护、维抢修等十大专业技术组,开展了《中油国际管道公司技能培训认证系列教材》的编制工作。

本系列丛书有十个专业,每个专业按"初级/中级/高级"三个级别工程师的能力模型及知识框架,分为初级、中级、高级三个分册,编制了相应教材和题库,相信随着本丛书的陆续出版,会成为长输管道运行工程师培训和认证的有力抓手。

《燃驱压缩机组运行与维护》是《中油国际管道公司技能培训认证系列教材》的一本,其中,《燃驱压缩机组运行与维护(初级)》主要介绍压气站及升压工艺、天然气压缩机组基础、燃气轮机驱动压缩机组、压缩机组的控制系统、压缩机组辅助系统、压气站工艺操作、压缩机组一般运行管理、压缩机的一般维护等内容;《燃驱压缩机组运行与维护(中级)》主要介绍压缩机组和燃气轮机的结构与组成、压缩机组的控制和仪表系统、燃气轮机运行操作、压缩机组辅助系统的操作、压缩机组维护保养等内容；《燃驱压缩机组运行与维护(高级)》主要介绍燃驱离心式压缩机组的设计与选型、燃驱离心式压缩机组运行工况及负载分配、压缩机组控制面板模式和说明、压缩机组振动监测和动态监控、燃驱离心式压缩机组各种部件的维护检修、燃驱离心式压缩机组机械设备和控制系统的故障诊断及处置等内容。

本书在编写过程中得到了中国石油管道局投产运行分公司的大力支持，在此表示衷心感谢。

由于编者水平有限，书中不足、疏漏之处请广大读者提出宝贵意见。

《燃驱压缩机组运行与维护》编写组
2023 年 12 月

目录

第一章　压缩机组 ……………………………………………………………………（1）
　第一节　压气站离心式天然气压缩机组的特点 ………………………………（1）
　第二节　燃气轮机驱动压缩机组系统结构组成与参数 ………………………（2）

第二章　燃气轮机 ……………………………………………………………………（16）
　第一节　燃气轮机的结构组成 …………………………………………………（16）
　第二节　燃气发生器 ……………………………………………………………（17）
　第三节　典型燃烧室 ……………………………………………………………（34）
　第四节　动力涡轮 ………………………………………………………………（38）

第三章　离心式压缩机 ………………………………………………………………（40）
　第一节　离心式压缩机的结构与工作原理 ……………………………………（40）
　第二节　离心式压缩机的润滑系统 ……………………………………………（43）
　第三节　离心式压缩机的密封系统 ……………………………………………（44）

第四章　压缩机组的控制及仪表系统 ………………………………………………（47）
　第一节　压缩机组控制系统构成及工作原理 …………………………………（47）
　第二节　压缩机组 HMI 构成及工作原理 ………………………………………（59）
　第三节　压缩机组负荷分配系统 ………………………………………………（61）
　第四节　压缩机组仪表系统组成 ………………………………………………（62）
　第五节　压缩机组运行的仪表系统 ……………………………………………（64）

第五章　压缩机组运行操作 …………………………………………………………（69）
　第一节　机组控制面板及控制模式说明 ………………………………………（69）
　第二节　压缩机组运行及工况调整 ……………………………………………（103）
　第三节　压缩机负载分配 ………………………………………………………（107）
　第四节　机组振动监测及振动参数 ……………………………………………（108）
　第五节　压缩机组动态监控 ……………………………………………………（116）
　第六节　压缩机组操作程序及运行调整 ………………………………………（117）
　第七节　压缩机组启机 …………………………………………………………（150）

第八节　压缩机组停机…………………………………………………………（153）
  第九节　压缩机组运行中检查…………………………………………………（155）
  第十节　机组停机后检查………………………………………………………（156）
第六章　压缩机组辅助系统的操作………………………………………………（157）
  第一节　压缩机组辅助系统概述………………………………………………（157）
  第二节　干气密封系统…………………………………………………………（168）
  第三节　燃机燃料气系统………………………………………………………（171）
  第四节　火气系统………………………………………………………………（174）
  第五节　空气系统………………………………………………………………（175）
  第六节　润滑油系统运行操作…………………………………………………（177）
  第七节　干气密封系统运行操作………………………………………………（187）
  第八节　燃机燃料气系统运行操作……………………………………………（190）
  第九节　燃料气橇系统运行操作………………………………………………（190）
  第十节　仪表风系统运行操作…………………………………………………（191）
  第十一节　MCC系统运行操作…………………………………………………（192）
  第十二节　冷却水系统运行操作………………………………………………（193）
  第十三节　机组电气设备的安全操作…………………………………………（194）
  第十四节　在线/离线水洗系统运行操作………………………………………（196）
第七章　压缩机组的维护保养……………………………………………………（201）
  第一节　压缩机组仪表维护要求………………………………………………（201）
  第二节　压缩机组一般维护保养作业…………………………………………（202）
  第三节　压缩机组内窥孔探检查………………………………………………（212）
  第四节　燃气发生器、动力涡轮运行72h的运行测试…………………………（216）
  第五节　燃气发生器、动力涡轮运行500h的维护检修………………………（217）
  第六节　压缩机组4000h保养…………………………………………………（218）
  第七节　压缩组8000h及以上保养……………………………………………（225）
附录……………………………………………………………………………………（231）
  缩写索引表………………………………………………………………………（231）

第一章　压缩机组

学习范围	考 核 内 容
知识要点	压气站离心式天然气压缩机组的特点
	燃气轮机驱动压缩机组系统结构组成

第一节　压气站离心式天然气压缩机组的特点

压缩机及与之配套的原动机统称为压缩机组。压缩机组是干线输气管道的主要工艺设备，同时也是压气站的核心部分，其功能是提高进入压气站的气体的压力，从而使管道沿线各管段的流量满足相应的任务输量的要求。

目前在干线输气管道上采用的输气压缩机有两种类型，即往复式压缩机和离心式压缩机。往复式压缩机的基本工作原理是通过曲柄连杆机构将曲轴旋转运动转化为活塞往复运动，当曲轴旋转时，通过连杆的传动，驱动活塞做往复运动，由气缸内壁、气缸盖和活塞上的工作端面所构成的工作容积则会发生周期性变化。离心式压缩机的基本工作原理是利用高速旋转的叶轮使叶轮出口的气流达到很高的流速，然后在扩压室内将高速气体的动能转化为压力能，从而使压缩机出口的气体达到较高的压力。

与往复式压缩机相比，离心式压缩机的主要特点是：

（1）排量大，压比低，适合于干线输气管道这种大排量的应用场合。

（2）结构紧凑，体积小，机组占地面积及重量相对较小。

（3）运动部件少，易损件少，运行可靠性高，运行维修工作量低。

（4）振动和噪声小，不需庞大而笨重的基础。

（5）除轴承外，机器内部其他部件不需要润滑，因而润滑油的用量小，而且不会污染所输送的气体。

（6）转速高(可达 1×10^4 r/min 以上)，可与燃气轮机或蒸汽轮机直接连接而无须变速装置。

（7）排气均匀、连续，多台压缩机可以直接串联运行。

基于以上特点，目前天然气安全高效地长距离运输，主要采用离心式压缩机组。

第二节　燃气轮机驱动压缩机组系统结构组成与参数

一、LM2500+燃驱压缩机组

以PGT25PLUS燃气轮机+PCL803离心式压缩机为例进行介绍。

（一）基本参数

（1）制造厂家：美国通用电气—新比隆公司（GE/NP公司）。

（2）类型：LM2500型双轴航改型工业燃气轮机压缩机组。

（3）循环方式：简单循环。

（4）基本功率：31364kW。

（5）控制系统：MARK Ⅵe控制系统。

（6）燃料：天然气。

（7）旋转方向：逆时针方向（从进气侧看）。

（8）额定转速：6100r/min。

（9）性能：ISO功率31364kW；ISO效率41.1%。

（10）排气温度：499.7℃（ISO）。

（二）各组成部分参数

1. 燃气发生器

（1）类型：LM2500+SAC。

（2）压气机：共17级，压比23:1，前7级静叶片可调。

（3）涡轮：共2级，冲/反动式。

（4）燃烧室：单环形燃烧室，燃料喷嘴30个，火花塞2个。

（5）燃料：单燃料（天然气）。

（6）燃料气点火转速：1700r/min。

（7）转子自持速度：4500r/min。

（8）怠速：6100r/min。

（9）最大转速：10500r/min。

（10）温控运行T48排气温度：852℃。

2. 动力涡轮

（1）涡轮级数：2级。

（2）最高进气温度：852℃。

(3) 额定运行转速：6100r/min。

(4) 最大允许运行转速：6405r/min。

(5) 跳闸转速：6710r/min。

(6) 转速控制：通过燃气发生器的燃料量控制。

3. 压缩机

(1) 类型：PCL803离心压缩机。

(2) 机器结构：桶型机壳，两端开口，进出口法兰垂直于轴线。

(3) 叶轮级数：3级。

(4) 额定运行转速：6100r/min。

(5) 最大允许运行转速：6405r/min。

(6) 跳闸转速：6710r/min。

(7) 机组额定效率：87%。

(8) 轴端密封：干气密封。

4. 辅助系统

1) 液压启动系统

液压启动系统启动机最大工作油压为450bar(1bar=0.1MPa)。其工作方式为1台液压泵与1台燃气轮机配套。机组清吹转速为2200r/min。机组点火转速为1700r/min。

液压启动机系统的作用是提供可变的流量和压力，使燃气发生器上安装的液压启动马达运转，并通过齿轮传动装置带动压气机转动，达到启动目的。液压系统启动图如图1-1所示。高压液压油由一台三相电动机带动的柱塞式液压泵产生，流速由一个安装在泵上的比例控制阀调节，液压油压力由安装在环路里的系列最大压力阀控制，液压油的清洁则由微纤维滤芯过滤器进行。

系统根据基本的参数通过安装一系列适合操作环境的子程序和模拟仪器得到监控。

液压启动机系统工作过程如下：液压启动机的启动程序要满足泵电动机得电且手动阀打开的条件。上述条件满足后，柱塞式液压泵斜盘角度为零，即流量为零的情况下进行泵预热，此时泵随时可以启动。当液压启动机启动后，UCP就会按顺序启动泵电动机。当油箱达到规定的温度值，安装在管线上的自动隔离阀上的启动机将在电动机启动后打开最少15s，以满足隔离阀弹簧70bar(g)的油压。2s后，由于电磁阀得电，泵斜盘被信号瞬变移动到伺服阀门驱动器处，一个较慢的信号使发动机转速以0.5%~1%的增速达到300r/min，再以一个较快的信号使发动机转速以2%~3%的增速达到冷拖转速。当达到冷拖转速后，发动机转速将保持一段时间，以对发动机通道进行清吹，启动机对发动机的转速反馈进行调节，以使发动机保持这个清吹转速。清吹阶段结束后，通过一个缓慢的瞬变信号使液压泵斜盘角度以0.5%~1%的速率缓慢减小，发动机降速。在降速过程中，启动机降速比发动机快，因此离合器脱开，然后又重新加速，等发动机降速到点火转速时点火，发动机点火

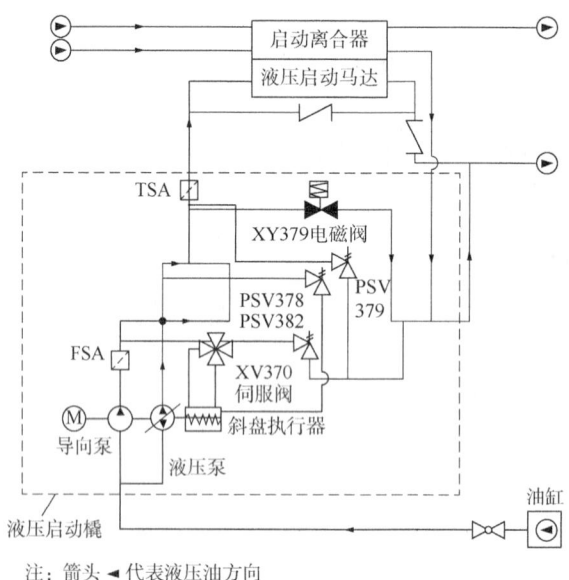

图 1-1 液压系统启动图

成功后转速增加,直到发动机转速达 4300r/min,启动机脱开,在发动机转速达 4600r/min 时启动马达切断。液压启动系统在上述的极限条件下出现空挡位置,此时斜盘停留在空挡位置,斜盘位置不会继续减小。隔离阀在液压启动位置时最少关闭 15s。

液压启动系统配置有以下监控保护仪器:

(1) 启动机超速:当启动机转速探头监测到启动机转速高于 5400r/min(高于启动机设计转速 4500r/min 的 120%),启动机切断。为了最大限度地降低由于离合器故障而重新啮合造成的启动机损坏,逻辑上会在启动机脱开后,启动顺序结束时进行检查,当离合器脱开后,启动机的转速将降到 0。在启动机空挡后 20s,如探测到的启动机的转速大于 900r/min(启动机最高设计转速 4500r/min 的 20%),则离合器会重新啮合并造成停机。

(2) 过滤器检测:如压力变送器检测到过滤器压差达到报警值就会发出报警。

(3) 仪器故障逻辑:如离合器润滑油温度传感器检测出超出逻辑范围外的故障,将会报警。例如负责启动机速度探头测出故障会报警,故障条件是当离合器重新啮合时,启动机速度与燃气发生器速度之间有超过 50r/min 的差别时(如当发动机由启动机驱动时)。离合器与燃气发生器之间的辅助齿轮的换算系数为 1。

2) 燃料系统

燃料系统中,燃料气温度比燃料气露点高 28℃,燃料气橇进口最低压力为 27~33bar。燃料气系统分为燃料气辅助系统和在基板上的燃料气系统两部分。

(1) 燃料气辅助系统:燃料气需要进行处理才能达到正确运行所需要的压力和温度条件,以及消除或减少气体中的固相和液相。为了达到上述要求,在箱体的燃料气系统之前安装了一套燃料气辅助系统,主要包括双级旋风分离器、电加热器、压力控制阀及压力变送器。其中,燃气旋风分离器主要分成上下两部分,燃气被导入下部的离心分离器,气体切向进入,在离心力作用下,固态或液态物质从气体中分离出去。从气体中被分离出来的液体受连续不断的监控,若液位过高或过低,则该指示器控制排放阀打开或关闭。之后,燃气经过第一级旋风分离后进入第二级处理,即进入上部的过滤器,过滤器可将更小的固态物质处理掉。为了使燃料气达到最佳温度条件,燃料气被导入电热器内,该装置会在燃料气温度高于35℃将加热器切断。燃料气在辅助系统处理完成后进入在基板上的燃料气系统。

(2)基板上的燃料气系统:由燃料气切断阀、燃料气计量阀、放空阀和温升阀组成。燃气经过30个单一的燃料气喷嘴被喷入一个单一的环形燃烧室,在燃烧室头部由旋流器所形成的燃气涡流杯中混合并燃烧。计量阀的阀位由伺服阀和电动机控制器来控制。燃料气切断阀依靠自身的燃料气来开启或关闭。三位电磁阀通过来自控制面板的信号控制,当它工作时燃料气流从燃料气母管到截止阀,操作活塞打开截止阀;当它不工作时,任何可能集聚在燃料气管中的燃料气都会通过放空管道排放到大气中去。

如图1-2所示为SAC机型和DLE机型燃烧室和燃料气喷嘴的对比图,可清晰地看出DLE机型燃料气喷嘴结构和燃烧室的结构更加复杂。

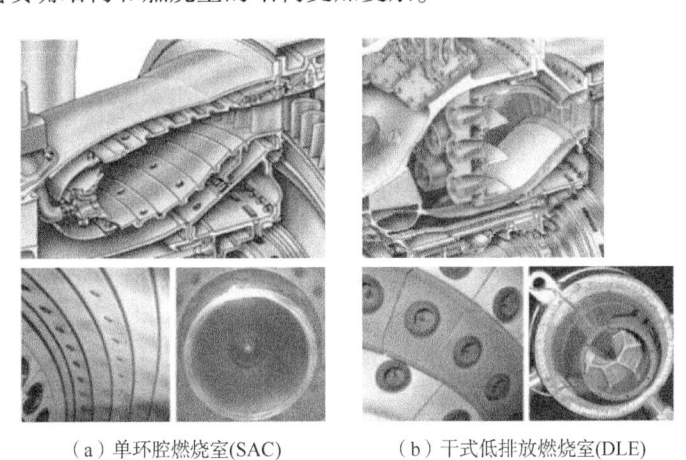

(a)单环腔燃烧室(SAC)　　(b)干式低排放燃烧室(DLE)

图1-2 燃烧室和燃料气喷嘴对比图

3)主润滑油(矿物油)系统

本系统提供经过冷却、过滤后的压力和温度适宜的矿物润滑油给动力涡轮及压缩机的前、后轴承、止推轴承、压缩机主润滑油泵的动齿轮箱。主润滑油为矿物油。辅助油泵为交流电动机驱动油泵,紧急油泵为直流电动机驱动油泵。

当机组符合启动条件,并收到启动指令后,在0~10s内辅助润滑油泵启动,矿物油辅助泵马达启动,润滑油被吸入油泵并通过管路经过孔板、单向阀及手阀到达润滑油温度控制阀进口。在辅助润滑油泵出口管路上安装有辅助油泵出口压力表,以测量辅助润滑油泵出口压力。在辅助润滑油泵出口管路上安装有一旁通管路,旁通管路上安装有一孔板,孔板直径为 2mm，在孔板下游安装有观察窗。润滑油经观察窗流回油箱。此旁通管路的作用为通过观察窗检查辅助润滑油泵的工作情况。

辅助润滑油泵出口至润滑油温度控制阀进口安装有孔板，孔板直径为 28mm。

辅助润滑油泵出口管路上安装有压力控制阀，压力控制阀感受双联润滑油过滤后的压力，当压力达到 175kPa(g) 时压力控制阀工作，将多余润滑油泄放回油箱，以保证双联润滑油过滤后压力。

润滑油温度控制阀接受来自润滑油冷却器出口润滑油及主润滑油泵/辅助润滑油泵出口润滑油，通过调节，温度控制阀设定出口温度为 55℃，两路润滑油在温度控制阀中按一定比例混合，以达到 55℃，润滑油温度控制阀为气功控制阀，控制动力为仪表气。

润滑油经润滑油温度控制阀出口到达双联润滑油滤，经过双联润滑油滤中的任意一个油滤过滤，当油滤两端压差达 170kPa 时会发出报警，运行人员可以就地切换滤芯，并可在任何运行状态下更换滤芯。该双联润滑油滤的切换把柄在任意位置时润滑油的流量都在 100%。双联润滑油滤出口管路上安装有润滑油温度传感器，当润滑油温度低于 35℃ 时会发出低报警。当润滑油温度达到 72℃ 时会发出高报警，矿物油冷却器辅助风扇电动机启动，当达到 79℃ 高高报警时，机组执行正常停机。当润滑油温度达到 79℃ 时机组执行紧急停机。

在双联润滑油滤上还安装¾in 管，该管从正在运行的油滤中引出润滑油，通过直径为 3mm 的孔板再流经观察窗后直接返回油箱，此观察窗的作用为检查油滤的工作情况。

当动力涡轮转速达到最小运行转速，也就是说当机组准备加负荷条件时，辅助润滑油泵停止。这时被压缩机驱动的主润滑油泵已达供油能力，接替辅助润滑油泵工作。主润滑油泵从油箱吸入润滑油，出口润滑油经单向阀、手阀到达温度控制阀入口，之后流经路线与辅助润滑油泵流经路线相同。

在主润滑油泵出口安装旁通单向阀及主泵旁通孔板（直径为 2mm）。通过孔板的润滑油流经观察窗后回油箱。此观察窗的目的是检查主润滑油泵的工作情况。

主润滑油泵出口安装有主泵出口润滑油压力表，还安装有主泵出口安全阀，该阀为机械控制阀，设定压力为 1200kPa(g)。当主泵出口压力达到 1200kPa(g) 时压力阀泄压，此安全阀为保护系统安全设计。

在此系统中还安装有应急润滑油系统，在紧急情况下启动，应急润滑油泵电动机使用 110V 直流电驱动，功率为 5kW，用于机组的冷停机。直流电驱动的电动机带动应急润滑油泵旋转，润滑油被吸入油泵，出口润滑油到达单独的润滑油滤，经过滤后的润滑油经一带孔单向阀及一手阀供应到动力涡轮/压缩机润滑油系统。在润滑油滤两端安装有压差变送器，当润滑油滤压差达到 170kPa 时会发出高报警，当压差处于高报警状态时启动程序被隔离。

润滑油滤上有一引管，在引管上安装有一直径为 3mm 的孔板及观察窗，以观察应急润滑油滤的工作情况。

在油箱顶部还安装有润滑油加油口及油箱检查盖，通过检查盖能观察到油箱内部状况，也能通过检查盖清理油箱。

4）燃气发生器润滑油系统（合成油系统）

本系统用于润滑和冷却燃气发生器转子轴承以及附属齿轮箱，一部分润滑油被用于可调导叶执行机构作动筒。合成油控制板安装在燃气发生器箱体右侧的基座上。

其在控制板上安装有以下部件：双联过滤器（安装在燃气发生器的润滑油供应管线上），润滑油温度控制阀（安装在通往油箱的管线上），减压阀（安装在回油管线上），电加热器，压力变送器。

其合成油箱上安装液位传送器，当油箱内液位达到430mm时发出高油位报警，油位达到220mm时发出低报警，当油位达到220mm时燃气发生器将被禁止启动。

油箱中的油通过一个由附件齿轮箱驱动的泵吸出，一个安全阀设定压力为1370kPa(g)，以控制泵的出口压力。油流通过一个双重过滤器，在过滤器两侧安装有压差变送器，当压差达到135kPa(g)时会发出高报警信号，当压差大于150kPa(g)时要关闭过滤器，更换新滤芯。供油压力小于172kPa(g)会发出低报警，在压力小于103kPa(g)时会发出低低报警。

压力变送器在压力达到760kPa(g)时发出高报警。

燃气发生器前、中、后轴承的回油通过三台回油泵被抽回油箱，齿轮箱的回油通过回油泵抽回油箱。安全阀用于控制回油泵出口压力，设定值为5200kPa(g)。

温度控制阀设定温度为55℃，低于此温度时油被直接抽回油箱，否则通过向冷却器提供润滑油来控制出口油温。

合成油油气分离器接收来自安装在燃气发生器上的离心式油气分离器出口油气，分离器有一个凝聚式过滤器，外壳由不锈钢制成，内部安装有一个可更换的滤芯，滤芯为无机微纤维材料，用来分离油雾气。

5）冷却及空气密封系统

本系统向燃气轮机内部提供冷却空气以冷却动力盘，防冰系统从燃气发生器压缩机第16级抽气向防冰系统提供热空气。

空气从第9级被送入进气系统的通道中冷却，将温度降低，部分空气被送至动力涡轮的主管道，通过30根支管将空气送入第1级叶轮空间，从那里再进入转子的其他部分，同时其他部分被送入6个排出器，通过与周围空气混合用于冷却燃气轮机排气舱。来自第16级的空气被送往燃气发生器进气通道中。

6）涡轮控制及其他系统

燃气轮机上安装有多个控制装置，使用这些装置对机组实现正确的控制。其中一些仅仅用于控制，其他是用于保护使用者及燃气轮机本身。

燃气发生器的振动探头安装在燃气发生器压气机后机匣的下部。当探头探测到的振动值超出临界值 0.1mm/s 时会发出报警，当超出 0.17mm/s 时，机组恢复到空转速度。

安装在燃气发生器上的两个速度探头，用于探测燃气发生器的转速，如果探测到转速超过 10100r/min，机组将报警，如果转速超过 10200r/min，机组将紧急停机。

安装在燃气发生器附件齿轮箱上的启动离合器用于探测离合器转速，当转速大于 5400r/min 时机组紧急停机。

离合器上安装有两个温度探头控制离合器温度，高温时会发出高报警，温度过高时会发出高高报警，机组停机。

用火焰探头来探测燃气发生器中火焰的存在。如果两个中有一个没有探测到火焰，则禁止启动机组。如果在正常运行中两个探头都没有探测到火焰，机组将停机。

有 8 个电偶来检测燃气发生器的排气温度，当温度超过 855℃ 时会发出高报警，当温度超出 860℃ 时会发出高高报警，机组将停机。

动力温度的排气温度由 6 个电偶检测，当温度超过 600℃ 时发出高报警，当温度超过 615℃ 时机组将受控停机。

动力涡轮每个支撑轴承都有 4 个温度探头，安装在 1 号轴承和 2 号轴承上，其中 2 个工作，2 个备用。当温度超过 110℃ 时发出高报警，当温度超过 120℃ 时机组降转到慢车转速。

动力涡轮轴上的止推轴承由 8 个温度探头来控制，其中 4 个工作，4 个备用。当温度超过 115℃ 时会发出高报警，当温度超过 130℃ 时机组降转到慢车转速。

3 个转速探头安装在动力涡轮轴上用于探测动力涡轮转速，当转速超过 6405r/min 时会发出高报警，当转速超过 6710r/min 时机组将受控停机。

动力涡轮的涡轮盘之间的空间温度由 8 个热电偶来控制。当第一级盘前温度被探测到超过 350℃ 时发出高报警，当温度超过 365℃ 时会发出高高报警，机组停机。一级盘后的温度 400℃ 高报警，415℃ 高高报警机组停机。第二级涡轮盘前、后温度超过 450℃ 时高报警，超过 465℃ 时机组停机。

7）燃气发生器的水洗系统

机组安装有离线/在线水清洗系统，用于燃气发生器的压缩机清洗，清洗时供水软管需要操作员手动接到清洗水箱上。清洗设备主要包括清洗用水箱、清洗用泵、泵电动机和电磁阀。

清洗水箱容积为 400L，水箱上安装有过滤器、通风孔、液位指示器、压力表和阀门。在水箱内还安装有 1 台电加热器，带有温度控制开关，可保持水温在 60~65℃。

燃气轮机/压缩机组清洗主要包括离线清洗和在线清洗。在燃气发生器箱体外前部安装有两个常闭的电磁阀。当进行在线清洗和离线清洗时，不同的电磁阀工作，清洗液在清洗时通过打开的电磁阀到燃气发生器的清洗总管上，再经过支管到达喷水嘴，将清洗液喷入进气道内。清洗液是由马达驱动的泵从水箱中抽取的。

8）箱体的通风系统

箱体通风系统用于箱体的通风与冷却，在箱体的入口安装有两个风扇，一用一备。操作员可以通过HMI上的手动按钮来进行选择。启动机一经开启就有UCS启动主风扇，当冷却程序停止，主风扇就停止运行。在正常的操作中，在箱体加压完成后，可检测到非正常的通风条件。

（1）测出箱体压差偏低：如果箱体门是打开的，并且已经按压了在HMI上的允许操作按钮，会发生报警。如果箱体门是关闭的，且备用风机已经运行，则正常的停机程序被启动。如果备用风扇停止，那么在备用风扇停止时主风扇将被启动，并且在主风扇运行后的10s检测。

（2）测出燃气发生器箱体内部的温度偏高：如果备用风扇停止，那么主风扇将在备用风扇停止后运行，且在运行10s后检测。如果检测到的温度仍然偏高，那么超时设宽为60s的箱体超高温计时器启动，等一段时间再次检测箱体温度，如果仍超出最高温度设定，则不增压紧急停机。

9）二氧化碳消防系统

消防系统是一个低压双出口二氧化碳系统，用于保护箱体内安装的装有各种附件的燃气发生器和动力涡轮后舱中的设备。

消防系统是完全的自反馈型，当机箱内着火时，二氧化碳的排放能使起火区域周围快速形成惰性气体，使火焰和氧气隔离，从而使火焰在短时间内迅速扑灭。

消防系统装置由火焰检测探头、温度探头、二氧化碳瓶、头阀、止回阀、安全阀、电磁头阀、重力开关、隔离开关、报警灯及报警声组成。系统备有两套二氧化碳瓶，一套用于快喷，一套用于慢喷。

二氧化碳灭火系统有两种运行模式：隔离和监控。当手动隔离阀处于关闭状态时，系统被隔离，二氧化碳无法排放，同时启动被隔离；当手动隔离阀处于打开位置时，系统处于监控状态。

隔离开关的打开与关闭在箱体上的二氧化碳系统状态板上有指示。如系统处于隔离状态，则黄色信号灯亮；如系统处于监控状态，则绿色信号灯亮；如二氧化碳喷射，则红色信号灯亮。系统处于隔离状态时二氧化碳不能喷射，系统处于监控状态时二氧化碳可以喷射。当探头检测到着火条件后，激活二氧化碳瓶上的排放电磁阀，则灭火程序自动进行。也可利用箱体门侧的手动灭火按钮进行手动操作，使灭火系统喷射，还可以使用二氧化碳橇上的手动装置，使二氧化碳系统喷射。火焰探头逻辑、温升探头逻辑、二氧化碳喷射程序、压力排放探头检测如下。

（1）火焰探头逻辑。

三个火焰探头安装在燃气发生器箱体内。

一个探头报警：报警。

两个探头报警：机组紧急停机，二氧化碳喷射。

一个探头失败：报警。

两个探头失败：报警。

一个探头失败，一个报警：报警+故障报警。

两个探头报警，一个失败：机组紧急停机，二氧化碳喷射。

两个探头失败，一个探头报警：机组紧急停机，二氧化碳喷射。

三个探头失败：报警。

（2）温升探头逻辑。

两个温升探头安装在后舱内。

一个探头报警：报警。

两个探头报警：机组紧急停机，二氧化碳喷射。

一个探头失败：报警。

两个探头失败：报警。

（3）二氧化碳喷射程序。

当温度探头或 UV 探头检测到火灾已经发生时，则二氧化碳灭火系统开始喷射，程序如下：

机组不增压停机执行，并被锁定 4h。

箱体通风电动机切断。

箱体上的报警喇叭响。

箱体上的二氧化碳状态板上的红色信号灯亮。

箱体上的红色信号灯亮。

30s 延迟后，灭火剂就会喷射到箱体内。

灭火剂排放后，控制面板上会有一个已经喷射的信号。

（4）灭火剂排放压力由压力开关检测，如测出排放高压力，则下列程序被执行：

机组紧急停机，箱体通风电动机切断。

箱体上的报警喇叭响。

箱体上的二氧化碳状态板上的红色信号灯亮。

箱体上的红色信号灯亮。

30s 延迟后，灭火剂就会喷射到箱体内。

灭火剂排放后，控制面板上会有一个已经喷射的信号。

10）空气入口过滤器系统

该系统的功能是过滤进入燃气发生器和箱体的空气。在过滤器入口处安装有 6 个可燃气体探头用于探测进口处的可燃气体含量。如果它们通过一个 1/3 表决逻辑探测到有可燃气体的存在，就会发出报警，如果有 2/3 表决逻辑，机组停机。只有在没有检测出可燃气体的情况下机组才允许启动。过滤器下游安装防冰管，它是由来自燃气发生器的第 16 级空气通过安装在防冰管道上的温度控制阀来控制的。

二、Siemens 燃驱压缩机组

(一) RT62 动力涡轮机

制造商：罗尔斯—罗伊斯公司。

模型：RT62。

(1) 级数：二。

(2) 类型：推动力/反作用。

(3) 旋转方向：顺时针方向(面对轴端)。

(4) 额定功率(ISO)：28337kW(38000hp)。

(5) 额定速度：

① 预热：设定在调试状态，由控制面板上的指示灯发出信号。

② 正常：4800r/min。

③ 最大持速：5040r/min。

④ 控制范围：3120~5292r/min。

(6) 超速：

① 初级：5292r/min。

② 阻塞：5290r/min。

(7) 进口压力(ISO 评级)：395kPa。

(8) 进气温度(ISO 评级)：757℃。

(9) 排气温度(ISO 评级)：485℃。

(10) 运行间隙：

① 轴颈轴承(盘端)：0.330~0.381mm。

② 推力轴承(轴向)：0.279~0.432mm。

③ 轴颈轴承(联轴节端)：0.193~0.254mm。

(11) 转子顶端到蜂窝状密封间隙：

① 第一阶段：1.78~3.30mm。

② 第二阶段：1.78~3.30mm。

(12) 转子直径：

① 轴颈轴承(盘端)：203.20mm。

② 轴颈轴承(联轴节端)：177.8mm。

③ 迷宫密封环(公称)：509.9mm。

(13) 止推环的直径过盈配合：0.064~0.102mm。

(14) 在负载时密封空气压力计设置：180~200mm。

(15) 润滑油：优质矿物油符合ISO VG32标准，请参阅主润滑油图GED00282622。

（二）空气回收系统

GG空气系统包含9个压力变送器，1个DP（差压）变送器和3个RTDs（热电阻）变送器。这些设备监控以下压力和温度：环境空气温度，GG进气温度变送器，GG进气口温度变送器，环境气压，GG大气压力，GG压缩机进口压力，GG入口大气DP变速器，GG压缩机排气压力，GG扩散器出口压力1，GG扩散器出口压力2，GG排气压力，GG轴承冷却风压变送器，GG辅助风压变送器。

1. 动力涡轮轮缘冷却

动力涡轮轮缘冷却系统由一系列的管道、连接器、柔性软管、钻孔喷嘴叶片和温度探头组成（图1-3）。它的设计是为了保护一级涡轮盘（8）免受极热的GG废气。

来自GG的压缩空气通过管道从GG A21连接到围绕一级和二级喷嘴叶片（3和7）的空气管汇（4和5）。每个级周围都有两个半圆形的管汇。

空气通过柔性金属软管（6）和钻孔喷嘴叶片从歧管流出，包括45个一级喷嘴叶片，29个二级喷嘴叶片。

来自一级喷嘴叶片的空气流入内入口扩压器后腔，冷却了一级涡轮盘的前部。来自二级喷嘴叶片的空气流动进入第一级椎间盘后部和隔膜之间的腔内。隔膜控制流量。空气冷却第一级阀瓣的背面，平衡其上的温度、减少应力，并冷却第二级阀瓣的表面。

两个第一级喷嘴叶片和两个第二级喷嘴叶片有热电偶（2），也称为温度探头。热电偶延伸通过喷嘴叶片和监测温度旁边的第一级涡轮盘的前后。UCP显示热电偶的温度。

2. 动力涡轮密封空气

密封空气系统包括管道、迷宫式密封、DP发射器、针阀、止回阀和压力调节器，用来防止轴承润滑油进入排气罩。如果没有密封空气，由于热排气路径中的空气压力较低，润滑油会穿过迷宫密封泄漏。

压缩空气从GG A21连接，通过止回阀管道、针阀

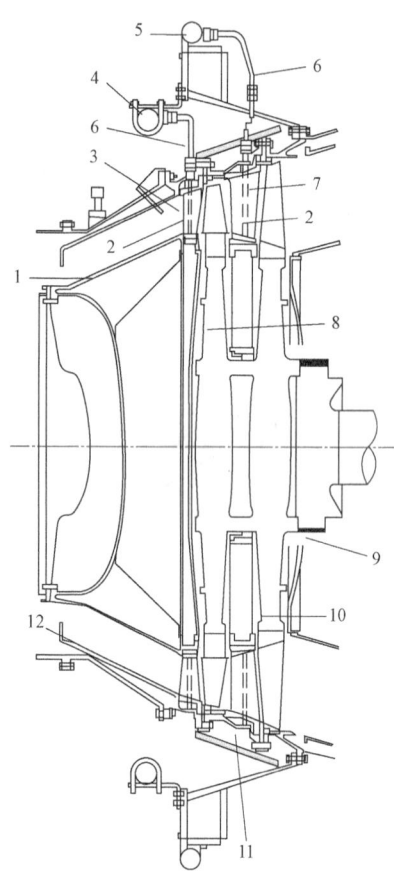

图1-3 RT62轮缘冷却装配图
1—内入口扩散器；2—热电偶；
3—第一级喷嘴叶片；
4，5—空气歧管；6—柔性金属软管；
7—第二级喷嘴叶片；8—第一级涡轮盘；
9—迷宫式密封圈；10—第二级涡轮盘；
11—喷嘴外壳；12—外进气扩散器

和密封空气入口管涡轮内部轴承箱盖,流向用螺栓固定在涡轮转子轴上的迷宫密封圈(9)的中心。迷宫密封圈位于第二级涡轮盘(10)的后面。空气在密封圈的两个方向流动,把油挡在外面。流向迷宫密封圈的气流是可调的。如果空气流量设置过低,油被拖过迷宫密封,进入排气罩,造成油耗增加和烟雾排气。

(三) 气体燃料系统

(1) 燃气调节橇。

(2) 燃料气系统。

(四) 燃气发生器润滑油和液压油系统

(1) 蓄水池。

(2) 主泵。

(3) 辅助泵。

(4) 冷却器。

(5) 过滤器。

(6) 阀门。

(五) 驱动设备

RF2BB36压缩机为两级离心式压缩机。它有一个侧面的进口和出口。工艺气体从压缩机侧面进入叶轮。当叶轮旋转时,压缩气体。其有两个干气密封,可防止工艺气体泄漏到压缩机箱体中。一密封件位于盖端,另一密封件位于从动端。

(1) 制造商:劳斯莱斯能源系统公司。

(2) 模型:RF2BB36。

(3) 类型:离心 beam-style 叶轮。

(4) 叶轮类型:封闭式叶轮。

(5) 叶片:17(阶段)。

(6) 导向叶片:0。

(7) 扩压器叶片第一阶段:14。

(8) 扩压器叶片第二阶段:14。

(9) 额定转速最大持续速度:5040r/min。

(10) 最低操作速度:3120r/min。

(11) 正常操作的速度:4798r/min。

(12) 最大工作压力:126.44kgf/cm^2(1798psi)。

(13) 进口压力:63.981kgf/cm^2(910.02psi)。

(14) 入口温度:29.2℃(84.56℉)。

(15) 输入流:6.2351acms。

(16) 系统排放压力：100.49kgf/cm²(1429.3psi)。

(17) 放电温度：66.82℃(152.3℉)。

(18) 放电流：4.5768acms。

(19) 系统(9697.6acfm)。

(20) 高程：520m 0.9711kgf/cm²(1706ft 13.812psi)。

(21) 轴颈轴承直径间隙(两端)：0.282~0.318mm(0.0111~0.0125in)。

(22) 止推环轴承轴向间隙：0.279~0.432mm(0.011~0.017in)。

(23) 止推环干涉：0.203~0.229mm(0.008~0.009in)。

(六) 燃气发生器润滑油和液压油系统

(1) GG润滑油系统。

(2) 液压油系统说明。

(七) 燃气发生器液压启动系统

启动系统将GG速度从0提高到一个速度，在此速度下GG自我维持。大部分的启动系统位于一个液压滑块上。液压启动马达安装在GG的下方。与油品供应商建立油品取样程序。定期检查油的酸度，必要时更换油。启动系统后，电动机和液压泵总成开始加速，油流过液压泵，然后油进入启动电动机的线路。一些油从储油库被泵到辅助泵，然后进入启动电动机的冷却供应系统。从此处流回油库。系统中设置了各种溢流阀，提供超压溢流并将油返回油库。

(八) 燃气轮机成套火灾和气体探测及灭火系统

(1) 红外探测器。

(2) 热探测器。

(3) 可燃气体传感器。

(九) 密封气系统

压缩机中有一个缓冲空气系统，供应空气到中央供气，屏障密封之间的轴承和干气密封。干气密封用密封气体加压，可防止工艺气体逸出到轴承；屏障密封用缓冲空气加压，可防止润滑油进入干气密封。只要轴承中有油，即使在压缩机停机时，密封气系统也能向屏障密封提供缓冲空气，这无论是在润滑前、润滑后还是在紧急停机时都至关重要。建议提供清洁、干燥的空气来维护密封气系统。该系统提供必要的阀门和压差指示器，以控制和监控流向密封屏障的空气流量。

(十) 驱动设备润滑油系统

1. 主要组成

驱动设备润滑油系统主要由蓄水池主泵、主泵、辅助泵、冷却器、过滤器、阀门组成。

2. 主要参数

(1) 类型：矿物。

(2) 黏度：ISO VG32·T。

(3) 温度：

① 泵宽容开始：15℃(59℉)。

② 正常供应：54℃(130℉)。

③ 高报警：65℃(149℉)。

④ 高关闭：68℃(155℉)。

(4) 压力：

① 正常供应：138kPa(20psi)。

② 最大供应：207kPa(30psi)。

③ 低报警：117kPa(17psi)。

④ 低关闭：83kPa(12psi)。

(5) 减退/冷却速度流：100%。

(6) 速度流流速：60%/40%/100%/120%的攻击速度和7%的流动速度。

(7) 流量正常供应246L/min。

第二章 燃气轮机

学习范围	考核内容
知识要点	燃气轮机的结构组成
	燃气发生器的结构和原理
	燃烧室的结构和原理
	动力涡轮的结构和原理

第一节 燃气轮机的结构组成

本章以 GE/NP 公司生产的 PGT25-PLUS-SAC/PCL803 燃气轮机/压缩机组为例,如图 2-1 所示为其燃气轮机/压缩机组基本结构示意图。PGT 25-PLUS-SAC+HSPT 燃气轮机是由 GE/NP 公司生产的带有 17 级高压压气机的双轴燃气轮机,安装有单一的环形燃烧室和带有二级高速动力涡轮。

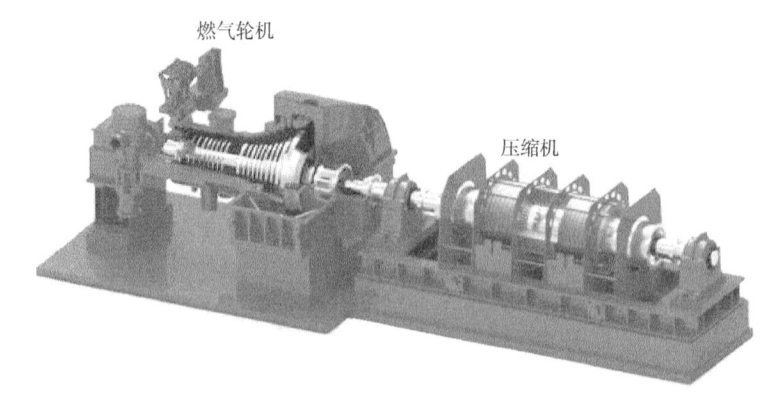

图 2-1 燃气轮机/压缩机组基本结构示意图

高速动力涡轮 HSPT 通过一根联轴器和燃气轮机的动力涡轮输出端法兰连接在一起。动力涡轮在燃气发生器排放气体的驱动下转动,同时带动离心式压缩机旋转,离心式压缩机将天然气进行增压,对天然气做长距离输送。

燃气轮机安装在箱体内，箱体是带有消音装置的钢结构箱体。除燃气轮机外，箱体内还安装有消防灭火系统，以防止机组在运行时发生火灾。箱体内还带有通风系统和照明系统。

本机组属于低功率范畴，在标准状态下动力涡轮转速在 6100r/min 时的功率为 31364kW，约等于 42000hp。

第二节　燃气发生器

一、燃气发生器的结构和主要组成

燃气轮机由燃气发生器和动力涡轮组成。燃气发生器由一个轴流式压缩机(或称压气机)、燃烧室和两级高压涡轮组成。

在运行时，空气从燃气发生器压气机进口进入，流进进气管和整个压气机，在其中空气被压缩到接近 2.31MPa。压气机前 7 级的进气导叶的角度可以按燃气发生器的转速和进气温度来改变(可调导叶)，导叶位置的改变使压气机能在一个较宽的转速范围内有效运行。

增压后的空气离开压气机进入在压气机后支座中的燃烧室内，与 30 个燃料喷嘴喷入的燃料混合，通过头部的旋流器，油气混合物被点火器点燃，并保持火焰连续燃烧。燃料燃烧使一部分空气的温度升高，其余的空气进入燃烧段用来冷却燃烧段。离开燃烧室的炽热气流经过两级高压涡轮，燃气中的能量被抽取出来用于带动轴流式压缩机。涡轮动叶和导叶的冷却空气和流经涡轮的主气流混合。燃气离开高压涡轮后流经涡轮中间支座，涡轮中间支座的冷却空气和前面两级涡轮的主气流在涡轮处相混合，燃气完成了在燃气发生器中的流动。燃气离开燃气发生器后，热燃气驱动动力涡轮(自由涡轮)，动力涡轮为被驱动设备天然气压缩机提供动力。

从燃气发生器某一级(如第 9 级)抽出的空气，经过中空的静叶，用于动力涡轮密封和动力涡轮的冷却。在动力涡轮中做过功的燃气用集气壳(排气管)收集，经管道排入大气。为了提高装置的热效率，在排放管道中可配置余热回收蒸汽发生器，简称余热锅炉。

二、燃气发生器的工作过程及有效效率

(一) 工作过程

燃气轮机是将燃料蕴藏的化学能通过燃烧的方式转变为热能，然后部分转变为机械功(有用功)的旋转式动力机械。

燃气轮机以气体(通常为空气)为工质，工质首先被吸入压气机内部进行压缩增压，压气机排出的高压工质进入燃烧室内部，与从外界喷入的燃料掺混并燃烧增温，燃烧室出来

的高温高压燃气进入透平(或涡轮)中减压膨胀做功,使部分热能转变为机械能。做功完成后向大气中排气。燃气在透平中所得到的膨胀功除了提供给压气机压缩工质(消耗的压缩功)外,还存在相当的剩余功率对外输出(有用功)。

(二) 有效效率

有效功的能量是从燃料燃烧时加给气体的热量中转换而来的。燃烧过程(加热过程)中加给 1kg 气体的热量称为燃气发生器的加热量。此加热量并没有全部用来增大气体的动能,即没有全部用来转换为有效功,其中有相当大的一部分被废气带走,还有一小部分不可避免地经机件表面散失到大气中去了。

转换为有效功的那部分热量和发生器的加热量的比值,称为发生器的有效效率($\eta_{有效}$)。

$$\eta_{有效} = \frac{AI_{有效}}{Q} \times 100\% \tag{2-1}$$

式中　A——功的热当量,$A = 1/427 \text{kcal}/(\text{kg} \cdot \text{m})$;

　　　$I_{有效}$——有效功,$\text{kg} \cdot \text{m}$;

　　　Q——对 1kg 气体的加热量,kcal。

【例 2-1】　1kg 气体的加热量(Q)为 170kcal,其中转换为有效功的热量($A \cdot I_{有效}$)为 51kcal,则有效效率为:$\eta_{有效} = 51 \div 170 \times 100\% = 30\%$。

可知加热量中 30% 用来增大气体的动能,剩余 70% 被废气带走(主要散失途径)和通过机体散失掉了。

由上述可见,有效效率可以用来评定燃气发生器的经济性,有效效率越高,燃气发生器的经济性越好。

三、压气机的喘振

在压气机特性线的左侧,有一条喘振边界线。假如流经压气机的空气流量减小到一定程度而使运行工况点进入了喘振边界线的左侧区,整台压气机的工作就不能稳定。此时,空气流量就会出现波动,忽大忽小;压力出现脉动,时高时低,严重时甚至会出现气流从压气机的入口倒流出来的现象,同时还会发出低频的怒吼声响,机组伴随有强烈振动。这种现象通称为喘振现象。在机组的实际运行中,绝不允许压气机在喘振工况下工作,因为当压气机发生严重喘振时,往往会引起压气机叶片断裂,从而导致灾难性事故发生。

喘振现象的发生总是与压气机通流部分中出现的气流脱离现象有着密切的关系。当压气机在偏离设计工况的条件下运行时,在压气机工作叶栅的进口处,必然会出现气流的正冲角或负冲角。当这种冲角增大到某种程度时,附在叶片表面上的气流附面层就会产生分离,以致发生气流脱离现象。一般来说,在压气机中出现的气流脱离现象是比较复杂的。图 2-2 给出了在轴流式压气机流道中发生气流脱离现象时的物理模型。

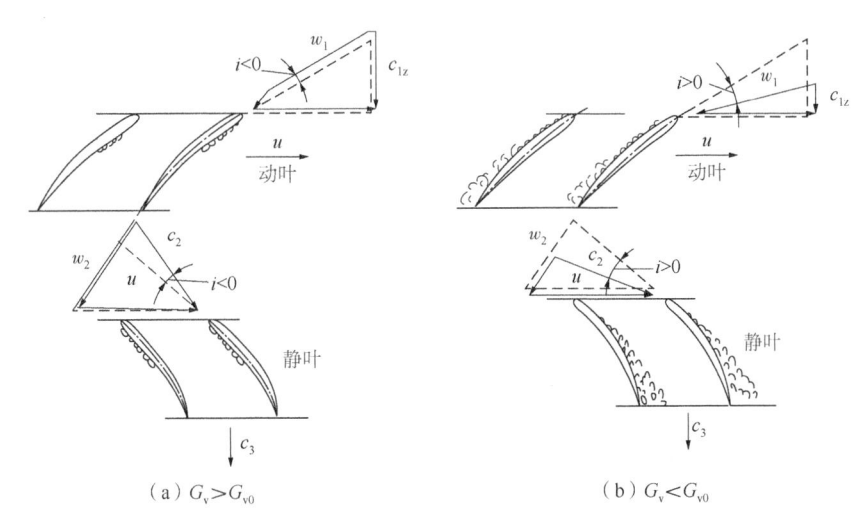

图 2-2　在动叶和静叶流道中出现的气流脱离现象

当压气机在设计工况下运行时，气流进入工作叶栅时的冲角接近于 0。但是，当空气容积流量增大时，如图 2-2（a）所示，气流的轴向速度就要加大。当空气容积流量继续增大，使负冲角加大到一定程度后，在叶片内弧面上就会发生气流附面层的局部脱离现象。但是这个脱离区不会继续发展，这是由于当气流沿着叶片的内弧侧流动时，在惯性力的作用下，气流的脱离区会朝着叶片的内弧面方向挤拢和靠近，因而可以防止脱离区的进一步发展。此外，在负冲角的工况下，压气机的级压比有所减小，此时即使产生了气流的局部脱离区，也不至于发展形成气流的倒流现象。

当流经工作叶栅的空气容积流量减小时，如图 2-2（b）所示，情况将完全相反，会在叶片的背弧侧产生气流附面层的脱离现象。只要这种脱离现象一出现，脱离区就有不断发展扩大的趋势，这是由于当气流沿着叶片的背弧面流动时，在惯性力的作用下，存在着一种使气流离开叶片的背弧面而分离出去的自然倾向。此外，在正冲角的工况下，压气机的级压比会增高，因而当气流发生较大脱离时，气流就会朝着叶栅的进口倒流，为发生喘振现象提供了条件。

试验表明：在叶片较好的压气机级中，气流的脱离现象多半发生在沿叶高方向的局部范围，例如叶片的顶部。但是，在叶片较短的级中，气流的脱离现象有可能在整个叶片的高度上同时发生。

上述气流脱离现象往往不是在压气机工作叶栅沿圆周整圈范围内同时发生的。试验表明，由于叶栅中叶片的形状和分布不均匀性，以及气流周向的分布不均匀，在小流量大攻角的工况下，气流的脱离往往总是在某一个或几个叶片上先发生。一般情况下，在整个环形叶栅沿圆周方向的范围内，可以同时产生几个比较大的脱离区，而这些脱离区的宽度只涉及一个或几个叶片通道。这些脱离区并不是固定不动的，而是会依次沿着与叶轮旋转方向相反的方向转移。因而，这种脱离现象又称为旋转脱离。

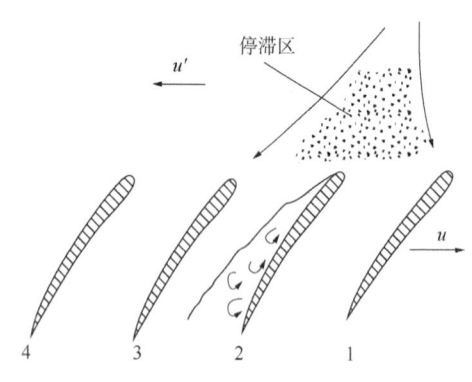

图 2-3 压气机叶栅中的旋转脱离现象

假如压气机的叶栅如图 2-3 所示，正以速度 u 朝右侧方向移动。由于空气容积流量的减少，在叶片 2 的背弧面上首先出现了气流的强烈脱离现象，处于叶片 2 和叶片 3 之间的那个通道就会部分或全部地被脱离的气流所堵塞。这样就会在这个通道的进口部分形成一个气流停滞区（或称为低流速区），它将迫使位于停滞区附近的气流逐渐改变其原有的流动方向，即使位于停滞区右边的那些气流的冲角减小。因而，叶片 1 的绕流情况得到改善，气流的脱离现象将逐渐消失；同时位于停滞区左边的那些气流的冲角加大，促使在叶片 3 的背弧侧开始发生气流的脱离现象。

由此可见，气流的脱离区并不是固定在某一个叶片上的，它会以某一个与叶栅的运动方向相反的速度 u'，从右向左逐渐转移。试验表明，脱离区的转移速度 u' 一般要比叶栅的圆周速度 u 低 50%~70%。因此，对于站在地面上的观察者来说，脱离区是沿着与叶轮转向相同的方向而以较小的速度转动着的。

压气机中出现旋转脱离后，压比 π_C 和效率 η_C 都要下降，而且由于气流参数的周向不均匀分布而引起脉动。一般把单级压气机开始发生旋转脱离时的那个流量作为该级的稳定工作界限。

旋转脱离不等于喘振。这种旋转脱离现象，无论在单级压气机中，还是在多级压气机中都会产生。这种现象一旦出现，就会导致压气机级后的空气流量和压力同时发生一定程度的波动。

通常，在没有旋转脱离的情况下，叶片上所受的气动力可以认为是恒定不变的。但是，当有旋转脱离现象后，压气机叶片上就会受到一种周期性变化的气动力作用。这种交变的作用力必然会引起叶片材料疲劳，严重时则会使叶片因疲劳而断裂。如果这个力的作用频率与叶片的自振频率重合，就会使叶片发生共振以致迅速遭到破坏。由此可见，在压气机中发生旋转脱离现象的危害是很严重的。

通过以上初步分析可以看出：气流脱离现象是压气机工作过程中有可能出现的一种特殊的内部流动形态。只要当空气体积流量减小到一定程度后，气流的正冲角就会加大到某个临界值，以致在压气机叶栅中迫使气流产生强烈的旋转脱离流动。

但是必须指出，假如在压气机通流部分中产生的旋转脱离比较微弱，压气机并不一定会马上进入喘振工况。只有当空气流量继续减小，致使旋转脱离进一步发展后，在整台压气机中才会出现不稳定的喘振现象。这时压气机的流量和压力就会发生大幅度、低频率的周期性波动，并伴随怒吼似的喘振声，甚至有空气从压气机的进口倒流出来。在这种情况下，压气机完全不能正常工作，此时往往会进一步导致严重的设备事故的发生。

图 2-4 给出了压气机在喘振状态下所发生的压力和速度的波动示例。图 2-4(a)表示压气机的正常运行情况，图 2-4(b)则表示该压气机进入喘振工况后压力和速度的波动情况。图中 p 表示压力，p_M 为平均压力，c 表示速度。

（a）压气机的正常运行情况　　　（b）喘振工况

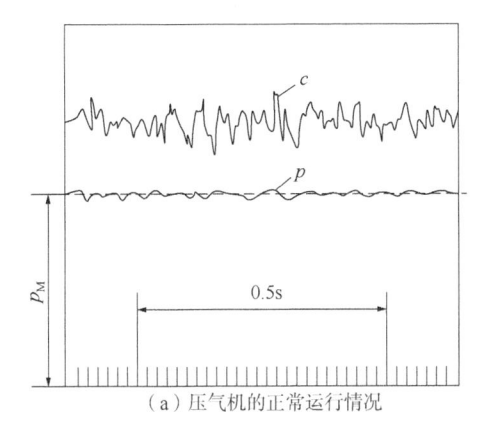

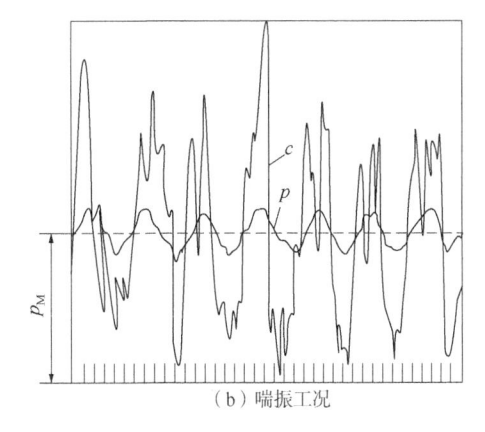

图 2-4　压气机在正常运行情况和喘振状态下压力和速度的波动情况

那么，在压气机中发生的强烈旋转脱离为什么会进一步发展成为喘振现象呢？下面利用图 2-5 来简单说明一下喘振现象的发生过程。图 2-5 中 1 表示压气机，2 代表在压气机后具有一定容积的工作系统。流经压气机的流量可以通过装在容器出口处的阀门 3 来调节。当压气机的工作情况正常时，随着空气体积流量的减小，容器中的压力就会升高。但是当体积流量减少到一定程度时，在压气机的通流部分中将开始产生旋转脱离现象。假如空气体积流量继续减小，旋转脱离就会强化和发

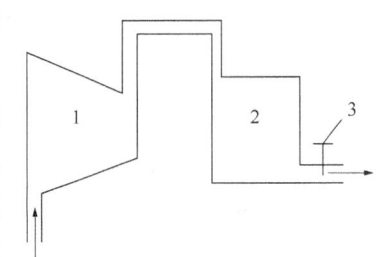

图 2-5　压气机的工作系统简图
1—压气机；2—工作系统（用一个具有一定容积的容器来代表）；3—阀门

展。当它发展到某种程度后，由于气流的强烈脉动，就会使压气机的出口压力突然下降。那时，容器中的工质压力要比压气机出口的压力高，这将会导致气流从容器侧倒流到压气机中去；而另一部分空气则仍然会继续通过阀门 3，流到容器外面去。

在这两个因素的同时作用下，容器中的压力会立即降低。假如当时压气机的转速恒定不变，那么，随着容器中压力的下降，流经压气机的空气体积流量会自动增大。与此同时，在叶栅中发生的气流脱离现象会逐渐趋于消失。这就是说，压气机的工作情况将会恢复正常。当这种情况持续一个很短的时间后，容器中的压力会再次升高，而流经压气机的空气流量会重新减小，在压气机通流部分中发生的气流脱离现象会再次出现。上述过程就会这样周而复始地进行下去。这种在压气机和容器之间发生的工质流量和压力参数时大时小的周期性振荡，就是压气机的喘振现象。

总之，在压气机中出现的喘振现象是一种比较复杂的流动过程，它的发生是以压气机

通流部分中产生的旋转脱离现象为前提的，但也与压气机后面的工作系统有关。试验表明，工作系统的容积越大，喘振时空气流量和压力的振荡周期就越长，而且对于同一台压气机来说，如果与它配合进行工作的系统不同，在整个系统中发生的喘振现象也就不完全一样。

下面再研究一下在多级轴流式压气机中，当转速偏离设计值 n_0 时，究竟在哪些级中最容易发生旋转脱离现象的问题。

为了弄清楚这个问题，必须研究当运行转速发生变化时，在多级轴流式压气机的各级中，气流流动方向的变化关系。

在一台设计质量良好的压气机中，在设计工况下气流流进各级叶片时的冲角 i 一般都接近于 0。这时，在第一级、中间级以及最末级中，气流的绝对速度 c_{110}、c_{1m0}、c_{1z0} 与圆周速度 u_{110}、u_{1m0}、u_{1z0} 都配合得比较好，这样才能保证气流流进各级叶片时，相对速度 w_{110}、w_{1m0}、w_{1z0} 的冲角 i 都接近于 0。图 2-6 中给出了在这种条件下，气流速度三角形的情况。

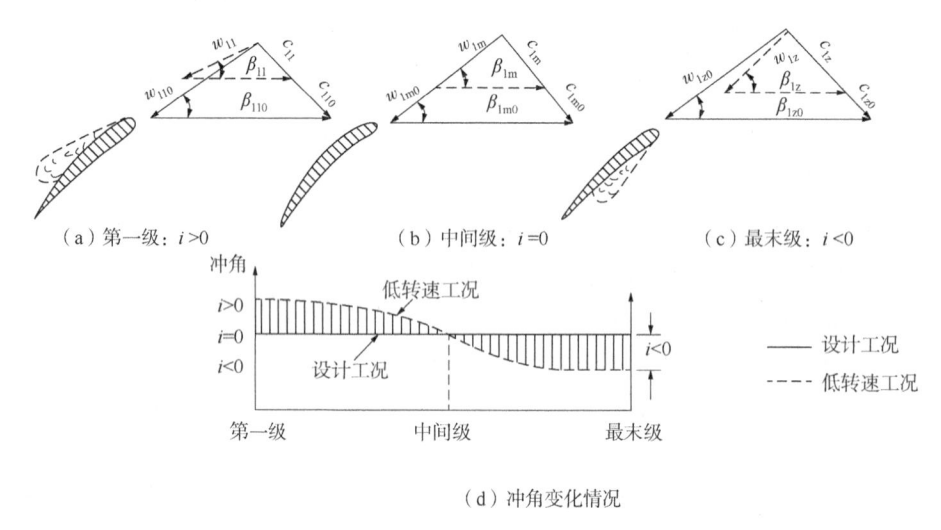

(a) 第一级：$i>0$　　(b) 中间级：$i=0$　　(c) 最末级：$i<0$

(d) 冲角变化情况

图 2-6　低转速工况下压气机各级中速度三角形及其冲角的变化关系

当压气机在低于设计转速 n_0 的情况下工作时，由于转速降低（$n<n_0$），流经压气机的空气流量 G 和压比 π_C 会随之下降，这样会引起压气机中前后各级的气流速度三角形逐渐偏离设计工况。在压气机的前几级中，将会出现较大的正冲角；而在后几级中却会形成负冲角，如图 2-6 所示。下面分析其原因。

在大气压力 p_a 恒定不变的前提下，随着空气流量 G 的减小，气流在压气机进口收敛器内的膨胀加速效应减弱了。同时由于进气流道中气流速度的降低，流阻损失略有下降。因而，在压气机的第一级入口处，气流的压力 p_1 和重度 γ_1 反而会比设计工况下的压力和重度大。但是在压气机的最末几级中，情况则刚好相反，压比的降低会使工质的压力 p_2 和重度 γ_2 都要比设计工况下的压力和重度小。换句话说，当压气机中空气的质量流量 G 发生等量变化时，在压气机的首、末几级中，空气体积流量 G_v 的变化趋势却不同。

很明显，在压气机的前几级中，空气体积流量的相对下降程度 $\dfrac{G_{v1}}{G_{v10}}$，也就是气流绝对速度的相对下降程度 $\dfrac{c_{11}}{c_{110}}$，就要比最末几级中气流绝对速度的相对下降程度 $\dfrac{c_{1z}}{c_{1z0}}$ 小得多。然而，压气机的各级转子却是装在同一根轴上的。这就是说，当压气机的转速下降时，在各种转子中圆周速度 u 的相对变化程度却是相同的：

$$\frac{u_1}{u_{10}}=\frac{u_m}{u_{m0}}=\frac{u_z}{u_{z0}} \tag{2-2}$$

由于：

$$\frac{c_{11}}{c_{110}}<\frac{c_{1z}}{c_{1z0}} \tag{2-3}$$

因而可以得到：

$$\frac{\dfrac{c_{11}}{u_1}}{\dfrac{c_{110}}{u_{10}}}<\frac{\dfrac{c_{1z}}{u_z}}{\dfrac{c_{1z0}}{u_{z0}}} \tag{2-4}$$

在一般压气机中，可以近似认为有：

$$\frac{G}{G_0}\approx\frac{n}{n_0} \tag{2-5}$$

也就是：

$$\frac{v_1 c_{11}}{v_{10} c_{110}}\approx\frac{u_1}{u_{10}},\quad \frac{v_z c_{1z}}{v_{z0} c_{1z0}}\approx\frac{u_z}{u_{z0}} \tag{2-6}$$

所以可以推得：

$$\frac{\dfrac{c_{11}}{u_1}}{\dfrac{c_{110}}{u_{10}}}=\frac{v_{10}}{v_1}<1,\quad \frac{\dfrac{c_{1z}}{u_z}}{\dfrac{c_{1z0}}{u_{z0}}}=\frac{v_{z0}}{v_z}>1 \tag{2-7}$$

由此可见：

$$\frac{c_{11}}{u_1}<\frac{c_{110}}{u_{10}},\quad \frac{c_{1z}}{u_z}>\frac{c_{1z0}}{u_{z0}} \tag{2-8}$$

不难看出，这意味着：$\beta_{11}<\beta_{110}$，$\beta_{1z}>\beta_{1z0}$。

也就是说，随着空气流量 G 的进一步减小，正冲角和负冲角都会随之增大，以致最后在压气机的前几级叶栅流道中，会发生旋转脱离现象而使整台压气机进入喘振工况。

反之，当压气机在高于设计转速 n_0 的情况下工作时，情况将相反。那时，在压气机的最末几级中，由于压力 p_2 要比设计值 p_{20} 大，因而就可以用与以上类似的方法确证在这些级中因 $\dfrac{c_{1z}}{u_z}<\dfrac{c_{1z0}}{u_{z0}}$ 而发生正冲角。但在其前几级中，却会由于 $\dfrac{c_{11}}{u_1}>\dfrac{c_{110}}{u_{10}}$ 而产生负冲角。因此，当压气机在高于设计转速 n_0 的情况下运行时，将会在压气机的最末几级中产生旋转脱离现象，使整台压气机进入喘振工况。

以上这两种现象，通称为在压气机各级之间发生的工作不协调现象。这种工作不协调现象是压气机在改变工况条件下必然会遇到的一个普遍问题。

由此可见，当压气机在低转速工况（严格地说是在低折合转速工况）运行时，容易在压气机的前几级中产生强烈的气流脱离现象而使机组进入喘振工况。反之，当压气机在高于设计转速的情况下运行时，则容易在压气机的最后几级中产生强烈的气流脱离现象而使机组进入喘振工况。

但是，由于机械强度的限制，通常不允许压气机在高于设计转速的工况下运行，因而后一种喘振工况不会经常遇到。可是，在燃气轮机的启动过程中，或是在变转速的工况下运行时，压气机却会经常在低于设计转速的情况下工作。那时，压气机就很有可能由于在前几级中发生强烈的旋转脱离现象而进入喘振工况。为了保证机组启动工况和低转速工况下能够正常运行，就必须采取相应的防喘振措施。

由上述可知，级压比越高的压气机，或者是总压比越高和级数越多的压气机，越容易发生喘振现象。这是由于在这种压气机的叶栅中，气流的扩压程度比较大，因而也就容易使气流产生脱离现象。

多级轴流式压气机的喘振边界线不一定是一条平滑的曲线，往往可能是一条折线。分析认为可能是在不同的转速工况下，进入喘振工况的级并不相同的缘故。

在多级轴流式压气机中，发生在最后几级的喘振现象要比在最前几级中发生的喘振现象更加危险。因为在压气机的最后几级中发生喘振现象时，机组的负荷一定很高，而这些级的叶片又比较短，气流的脱离现象很可能在整个叶高范围内发生。如果当地的压力又很高时，压强的波动会比较厉害，气流的大幅度脉动会对机组产生非常严重的影响。

进、排气口的流动情况越不均匀的压气机，越容易发生喘振现象。常用的 GE 燃气轮机和西门子燃气轮机防喘振原理不同，GE 燃气轮机是利用可调叶片来调节，西门子燃气轮机是利用双轴和放气阀进行防喘振控制。

四、燃烧室的组成及工作原理

（一）燃烧室的结构

1. 外壳

外壳是由碳钢板焊件同一些铸件制成的圆筒。外壳的支撑与连接常常用波纹管、导销、套管或弹簧支座等来保证膨胀补偿。有时在外壳内还衬有一层隔屏以降低外壳的温度并增加燃烧区的温度。

2. 焰管

焰管(又称火焰管、火焰筒)是用 1.5~3mm 厚的耐热合金板料碾、焊拼成的几段圆筒,总长/直径为 1~3。通常,各段圆筒用三点径向销定位,支架在外壳中能维持同心膨胀。焰管壁上有许多气孔或气缝。焰管之前有空气扩压段。焰管把进气空气分配成几股,以保证适当的燃烧混合比。第一股空气约占 1/4,自焰管前端进入,这时流速已降低至 40~60m/s,再经过旋流器到燃烧区作为燃烧空气。第二股空气约占 3/4,流过焰管和外壳之间的环形空间,穿过射流孔或气缝进入燃烧区后部一定深度,掺冷燃气至所需的温度。焰管本身依靠第二股空气得到保护和冷却。火焰温度虽高达 1500~2000℃,但焰管壁应保持在 500~900℃,否则很容易烧坏或变形。开孔式、鱼鳞孔式、望远镜式或百叶式(许多圆锥环筒间隔组成)焰管利用空气膜冷却并遮护,效果较好。

望远镜各筒段间常用波纹段或钻孔段搭接,双层多孔壁式焰管也有采用。焰管有用背面带散热肋片的小块挂片拼成,以便于更换局部的损坏部分;也有用小块耐火砖类砌成,以增加辐射利于燃用重油。再热燃烧室往往没有冷却空气保护,因而没有焰管。

3. 火焰稳定器

火焰稳定器位于燃烧区的前端,大都为环状围绕喷燃嘴安装,用来降低燃烧区局部的流速至 15~25m/s 和形成回流,使空气与燃料增加接触并使火焰稳定。火焰稳定器主要有旋流片式和碗式两类,可单个使用,也可以多个并列或同心组合应用,以改善燃烧过程。叶片式旋流器使空气沿焰管内壁做螺旋运动,"燃烧碗"则起挡风板作用,造成下游的空气涡流或花圈形的回流区。再加上焰管壁上的气孔或气缝配合,组成焰管内的气流组织,使火焰稳定在焰管燃烧区内。有的旋流器能把一部分空气射入雾化油锥内,可以减少积炭。

4. 喷燃嘴(燃料喷嘴)

由燃料系统供应的燃料通过喷燃嘴按所需要的流量、匀细度及方向喷出,以便同第一股空气混合燃烧。应根据燃料及要求的不同,分别采用不同的喷油嘴、气体喷嘴或煤粉喷嘴。喷油嘴喷油细如雾状,故称为雾化过程。气膜冷却的焰管大都顺流喷油,也可以逆着气流喷油以增加接触。每个燃烧室中可有一个或多个喷油嘴。

5. 点火设备

点火设备启动时应用电火花塞、炽体或小喷油嘴火炬点火。几个燃烧室并联时,只需其中一两个有点火设备,其余的可用贯通燃烧区的传焰管(联焰管)传递火焰着火。点火设备要位于气流速度较低、油气浓度较合适处,并要能提供足够的能量才能点着。

6. 观察孔

燃烧室上可带有若干个观察孔,人眼或光电管可透过观察孔玻璃监视火焰状况。停机后也可用光纤孔探仪伸入内部检查部件。

(二) 燃烧室的类型

燃烧室根据不同的要求有不同类型的布置与结构。

1. 按布置方式分类

1) 分管型

分管型也称鼓型，为三个至十多个并联的燃烧室，围绕在压气机和透平之间的主轴四周。每个室的流量小，备有一个喷油嘴，所以便于试验、维修更换及系列化，并能较好地配合径流式压气机的分股出气口。

2) 环型

由四层同心圆筒组成一个环型燃烧室，它的轴线同机组主轴重合，这样能最紧凑地利用空间达到很高的容热强度。在环形空间中有许多旋流器和喷油嘴排成一圈，它的压损小，出口温度场均匀，但刚性较差，宜于直接配合轴流式压气机的环状出口。

3) 环管型

环管型燃烧室的外壳为环状，内分若干个焰管围绕于主轴四周，焰管间由传焰管相连，其性能介于分管型和环型之间，如图 2-7 所示。

4) 管头环型

一些较新的喷气发动机采用管头环型焰管，焰管的头部像分管型，而焰管的身部相互结合成环型。

5) 双环腔型

双环腔型燃烧室如图 2-8 所示，它能在较短的长度中达到 99.5% 的燃烧效率，燃气出口温度为 1300℃，压损为 5%。

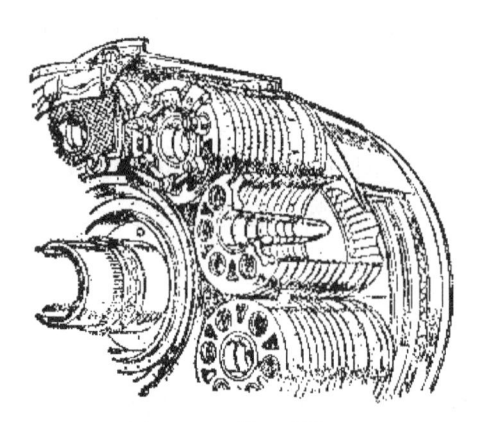

图 2-7 环管型燃烧室　　　　图 2-8 双环腔燃烧室

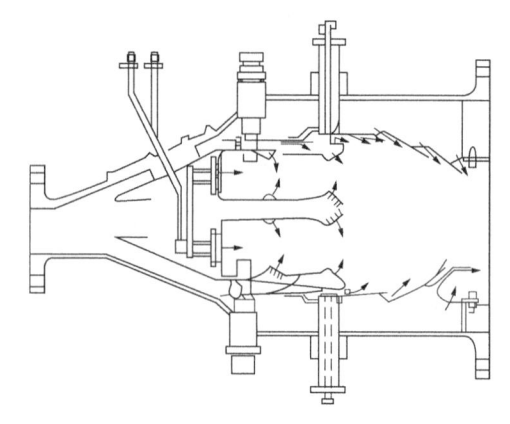

6) 圆筒型

圆筒型燃烧室指一个或两个分置于机组近旁或直接坐于机体之上的燃烧室，如图 2-9 所示。其容积较大，故效率较高，宜于燃用重燃料，也便于检修。

2. 按气流通过燃烧室的流程分类

1) 直流式

空气自一端进入，燃烧后燃气直接从另一端流出，流动阻力损失较小。

2) 回流式

气流在一端进入燃烧室外壳及焰管之间的环状空间，先沿焰管外围流动，再折转180°后进入焰管燃烧。燃气在空气进入端排出。回流式燃烧室通常布置在压气机或透平外围，缩短了机组总长，而且燃烧空气能得到燃气的预热，有利于燃烧，但因气流往返而压损较大。

3) 角流式

利用气流进入燃烧室时折转90°产生的双涡流来改善燃烧过程，如图2-10所示。有的角流式燃烧室可以不装焰管。

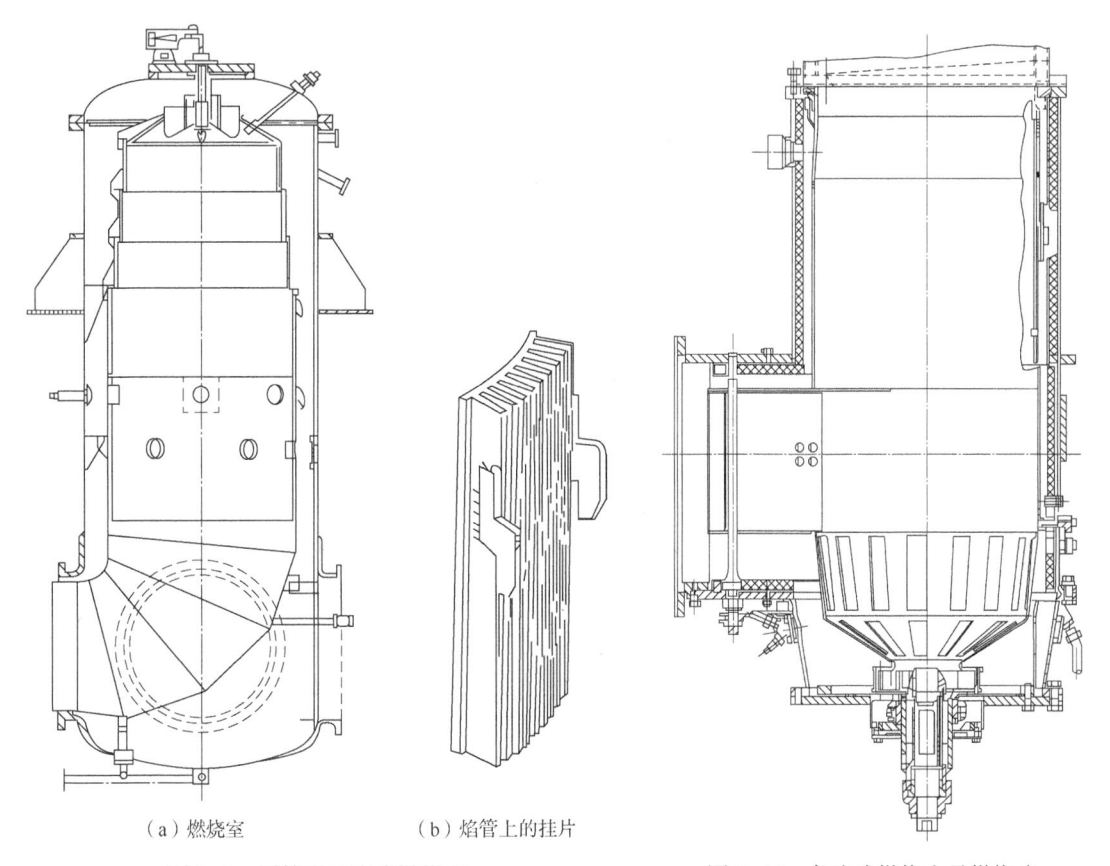

（a）燃烧室　　（b）焰管上的挂片

图2-9　圆筒型回流式燃烧室　　图2-10　角流式燃烧室及燃烧碗

4) 旋风式

空气自外周切向进入燃烧室，在室内形成强烈的旋风，带着燃料质点旋转，较重的燃料颗粒因离心力较大，逗留在室中燃烧的时间也较长。燃气从燃烧室中央排气口排出。排出的燃气常再经离心式除尘器除灰。旋风式燃烧室宜于燃用重质燃料或固体燃料。有的旋风式燃烧室还依靠离心力的作用在四周壁上形成往下流动的熔渣，粘去灰分，称为"湿式"旋风炉。

(三) 燃烧室的工作原理

燃烧室是燃料和空气混合并进行燃烧的地方，燃烧是为了将燃料的化学能转换为气体的热能，以便气体在膨胀过程中，不仅具有推动涡轮旋转做功的能力，而且能获得很大的喷气速度，使动力涡轮旋转。燃烧室的工作好不好，还直接影响着燃气发生器的工作是否安全。

五、高压涡轮(透平)的工作原理及相关计算

(一) 透平级的工作原理及速度三角形

1. 透平级的工作原理

当燃气透平级中高温高压的燃气由静叶流道中流出而喷射到装在工作叶轮上的动叶流道中时，就会在动叶片上产生切向分力，而使工作叶轮发生连续的旋转，并输出机械功。

2. 透平级的速度三角形

图 2-11 给出了在透平工作叶轮的平均直径处静叶和动叶剖面的展开图。排除叶片中的燃气流动情况，只看叶列前后间隙截面上的燃气参数变化，并把这些截面称为特征截面。

如图 2-11 所示，静叶出口处高温高压燃气的绝对速度为 c_1，它的运动方向用方向角 α_1 表示。由于动叶是以圆周速度 u 运动着，所以，高温高压的燃气相对于运动着的动叶来说，将以相对速度 w_1 流到动叶中去。燃气流进正在做高速旋转运动的动叶时相对速度 w_1 的方向角 β_1 通常称为动叶进

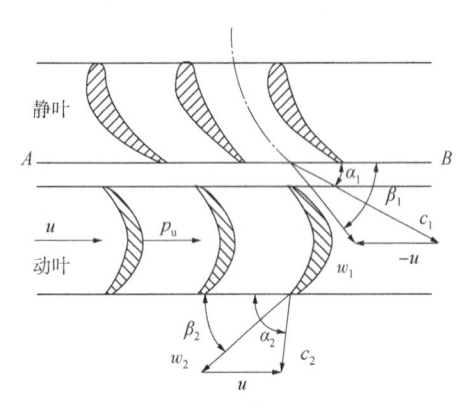

图 2-11 工作叶轮平均直径处静叶和动叶剖面的展开图和速度三角形

气角。由绝对速度 c_1、圆周速度(牵连速度) u，以及相对速度 w_1 所组成的三角形，则称为动叶进口的速度三角形。

当高温高压的燃气进入动叶后，就会受到动叶流道形状的制约，使其流动方向逐渐发生变化，最后将沿着 β_2 角的方向，以相对速度 w_2 流出动叶。β_2 角通常称为动叶出气角。同理，绝对速度 c_2、牵连速度(圆周速度) u 和相对速度 w_2 也组成一个三角形，称为动叶出口的速度三角形。

为了便于分析问题，工程上习惯于把高温高压的燃气在流进和流出动叶时的速度三角形综合在一起，如图 2-12 所示，称为透平级的速度三角形。在燃气透平设计中，当气流

流过动叶时，相对速度的变化关系基本上可以有两种不同的方案。

第一种方案中，把动叶流道的流通面积做成等截面型，如图2-13（a）所示。在这种情况下，当燃气流过动叶时，其相对速度的大小维持恒定不变，只是速度的方向发生了变化，这种透平级称为冲动式级。

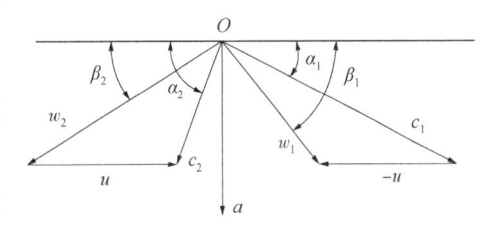

图2-12 燃气透平级的速度三角形

第二种方案中，动叶流道的通流面积是做成逐渐收缩型的，即所谓收敛型的。在动叶流道中，随着气流相对速度方向的不断变化，在亚音速流动条件下，相对速度的大小还将逐渐增加，如图2-13（b）所示。这种透平级称为反动式级。

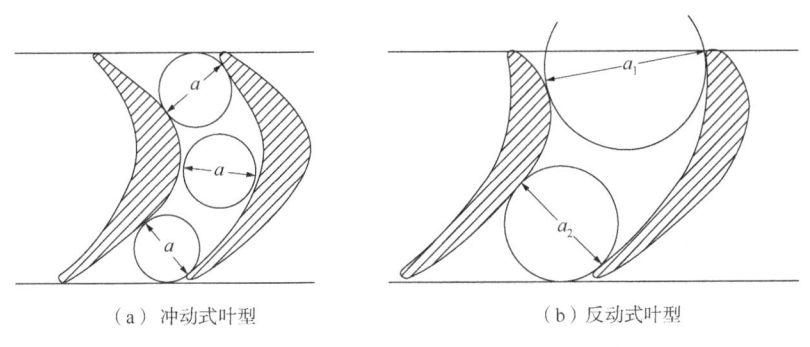

（a）冲动式叶型　　　　（b）反动式叶型

图2-13 冲动式叶型和反动式叶型的流道

图2-14给出了在冲动式和反动式透平级平均直径截面上，气流的速度三角形的示意图。

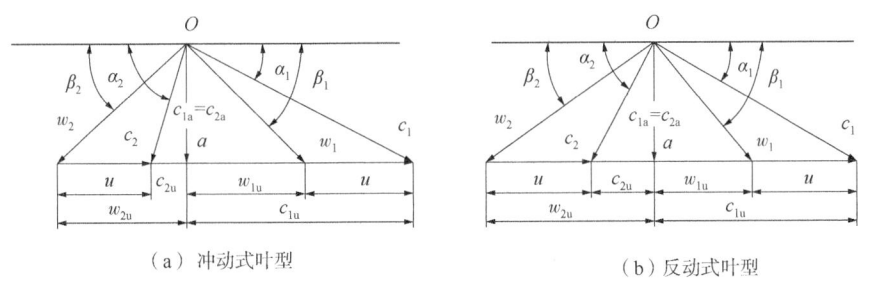

（a）冲动式叶型　　　　（b）反动式叶型

图2-14 冲动式和反动式透平的速度三角形

由图2-14（a）中可以看出：当$c_{1a}=c_{2a}$时，在冲动式透平的进口处，相对速度的绝对值$|w_1|$与$|w_2|$是相等的，虽然其流动方向不相一致，但进气角β_1和出气角β_2的绝对值也相等：

$$|w_1|=|w_2|,\quad |c_1|>|c_2|,\quad |\beta_1|=|\beta_2|,\quad |\alpha_1|<|\alpha_2| \tag{2-9}$$

如图2-14（b）所示，在反动式透平级中，当$c_{1a}=c_{2a}$时，则有：

$$|w_1|<|w_2|, \quad |c_1|>|c_2|, \quad |\beta_1|>|\beta_2|, \quad |\alpha_1|<|\alpha_2| \tag{2-10}$$

无论在冲动式透平级中,还是在反动式透平级中,当高温高压的燃气流经动叶后,气流的绝对速度 c 总是趋于减小的:

$$|c_1|>|c_2| \tag{2-11}$$

这就意味着气流的动能下降了。动能的降低,正是高温高压的燃气在动叶中对外界所做机械功的一部分。

(二) 工作叶轮对外界所做的外功

根据图 2-14 和动量定理关系式可以得知,当燃气流过动叶时,作用在工作叶轮上的切向作用力 F_u 为:

$$F_u = G_T \cdot (c_{1u} - c_{2u}) \tag{2-12}$$

从图 2-14 看出,由于 c_{1u} 与 c_{2u} 的方向相反,通常在计算时,可以把上式用代数关系式来表示:

$$F_u = G_T \cdot (c_{1u} + c_{2u}) \tag{2-13}$$

而 $c_{1u} = c_1 \cos\alpha_1$, $c_{2u} = c_2 \cos\alpha_2$,代入可得:

$$F_u = G_T \cdot (c_1 \cos\alpha_1 + c_2 \cos\alpha_2) \tag{2-14}$$

从图 2-14 中还可以看出,无论在冲动式级中,或是在反动式级中,都有:

$$\begin{cases} c_{1u} = w_{1u} + u, & w_{1u} = w_1 \cos\beta_1 \\ c_{2u} = w_{2u} + u, & w_{2u} = w_2 \cos\beta_2 \end{cases} \tag{2-15}$$

代入式(2-12)得:

$$\begin{aligned} F_u &= G_T(c_{1u} - c_{2u}) = G_T[(w_{1u} + u) - (w_{2u} + u)] \\ &= G_T(w_{1u} - w_{2u}) = G_T(w_1 \cos\beta_1 - w_2 \cos\beta_2) \end{aligned} \tag{2-16}$$

不难理解,假如当燃气流经动叶时,还同时引起气流速度的轴向分量 $(c_{1a} - c_{2a})$ 的变化,那么,在动叶的轴向方向上必然也会受到一个气动力 F_a 的作用,它可以按下列关系式计算:

$$F_a = G_T(c_{1a} - c_{2a}) = G_T(w_{1a} - w_{2a}) \tag{2-17}$$

这个轴向力不能做功,整个透平的轴向力将来与压气机相抵消,压气机由于级数多,一般轴向力比透平的大。

由于在切向作用力 F_u 的作用下,工作叶轮将在切向平面内做高速旋转运动,其圆周速度为 u,这就意味着使工作叶轮在每秒钟内产生了 u 的位移。根据物理学中有关功和功率的概念,很容易推论:在这个过程中,气流通过工作叶轮对外界所做的机械功率应为

$N_T = F_u \cdot u$，单位为 N·m/s。

由上可见，透平级中气流的速度三角形，与动叶的受力和做功问题都有密切的联系。

当流量为 $G_T(kg/s)$ 的燃气流过装有动叶叶片的工作叶轮时，可以对外界发出的功率为：

$$N_T = F_u u = G_T u(c_{1u} + c_{2u}) \tag{2-18}$$

对于 1kg 燃气来说，它对外界所做的膨胀功 L_T 可以用下述公式给出：

$$L_T = u(c_{1u} + c_{2u}) = uc_{1u} + uc_{2u} \tag{2-19}$$

由图 2-14 所示可知：

$$w_1^2 = c_1^2 + u^2 - 2uc_1\cos\alpha_1 = c_1^2 + u^2 - 2uc_{1u} \tag{2-20}$$

所以有：

$$uc_{1u} = \frac{1}{2}(c_1^2 + u^2 - w_1^2) \tag{2-21}$$

而：

$$w_2^2 = c_2^2 - u^2 + 2uw_2\cos\beta_2 = c_2^2 - u^2 + 2uw_{2u} \tag{2-22}$$

由图 2-14 可知 $w_{2u} = c_{2u} + u$，代入上式可得：

$$w_2^2 = c_2^2 - u^2 + 2u(c_{2u} + u) = c_2^2 + u^2 + 2uc_{2u} \tag{2-23}$$

所以：

$$uc_{2u} = \frac{1}{2}(w_2^2 - u^2 - c_2^2) \tag{2-24}$$

将式(2-21)和式(2-24)代入式(2-19)后可得：

$$L_T = \frac{c_1^2 - c_2^2}{2} + \frac{w_2^2 - w_1^2}{2} \tag{2-25}$$

式(2-25)表明：当 1kg 高温高压的燃气流过工作叶轮时，对外界所做的膨胀功 L_T，应等于工质的绝对速度动能与相对速度动能变化量的总和。当然，在冲动式透平中，由于气流相对速度的大小并没有发生变化，因而其膨胀功 L_T 就等于工质流经动叶时绝对速度动能的减少量。

(三) 透平级中工质能量的转化关系

下面具体分析在燃气的膨胀过程中，各种形式的能量之间是如何进行转化的。把透平级作为整体来考虑，由于级中燃气流速高，可以认为没有通过壁面与外界产生热交换，即可认为流动过程是绝热的。根据稳定流动能量方程，按热力参数来表示 1kg 工质的膨胀功为：

$$L_T = h_0^* - h_2^* \tag{2-26}$$

实际上，燃气在透平级中的做功过程与燃气顺序地流过静叶和动叶时所发生的状态参数变化密切相关。燃气在流过静叶时，既无热量也无功量交换，因而，工质流过静叶时为：

$$h_0^* - h_1^* = 0 \tag{2-27}$$

也就是：

$$h_0 + \frac{c_0^2}{2} = h_1 + \frac{c_1^2}{2} \tag{2-28}$$

$$\frac{c_1^2 - c_0^2}{2} = h_0 - h_1 \tag{2-29}$$

由热力学第一定律可知，在绝热、有摩擦的不可逆流动中，有下列关系存在：

$$h_0 - h_1 = -\int_0^1 \frac{\mathrm{d}p}{\rho} - L_{m1} \tag{2-30}$$

所以：

$$\frac{c_1^2 - c_0^2}{2} = -\int_0^1 \frac{\mathrm{d}p}{\rho} - L_{m1} \approx \frac{p_0 - p_1}{\bar{\rho}_1} - L_{m1} \tag{2-31}$$

式中 $\bar{\rho}_1$——静叶前后燃气的平均密度；

L_{m1}——燃气流过静叶时，由于摩擦等不可逆现象的存在所必须消耗的能量。

由式(2-31)可见，高温高压的燃气在流过静叶时，由于工质压力的降低($p_1 < p_0$)所发生的膨胀过程，将使气流的速度由 c_0 增高到 c_1，并伴随有流动损失 L_{m1}。气流动能的增加则完全是由工质本身所具有的能量(热焓 h 或压力势能 $\frac{p}{\rho}$)的下降转化来的。

当燃气进而流过动叶时，由于与外界没有发生热量交换，对1kg工质而言，在动叶中能量的转化关系可表示为：

$$L_T = h_1^* - h_2^* = (h_1 - h_2) + \frac{w_1^2 - w_2^2}{2} \tag{2-32}$$

同理，根据热力学第一定律，可得：

$$h_1 - h_2 = -\int_1^2 \frac{\mathrm{d}p}{\rho} - L_{m2} \tag{2-33}$$

因而上式可改写为：

$$L_T = \frac{w_1^2 - w_2^2}{2} - \int_1^2 \frac{\mathrm{d}p}{\rho} - L_{m2} \tag{2-34}$$

对比式(2-33)和式(2-34)可以发现：

$$\frac{w_2^2 - w_1^2}{2} = -\int_1^2 \frac{\mathrm{d}p}{\rho} - L_{m2} \approx \frac{p_1 - p_2}{\bar{\rho}_2} - L_{m2} = h_1 - h_2 \tag{2-35}$$

式中 L_{m2} ——燃气流过动叶时，由于不可逆现象的存在所必须消耗的能量；

$\bar{\rho}_2$ ——动叶前后燃气的平均密度。

由式(2-35)可知，在动叶流道内燃气压力的继续下降(当然，同时会引起温度和焓值的降低)，可以促使相对速度 w_2 增高，其结果是在工作叶轮上，将会有一部分压力势能转化为膨胀功。

然而，在冲动式透平级中，由于动叶前后相对速度 w_1 和 w_2 的大小几乎不变，因而 $p_1 \approx p_2$。这就是说，燃气在冲动式透平流道中，并没有继续发生膨胀过程。那时，工作叶轮对外所做的机械功，只是绝对速度动能减小的结果。

(四) 透平级的反动度

在透平原理中，引入一个透平级反动度的概念来描述燃气在动叶流道中继续膨胀的程度，它有下列几种定义。

1. 运动反动度

运动反动度是指动叶中的膨胀功占全级总膨胀功的百分比，一般用 Ω_k 表示，用数学公式表示为：

$$\Omega_k = \frac{\dfrac{w_2^2 - w_1^2}{2}}{\dfrac{c_1^2 - c_2^2}{2} + \dfrac{w_2^2 - w_1^2}{2}} \tag{2-36}$$

运动反动度与速度三角形有直接联系。

运动反动度等于 0 的物理意义可近似认为在动叶中气流没有膨胀，即 $w_1 = w_2$。气流在动叶中的相对速度并没有增加，而是拐了一个弯。动叶之所以会转动，完全是靠静叶中流来的高速气流对于动叶的冲击，因而这种级就称为冲动式级。所以 $\Omega_k = 0$ 的级就是冲动式级。冲动式级的做功能力大，在汽轮机中得到广泛的运用，但在航空中应用极少。因为在动叶中气流不加速膨胀，没有顺压力梯度，气流易于分离，透平的效率较低。

而运动反动度等于 0.5 的物理意义可近似认为是在静叶和动叶中进行同等程度的膨胀。在静叶中有：

$$h_0 - h_1 = \frac{c_1^2 - c_0^2}{2} \tag{2-37}$$

近似地认为 $c_0 \approx c_2$，所以有：

$$\frac{c_1^2-c_0^2}{2}=\frac{c_1^2-c_2^2}{2} \qquad (2-38)$$

在动叶中有：

$$h_1-h_2=\frac{w_2^2-w_1^2}{2} \qquad (2-39)$$

既然在动叶和静叶中有同等程度的膨胀，则有：

$$\frac{c_1^2-c_2^2}{2}=\frac{w_2^2-w_1^2}{2} \qquad (2-40)$$

若 $c_1=w_2$，则 $c_2=w_1$。因此，透平级速度三角形形状对称，静叶和动叶的样子也差不多。对于这种动叶中气流也膨胀的级，称为反动级。反动级的 $\Omega_k>0$。在反动级中，动叶之所以会转动，不仅因为来自静叶高速气流的冲击，还因为动叶本身压降产生反作用力的推动。在反动式透平级中，静叶和动叶中都因为加速膨胀而存在顺压力梯度，气流不易分离，效率比较高，在航空中用得较多。一般在平均直径处 $\Omega_k=0.25\sim0.1$。

2. 热力反动度

在计算热力参数时，采用热力反动度较方便，以 Ω_t 表示，它的定义为：

$$\Omega_t=\frac{h_1^*-h_{2s}^*}{h_0^*-h_{2s}^*}\approx\frac{(h_1^*-h_0^*)+(h_0^*-h_{2s}^*)}{h_0^*-h_{2s}^*}=1-\frac{h_0^*-h_1^*}{h_0^*-h_{2s}^*} \qquad (2-41)$$

从数值上来说，通常 $\Omega_k\approx\Omega_t$，统一以 Ω 表示，而不严加区别。

第三节 典型燃烧室

一、GE 燃气轮机 SAC 型燃烧室

LM2500+SAC（Single Annual Combust）燃气发生器使用的是一个环形燃烧室。燃烧室由整流部件、内外火焰管和拱顶环 4 个部件组成。

（一）整流部件

整流部件在整个压气机的后机匣内，主要功能是将从压气机出来的高压气体平滑地引入燃烧室内，此部件类似于扩压器的形状，这样的形状可以起到减速和增压的作用。减速可以防止高压气体将燃料气吹散，而增压可以用来克服流动过程中的压力损失、摩擦损失和流动损失等。此扩压组件包括了内外两个环状结构，内壁环状结构曲线变化比较缓和，这样有利于气体的内部流动，外壁上均匀分布共计有 30 个供燃料喷嘴通过的圆孔。

（二）拱顶环

由 30 个小组件拼接而成的一个环状结构，每个小组件的形状为上半部分圆形，下半

部分方形，圆圈内部装有轴向气旋涡器和文丘里管。旋涡器可以使压缩空气沿着切向产生旋转，在旋转的过程中压缩空气可以与进来的天然气进行充分的混合。文丘里管可以使气体的速度增加，高速流动的气体可以对燃料喷嘴产生冲刷，可防止燃料喷嘴处不充分燃烧的天然气积炭导致的燃料喷嘴阻塞。

（三）火焰筒

火焰筒包含了内外两个管筒，这是天然气燃烧的主要部位，火焰主要存在于这个区域内，这也是整个燃气轮机温度最高的地方。内外两个火焰管中间为火焰存在处，在两个火焰筒上平均分布着许多小孔，这些小孔起到了引入空气与冷却的效果，它们使气体在内外火焰筒上形成空气薄膜，防止火焰筒被高温火焰烧蚀。外火焰筒的直径是相等的，内火焰筒只有前 1/3 部分是等直径的，后面的部分为喇叭状，这样的结构与外火焰筒形成了一个收敛的通道，有利于高温气体的混合和流动，使高温气体顺利流向高压涡轮。

二、GE 燃气轮机 DLE 型燃烧室

GE 燃气轮机的 DLE 型燃烧室是带有预混合的两级燃烧室。燃料为天然气燃料或液体燃料。燃烧室主要由喷嘴、液压伺服阀等组成。

（一）喷嘴

燃料气和空气分别进入燃料气喷嘴内部，在喷嘴内部壳体的作用下产生涡旋进行充分混合后再进入燃烧室进行燃烧。

燃烧室分为 A 环(30 个喷嘴)、B 环(30 个喷嘴)、C 环(15 个喷嘴)，如图 2-15 所示，每个环都有独立的燃料气阀 FCV104、FCV105、FCV107，其中 A 环和 C 环另外还有 10 个支气管控制阀 20SV1 至 20SV10 来精确控制燃料气进气量。

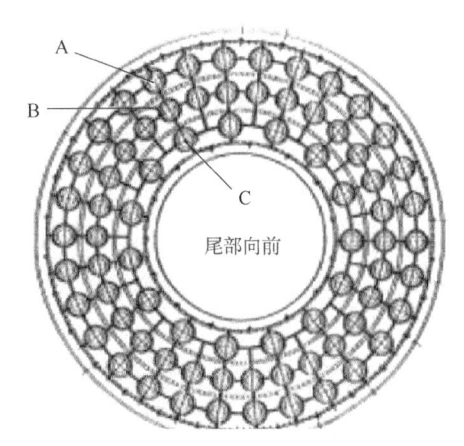

图 2-15　燃烧室

（二）DLE 机型 CDP 阀

CDP 阀是一个液压伺服阀，CDP 阀的一端连接着 GG 压气机第 16 级后，另一端接入

排气烟道。CDP 阀门的作用就是通过不同的开度来调节进入燃烧室内的空气量,从而调节燃烧室内燃烧空燃比。CDP 阀门的安装位置和实物图如图 2-16 所示。

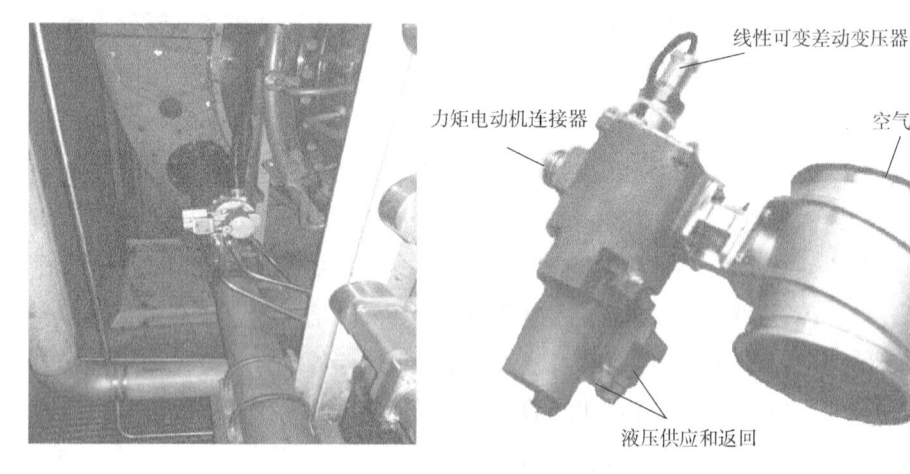

(a) 安装位置　　　　　　　　　　(b) 实物图

图 2-16　CDP 阀

(三) DLE 机型新增加的 PX36A/B 压力传感器

DLE 机型在燃烧室前增加 PX36A/B 压力传感器来检测燃烧室压力脉冲波动,以此来监控燃烧室内火焰燃烧工况,以避免火焰出现局部爆燃和局部熄灭现象。

(四) 维护

DLE 型 GE 燃气轮机按照厂家规范要求需要至少在夏季和冬季进行一次标定,以确保燃气轮机在当时环境温度下的稳定运行。在运行过程中出现排放不达标、燃烧室噪声高或熄火等问题时也需要进行重新标定。判断是否需要进行标定的最直观依据是燃气轮机排放量,根据 GE 燃气轮机操作手册 GEK105048,在出现以下排放超标情况时需要进行重新标定:

(1) 基准负荷(baseload)时 NO_x>25mL/m^3。

(2) 基准负荷(baseload)时 CO>25mL/m^3。

(3) AB 模式时 CO>50mL/m^3,而其他模式 CO 排放正常。

(4) BC 模式时 CO>100mL/m^3,而其他模式 CO 排放正常。

除此之外,当环境温度变化、燃气轮机参数超标或出现异常现象时可作为辅助判断依据:

(1) 正常运行时 PX36>2.5psi,PX36 在 2.5~3.0psi 时将进入噪声边界范围,容易导致燃烧爆震。

(2) 正常运行时 PX36 值偏低,若与正常值偏离较大且非探头故障导致则可能是标定异常,正常运行时各模式下 PX36 值应处于以下范围。

① B 模式:0.8<PX36<1.2。

② BC2 模式：1.0<PX36<1.6。
③ BC 模式：1.2<PX36<1.8。
④ AB 模式：1.2<PX36<1.8。
⑤ ABC 模式：1.5<PX36<2.0。
⑥ 燃烧模式切换时，PX36>3.0psi，噪声峰值过高容易导致熄火停机。

相比于 GE 燃气轮机的 SAC 机型的燃烧室，DLE 机型燃料气喷嘴结构和燃烧室的结构更加复杂，但其污染物排放小。

三、西门子燃气轮机燃烧室

西门子的燃烧段的环形燃烧室包容并支撑在燃烧段内机匣内。通过内机匣将压气机空气导入燃烧室，整个组件包含在一个独立的外机匣内。西门子燃烧室主要由燃烧室外机匣组件、燃烧室内机匣、燃烧室、燃料喷嘴、燃料总管和喷水等组成，如图 2-17 所示。

（一）燃烧室外机匣组件

在燃烧室外机匣的前端和后端制有安装边，分别用来安装中介机匣和低压涡轮机匣。18 个燃料喷嘴的定位衬套用螺栓安装在它们各自的沿机匣圆周分布的安装座上。高压 3 级空气引气接口、P3 测压

图 2-17 燃烧段

接口和孔探仪口位于喷嘴定位装置的后部并与之成一线。孔探仪口用来检查高压压气机 4 级和 5 级叶片、燃烧室火焰筒以及高压涡轮导向器叶片。位于燃烧室内机匣后安装边内槽上的燃烧室外机匣支撑扇形件(30 件)通过外机匣固定在外支撑扇形件上。

（二）燃烧室内机匣

内机匣由前、后机匣组成，并包括高压压气机出口导流叶片，在其前端通过固定在外机匣前安装边上的支撑托架固定。燃烧室火焰筒的内后部和高压涡轮前空气封严静止件用螺栓固定在机匣的后部内连接安装边上，其中高压涡轮导流叶片的内固定安装边夹持在两个空气封严件之间。涡轮导流叶片的外固定安装边类似地夹在后支撑环和涡轮导流叶片外定位环之间，而外定位环固定在内机匣后安装边上。

（三）燃烧室

环形燃烧室包括前火焰筒、后火焰筒和外火焰筒。后火焰筒与前火焰筒组件形成滑动连接。安装在前、后火焰筒机匣连接安装之间的隔圈和安装在内机匣后连接安装边上的隔圈使得能够对后火焰筒和前火焰筒的位置在滑动接头范围内调节。火焰筒内有整体式的迎着燃料喷嘴的进口鱼嘴和扩散室，有一个空气调节板和位于每个喷嘴周围的隔热屏。火焰

筒内壁和外壁上的孔可使火焰稳定和有效燃烧，并通过充分的稀释把火焰温度降低到涡轮部件可接受的温度值。位于火焰筒后部的燃气导管把燃气流引向高压涡轮导流叶片。

（四）燃料喷嘴

喷嘴有两种类型，气体燃料专用型和双燃料型，多使用双燃料型。双燃料型指的是可用气体燃料或液体燃料的喷嘴。双燃料喷嘴有3个进口凸台，如果需要，可从第3个进口凸台喷水或喷蒸汽。18个喷嘴按顺时针编号，即从后部向前看，1号喷嘴在顶部中心右侧一点。它们安装在定位衬套上，沿燃烧室外机匣圆周分布，并伸进燃烧室内机匣，进入到火焰筒前端。每个喷嘴包括一个具有整体安装边的进给臂和安装燃料喷口的头部。8号和2号喷嘴上有一个附加的凸台用来安装点火电嘴。这些喷嘴通过导管与燃料总管连接。

（五）燃料总管

燃料总管环绕燃气发生器排布，通过从总管接出的18个供油管向喷嘴提供燃料，如图2-18所示。

图2-18　燃烧总管

（六）喷水

某些燃气发生器中（如型号代码中有DLE的），可将一定量的水由燃料喷嘴上的专用口供入喷嘴。目的是降低排气中的有害排放物，以满足有关部门对排放物水平提出的要求。水总管由左半部和右半部两件组成，并带有18个喷嘴的供水管。

第四节　动力涡轮

一、动力涡轮的结构与组成

涡轮装置主要由导向器和工作叶轮组成，如图2-19所示。

目前采用的燃气发生器均采用两级涡轮（导向器和工作叶轮各有两个），一个导向器和一个工作叶轮组成一级。导向器安装在工作叶轮前面，固定不动。导向器和工作叶轮上装有很多叶片，叶片之间的通道都呈收敛型，为导向器和工作叶轮叶片之间的通道。燃气发生器采用两级涡轮是因为压气机需要的功率很大。

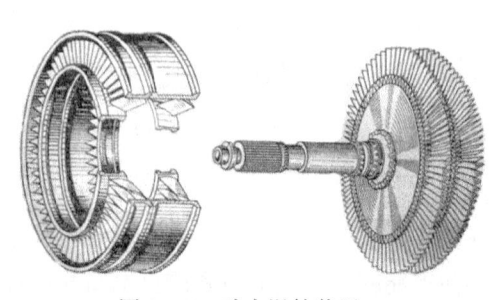

图2-19　动力涡轮装置

二、动力涡轮的作用原理

(一) 动力涡轮的做功原理

由于第二级工作原理和第一级相同,所以下面用第一级来说明。从燃烧室流出的燃气,轴向的流进导向器的收敛型通道,速度大大增加。同时,由于导向器叶片弯曲,燃气从导向器流出时,向工作叶轮旋转方向偏斜。这样,燃气就能以很大的速度和合适的方向流入工作叶轮,更有效地推动它旋转。

燃气进入工作叶轮后,由于工作叶轮叶片(简称涡轮叶片)的通道是弯曲而收敛的,因此燃气速度(即相对速度)的方向和大小都发生了变化。方向朝着与工作叶轮旋转相反的方向偏斜,而且大小逐渐增大。气流相对速度的这种变化,说明燃气受到了涡轮叶片的作用力。燃气在受到涡轮叶片作用的同时,必定给涡轮叶片以反作用。这个反作用力,再加上涡轮叶片前的燃气压力大于涡轮叶片后的燃气压力所形成的压差力,就是燃气作用在涡轮叶片上的力(F)。这个力(F)从对涡轮的作用效果来看,又可分解为两个力:一个是沿圆周方向的,称为圆周力(F_u);另一个是沿涡轮轴方向的,称为轴向力(F_a)。工作叶轮就是在圆周力(F_u)的作用下旋转起来的;轴向力对工作叶轮的旋转不起作用,只是使工作叶轮有向后移动的趋势。

(二) 动力涡轮中的燃气能量转换

在导向器中,燃气的压力和温度降低,速度增大。也就是说,燃气在膨胀过程中,一部分压力能和热能转换为本身的动能了。

在工作叶轮中,燃气继续膨胀,压力和温度继续降低,说明压力能和热能继续减小。这时所减少的能量,连同在导向器中所增大的动能中的一部分,一起转换为对工作叶轮所做的功。

第三章　离心式压缩机

学习范围	考核内容
知识要点	离心式压缩机的结构与工作原理
	离心式压缩机的润滑系统
	离心式压缩机的密封系统

第一节　离心式压缩机的结构与工作原理

一、离心式压缩机组的组成

（一）GE 离心式压缩机组的组成

使用 PCL804 型离心式压缩机对天然气进行压缩，再经过一台 PGT 25 PLUS 的燃气轮机（由 Nuovo Pignone 供）驱动压缩机，此燃气轮机直接联轴到压缩机上。

（二）RR 离心式压缩机组的组成

罗尔斯—罗伊斯公司的 COBERRA6562 压缩机组，由一台轴流式燃气发生器 RB211-24G、一台反冲式动力涡轮 RT62 和一台离心式压缩机 RF3BB-36 组成。动力涡轮与压缩机通过挠性联轴器相接，属于中等功率的燃气轮机。

（三）SOLAR 离心式压缩机组的组成

采用美国 SOLAR 公司生产的燃气轮机作为驱动设备，德国 Man Turbo 公司生产的离心式压缩机作为增压设备，合称为燃压机组，整体水平比较先进。

二、离心式压缩机的结构

以 GE 离心压缩机为例，介绍压缩机的结构。

（一）机壳

压缩机的机壳为桶式机壳，在端部由两个垂直的法兰（机壳头）闭合。机壳头以及机壳配套表层经过精准加工以实现最佳的组装效果。机壳头在内部与机壳组装在一起，并通过径向安装的特殊扇形（剪环）固定。进气和排气喷嘴焊接在机壳上。从水平中心线上支出并放置在专用立柱上的 4 个支撑脚支撑着机壳。联轴器端（或主联轴器端）的支撑脚配有滑键，用来安置纵向的机器。两个滑键沿压缩机纵向中心线焊接在机壳上，并位于焊接在基板上的相应的导轨内，用于安装横向机器。这种安排允许在不改变机器校准的情况下发生热膨胀。安装在机壳端部的两个机壳头各自支持容纳转子轴承的壳体以及容纳防止气体从机壳泄漏的端部密封的壳体。机壳为漏斗形，可以承受更大的压力并能缩短轴颈轴承之间的跨度。

（二）隔膜

在转子组件周围组建的隔膜组件构成了压缩机的固定部分。穿过隔膜的环形通道形成扩散器，在此叶轮出口处的气体动能被转换成压力，这些通道也构成了有效将气体传送至叶轮眼的回向通道。所有隔膜都分成两部分，在水平中心线处分开，隔膜的分开部分也在水平中心线上组装成机壳平衡分体，形成两个独立的半束。隔膜的上半部分通过沿中心线排列的螺栓固定在机壳平衡区的位置中，从而确保了在抬起机壳上半部时不至于使隔膜脱离。迷宫式密封安装在所有内部近距离间隔点处的隔膜内，以使从叶轮的排气至进气压力区的气体泄漏降至最低。安装在机壳平衡区周边的加工槽内的环形密封防止了向较低压区域的高压气体泄漏。机壳平衡区底部的排气侧装有一组滚轮，便于整套隔膜/转子束插入机壳内，在此通过机壳头和位于隔膜/转子束与机壳之间的定位键轴向固定和定位。

（三）转子

转子包含一个由叶轮和垫环组成的轴，垫环热缩在轴上，同时轴向定位叶轮，并防止叶轮之间的轴截面与气体接触。叶轮为后弯叶片闭合式，热缩并锁定在轴上。在安装到轴上之前，每个叶轮都经过动态平衡，并且在超过最大持续速度 15% 的条件下进行测试。在压缩机运行过程中，转子受控于一个进气方向的、由作用在每个叶轮的护罩和轮盘上的压力差所形成的轴向推力。大部分的推力通过平衡鼓平衡，所形成的轴向推力被推力轴承吸收。

（四）平衡鼓

离心式压缩机转子受控于一个进气端方向的、由作用在每个叶轮的护罩和轮盘上的压力差所形成的轴向推力。大部分的推力通过装配在与靠近最后一级叶轮轴端上的平衡鼓平衡。平衡鼓以及相关的迷宫式密封，连同轴端上提供的迷宫式密封，构成了所谓的平衡仓。与之相伴的是使平衡鼓的外板侧上的区域趋于低压区（约为进气压力），进而形成与叶轮上的压力差方向相反的压力差。低压区是通过将平衡鼓后面的区域与压缩机进气区利用一条平衡气管线相连而实现的。平衡鼓足以使尚未完全平衡的轴向推力大大削弱，而余下的推力则被推力轴承吸收，这就确保了转子无法沿轴向运动。平衡鼓被热缩在轴上。叶轮、间隔套管以及平衡鼓组件通过一个锁环固定在轴上。当平衡鼓被安装到转子上之后，该组件再次动态平衡。

（五）轴颈轴承

轴颈轴承是具有强制润滑功能的倾斜轴瓦式。压力下的润滑油呈放射状流过轴承并穿过孔洞对轴瓦和组件进行润滑，然后从两侧排出。轴承瓦片由钢材制成，内部附一层白金属。这些轴瓦为漂移式，位于由外壳和两个护油圈所构成的恰当的座位上。轴瓦可在外壳内沿轴向和径向两个方向摆动，以最大限度降低转子径向振动。轴承通过固定螺栓沿轴向固定在机壳头或压缩机机壳上。

（六）推力轴承

安装在机壳一端的推力轴承为双动式，位于转子推环的两侧，设计用来吸收转子上没有被平衡鼓完全平衡的剩余轴向推力。它配有一个油控环(O.C.R)，可以使由于轴承内腔在高速运行时所产生的油搅动而造成的功率损耗降至最低。在另外一些情况中，推力轴承支撑环在履行O.C.R功能的轴环周围形成一个圆形空间。

（七）迷宫式密封

用以减少不同压力区之间气体泄漏、压缩机旋转和固定部分之间的内部密封件采用的是迷宫式密封。迷宫式密封环由一个环构成，与转子之间存在极小间隙的一系列鳍板形成了该环的周边。这些环分成两半或四部分，材料为耐腐蚀性软合金，以避免在偶然接触时对转子造成损坏。环的上半部分与相关的隔膜固定，环的下半部分可以很容易地通过隔膜上的槽位旋转拆除。含迷宫式密封的转子的位置是：叶轮护罩、叶轮之间的轴套，以及平衡鼓。同一类型的密封位于轴端，限制气体从压缩机中泄漏。

（八）干气密封

密封组装在每个压缩机轴的两端，以防止气体从机器中逃逸出来。这些密封由串联的迷宫式机械气体密封构成。

三、离心式压缩机的工作原理

燃气轮机带动压缩机主轴叶轮转动，在离心力的作用下，气体被甩到工作轮后面的扩压器中。而工作轮中间形成稀薄地带，前面的气体从工作轮中间的进气部分进入叶轮，由于工作轮不断旋转，气体能连续不断地被甩出去，从而保持了压气机中气体的连续流动。气体因离心作用增加了压力，还以很大的速度离开工作轮，气体经扩压器逐渐降低了速度，动能转变为静压能，进一步增加了压力。如果一个工作叶轮得到的压力还不够，可通过使多级叶轮串联工作来达到出口压力的要求。级间的串联通过弯通、回流器来实现。这就是离心式压缩机的工作原理。

第二节　离心式压缩机的润滑系统

离心式压缩机润滑系统向润滑点提供符合规定压力和温度的经过冷却和过滤的润滑油。

一、主油箱

主油箱配有必要的排水、通风和检查连接。在主油箱内配有一个通过温度开关控制"开始"和"停止"的电加热器。主油箱中的油先从一个油分离器抽取，然后送往油箱。该区域内油位和油箱盖附近安装有惰性气体冲洗装置，用来防止油与大气直接接触，从而避免油箱内产生氧化和爆炸性气体。

二、油泵和驱动器

润滑油系统包括一个主油泵和备份油泵，这两种泵都适合连续运转，并且具有同等能力。两种泵均采用电机驱动，备份油泵配有自动启动控制。每个泵的进气管线具有滤网和拦截阀，每个泵的排放管线配有安全阀、止回阀和拦截阀。在泵和驱动器的安装过程中，应确保径向（平行）和轴向（角度）偏差值不高于联轴器制造商所提供的值。

三、架空式润滑油储油箱

架空式润滑油储油箱的作用是在主油泵和备份油泵发生故障而造成紧急关机的过程中向轴承集油器供油。油箱的大小可以容纳足够确保轴承润滑的油量，直至机械设备完全停止运行。润滑油通过一条管线供油，配有一个孔口和一个止回阀，连接到机械装置的轴承集合管。在对润滑油系统的准备过程中，油箱内最初装入适当水平的油，当主油泵运行时，油入口阀打开，直至润滑油循环经过溢出线返回主油箱，然后关闭进油口阀门让泵运行。在正常运作过程中，油箱中以少量的油保持填满状态，这部分油流过孔口进入油箱，到达溢出线后返回主油箱。当架空式油箱的静压超过集油器中的压力时，润滑油向下经止回阀流回轴承。油箱上提供了针对压缩机驱动器的允许启动特征。

四、制冷器

润滑油由两个水冷却器冷却，一个为另一个的备用。每个冷却器都用来使工厂所需的整个油流降温，它们以平行管道排列。制冷器之间安装有连续的流动转移阀，用来引导润滑油通过制冷器或进入集油器。此功能允许将冷却器从服务中切断以便检查，或者在不中断机器润滑油供应的情况下进行维修。配有限制口的一条均衡流线连接两个制冷器，允许填补备用制冷器，并简化转向阀的运行。制冷器上安装有一个配有由温度控制器控制的自动阀的旁通线，此温度控制器可感应制冷器的主集油箱下游的温度。这样可允许直接连接制冷器进油管口和出油管口，直至下游的温度达到设定值。

五、过滤器

制冷器下游提供了一对润滑油过滤器，并利用持续流量转换阀通过并列管道连接。转移阀安装在过滤器之间，引导润滑油通过过滤器或进入集油器。此功能允许将过滤器从服务中切断以便检查，或者在不中断机器润滑油供应的情况下进行维修。过滤器为可更换滤芯的类型。每当过滤器存在压力差，测量仪测量到的达到"仪器列表"中指示的压降时，即可以更换过滤器芯；或者无论存在压降与否每年都可以更换一次滤芯。配有限制口的一条均衡流线连接两个过滤器，允许填补备用过滤器，并简化转向阀的运行。

六、润滑油管路

经过滤且处于规定温度下的润滑油到达集油器，接入集油器的润滑油管线带分接头。每个轴承输油管线中都配有一个校准孔，并考虑到其压力值，该压力值由一个局部压力表测量。流量指示器与局部温度仪安装在从润滑点返回的润滑油管线中。检查白色金属温度的热元素安装在每个轴承内。出油口线路分接成一条简单的管线，润滑油由该管线运送到主油箱。

七、阀设置

阀门设置是在油泵处于运作状态，且截止阀和旁通阀打开的情况下完成的。观察其上压力表使阀门保持必要压力，同时缓慢关闭旁通阀，与此同时设置控制阀，从而达到集油器中所需的压力，在此过程中旁通阀处于完全关闭状态。通过关闭阀门可以切断控制阀以便进行维修。然后，可以通过并行安装的阀门手动调节油压。

第三节 离心式压缩机的密封系统

系统向组装在压缩机轴两端的密封提供过滤密封（缓冲）气体，以防止过程气体从机器中逃逸。

一、密封气体管路

气体从压缩机在迷宫密封和平衡鼓之间排放出来，然后通过"平衡气体管路"的外部连接返回压缩机进气口。上述连接同样可以平衡转子上的轴向推力，具体见"平衡鼓"章节中的说明。这样，转子的两端具有接近进气口的压力，并允许在转子两端使用两种类似的密封环组和相同的密封(缓冲)气体。迷宫密封和干气密封在转子的进气端形成了4个隔间,而在转子的排气端形成了5个隔间。为了防止过程气体通过迷宫密封逸出,第一个隔间被加压。为了确保密封在干净且无凝析的气体中工作,在略高于进气压力的压力下注入过滤气体(缓冲气体)。压缩机最终排放中排出的过程气体被用作密封气体。该功能由第一个隔间中的缓冲气体与第二个隔间中的平衡气体之间的压差确保实现。密封腔中的密封气体压力是由压差控制阀控制的,该控制阀是一个如"气体压力控制阀"段落中所指出的差别变送器/控制器组。系统保证了平衡气体/密封气体管线之间的正确压差。控制阀由拦截阀和与孔口连接的旁通管线组成。

二、一级排气管线

通过机械密封内侧的环从第一个隔间逃逸出来的密封气体到达第三个隔间,再到锥口孔,通过被称为"一级排气管线"的线路来调整节流孔阀门。安装在节流孔调整阀上游和下游之间的差压开关,允许在高差压情况下发出报警信号,并在高高压差情况下使机组跳闸。压力控制阀可以保证正确的密封气体压力。安全阀确保在紧急情况下向锥口孔排气。

三、二级排气管线

剩余的从密封外环(每个密封一个)逃逸出的密封气体到达第四个隔间,在此遇到来自第五个隔间的逆流冲洗气体,并通过一个称为"二级排气"的管道系统排放到大气中。第五个隔间位于两个障碍密封(迷宫密封)之间。

四、冲洗气体

冲洗气体压力由压力控制阀控制,该控制阀由拦截阀和与孔口连接的手动分流线路组成。上述气体通过节流调整阀发送到第五个隔间。第五个隔间中的冲洗气体防止任何气体从第四个隔间通过第三级密封和转子逸出,还可以防止从轴颈轴承排出的油蒸气与机械气体密封接触。适当地打开手动阀,可以排泄第五个隔间中的多余气体。在冲洗隔间的排水管线中安装了自动过滤器,以保证润滑油的排泄。

五、过滤器和主密封其他管线中的冲洗气体管线

主密封气体管线中提供了双气体过滤器。每一个双气体过滤器都利用连续流动的转接阀和平行排列的管道连接。转移阀安装在过滤器之间,引导气体通过过滤器或进入气体管线。此功能允许将过滤器从服务中切断以便检查,或者在不中断机器气体供应的情况下进行维修。过滤器为可更换芯子类型。每当过滤器存在压力差,测量仪测量到的达到"仪器列表"中指示的压降时,即可以更换过滤器芯子,或者无论存在压降与否每年都可以更换一

次芯子。配有限制口的一条均衡流线连接两个过滤器，允许填补备用过滤器，并简化转向阀的运行。

六、压力控制阀

（一）冲洗气体压力控制阀

这些控制阀在冲洗气体管线中保持约 4bar(0.4MPa，g)的恒定压力，以保证对外密封隔间(第三级)和中间隔间的加压。

（二）密封气体管线内的压差控制阀

通过压差控制阀，密封气体管线内的密封(缓冲)气体的压力保持高于平衡气体管线内的压力。这种安装在密封(缓冲)气体管线中的自动阀受控于安装在密封(缓冲)气体管线和平衡气体管线之间的差压控制器和差压变送器。在产品中，密封(缓冲)气体维持在比平衡气体管线高出约 3bar(0.3MPa，g)的压力。这保证了压缩机内部通过迷宫密封实现的从外部向内部的逆流，进而防止过程气体从压缩机内部机壳逸出。

（三）一级排气背压控制阀

控制阀在一级排气管线中保持 1.5bar(0.15MPa，g)的压力，以保证流向锥口孔的恒定的气流。

七、仪器仪表

安装在润滑油系统和密封气系统(压力开关、压力表等)中的仪器仪表适合确保该系统的正确操作，并提供关于故障、启动、设备关断的报警，以防造成损害。

第四章　压缩机组的控制及仪表系统

学习范围	考核内容
知识要点	压缩机组控制系统构成及工作原理
	压缩机组 HMI 构成及工作原理
	压缩机组负荷分配系统
	压缩机组仪表系统组成
	压缩机组运行的仪表系统

第一节　压缩机组控制系统构成及工作原理

一、压缩机组控制系统概述

（一）控制系统分类

1. 反馈控制系统

反馈控制系统是把控制对象的输出参数取出，与输入控制参数相减（负反馈），形成的差值去继续控制，直到差值接近 0，系统处于稳定状态为止。

2. 自适应控制系统

自适应控制系统是控制器能自动识别环境条件的变化和控制对象参数的变化，与控制目标对照，不断修正控制指令，使系统在期望值下保持某个特定状态。这是一个对系统内部和外部信息进行收集、分析比较和判断的有组织的动态过程；是一个信息处理多次往返的过程。

（二）按功能划分的控制系统

按功能划分，可分为三个大的控制系统，分别为主控制系统、监控系统和辅助控制系统。

1. 主控制系统

主控制系统是以控制压缩机出口压力，或单位时间的输气量为主要目标，通过对高压转子转速(NH)、低压转子转速(NL)和动力涡轮转速(等于压缩机转速)(N3)的有效控制，实现平稳启动。加速加载不超速、不超温、不喘振，额定工况运行时能自适应环境变化和各种干扰，稳态运行在设定参数范围之内；卸载和减速时不喘振、不熄火，实现按要求的数量稳定输气的目标。主控制系统的主要组成部分有液压启动分系统，防喘分系统和GG燃料气控制系统，各控制功能和方法将在后文详细叙述。

2. 监控系统

监控系统的目标是通过数据采集和信息处理，确定机组目前所处的状态，对未来机组可持续稳定运行寿命进行预计，定量检测和评估机组所受应力、故障及极限，采取报警、停车等措施，防止故障进一步扩大，且按故障的程度和趋势确定视情维修的时间和需要维修的主要部件。监控系统可分为性能监控、状态监控、润滑油监控、超限监控和无损探测监控等。

1) 性能监控

通过实时测量机组的各项参数，判断机组的完好性，即所测参数是否符合规定的全部技术要求。所测量各主要参数符合技术要求，这是机组是否正常使用的必要条件；可利用数据采集系统中各传感器及CPU为中心的控制中心自动录取机组各状态参数，进行分析和判断，确定性能参数现值及性能恶化的程度及可能的故障及部位，可据此编制维护计划，停机检查的时间及检查内容、方法、修理程序等。

2) 润滑油监控

根据润滑油滤、磁性堵头或QDM所获得的金属形状、大小、数量等判断轴承的磨损情况；通过取样化验、光谱分析确定润滑油中的金属成分和含量；通过油耗及漏油和油标变化的多少来判断密封件、泵等故障情况；通过回油温度、压力的变化分析判断传动部件、油路及冷却器的故障情况；通过检查供油温度，可分析润滑油箱温度控制器和冷却器的故障。除上述之外，还可通过振动参数的变化趋势进行机械状态的监控，通过孔探仪的观察，在不拆卸燃气轮机的条件下，检查叶片、燃烧室、喷嘴的缺陷和热变形，准确判断其故障情况。

3. 辅助控制系统

辅助控制系统的任务是提供一切条件，保证主控制系统和监控系统的可靠、稳定运行，保证机组设备和运行人员的安全。辅助控制系统按功能可分为润滑油压力、温度、清洁度和油位的控制和监视，进气、排气和冷却气控制，消防火警和可燃气体探测和控制，防浪涌、瞬间放电及抗干扰(电磁兼容性控制)，箱体及主控制柜内温度的控制，中低压配电及控制(含UPS，蓄电池组)，接地及避雷，清洗系统，阴极保护，通信设备，记录打印设备等。辅助控制系统中，多为单参数，开关量控制及模糊控制。例如，GG润滑油箱内润滑油温度的控制，开机前，等于或接近环境温度，由于MCC间置加温开关于自动位置，故只要低于45℃就自动加温，高于48℃就断开加温器，所以正常值应小于70℃；如箱体内温度控制,有三只冷却风扇,分高速和低速两挡,当箱体内温度小于0℃时,开一只风扇的低速或半速,当温度低于60℃时,开2台风扇的低速挡,而当大于60℃时,开2台风扇的高速挡。其余的后文说明。

二、GE 燃驱压缩机组控制系统

MARK Ⅵe 是适用于多种应用场合的灵活的控制系统,具有高速网络化的 I/O,适用于单工、双工以及三工冗余系统。I/O、控制器、操作者和维护站监护接口以及第三方系统都是用工业标准以太网通信。MARK Ⅵe 和相关的控制设备使用了一组软件工具(ToolboxST™)作为公共软件平台,进行编程、I/O 配置、趋势分析以及诊断分析。它为控制器层次和工厂层次的操作提供了高质量的、连贯的单一数据源,能够帮助使用者有效地管理设备资产。

(一) I/O 接口

在每个板上都安装了一个或多个 I/O 包,用来把传感器的信号进行数字化处理,执行运算,并与带有主传感器的单独控制器进行通信。I/O 包带有一个运行 QNX 操作系统的本地处理器板和一个对输入设备类型来说具有唯一性的数据采集板。本地处理器进行运算的速度比整体控制系统要快。低级别的诊断可以使用红外收发器,这样就可以监控 I/O 值,编写 I/O 主机/功能名称,并检查错误状态。如果要进行这种诊断操作,就需要在电脑中安装基于 Windows 的诊断工具。

(二) 终端块

信号流始于与板上终端块相连的传感器。共有两种可用的板子。其中"T"型板带有两个 24 点挡板类可拆卸终端块。每个点可以连接两根横截面面积为 $3.0mm^2$(#12AWG) 的连线,每点都通过铲形或环形接线片实现 300V 的绝缘。除此之外,设备还带有紧固夹,可以实现与裸线的终接。中心之间的最小螺栓间距是 9.53mm(0.375in)。每个终端块旁边都有一个屏蔽条,它是安装板子的金属底座的左侧部件。宽板和窄板在高等级和低等级连线的垂直列方向进行排布,可以从顶部或底部的线缆入口处接入。宽板的实例:板上带有用于螺线管驱动器的装有熔断丝的电路的磁继电器。T 型板通常安装在设备表面,也可以通过 DIN 导轨安装。

(三) I/O 类型

有两种可用的 I/O。通用 I/O 可同时用于涡轮应用和进程控制。涡轮专用 I/O 则用来和涡轮上的独有传感器以及制动器进行直接连接。这样可以在很大程度上避免对仪器操作的干涉,从而消除了最重要领域的很多潜在单点故障,提升了设备运行的可靠性,并减少了长期维护操作。通过直接与传感器和制动器相连接,还可以对设备上的仪器进行直接诊断,从而最大限度地提高工作效率。这些诊断数据用来分析设备和系统性能。除此之外,还减少了所需备件的数量。

(四) 控制器

控制器带有主处理器和 IONet 总线主控,可以与 I/O 包进行通信。CompactPCI 用于控制器,它符合外围部件互连(PCI)的技术规范。机架带有 6U 板槽、一个电源以及一个风扇部件。主处理器板位于机架最左侧的第一个插槽内。在大多数应用场合,它都是机架内的唯一电路板,它仅通过 IONet 与 I/O 通信,这种通信不借助背板。控制器机架及其部件额定操作温度为 0~60℃,适用于第 1 类第 2 子类的 NFPA。电路板从前端垂直装入,通过两侧带有导槽的连接器固定住,其面板旋接在机架上。28V 直流电源位于机架的右侧,其开关位于正上方。如果需要使用冗余电源,可以在开关位置安装第二个电源。两个电源都可以插入机架中或者从机架中拔出,而且这种操作不会影响其他关联设备的可靠性。通过风扇部件,可以对机架进行自下而上地强制通风。机架的耗散只有 35W(一个处理器板)或 58W(2 个处理器板),风扇的气流能够保证 60℃下的正常操作。本地温度传感器和诊断装置会监控机架的温度。

(五) I/ONet

控制器和 I/O 包之间的通信通过内部 IONet 来实现。它是一个 100Mb/s 的以太网网络,适用于非冗余、双工冗余以及三工冗余的配置。在通信中使用"以太网全局数据"(EGD)和其他协议。ECG 基于 UDP/IP 标准(RFC768)。EGD 包是从控制器传送到 I/O 包的具有系统帧率的广播,后者会借此生成输入数据。IONet 符合 IEEE 802.3 标准。它以 100Base-Tx 和 100Base-Fx(光纤)的形式提供给用户,其操作距离更长,噪声更低,并且不受闪电和地面干扰。控制器的一端使用行星拓扑结构,在中间使用网络开关,在尾端使用 I/O 包。

三、SIEMENS 燃驱压缩机组控制系统

ControlNet 作为当今最先进的网络,具备诸多优点。实时 I/O、控制器互锁、对等报文传输(Peer-to-Peer Messaging)以及编程操作都可以在同一条 ControlNet 链路上实现。ControlNet 本质上的确定性可以确保数据何时发送。其可重复的性能确保网络传输时间不会随网络设备的添加或删除而改变。

ControlNet 设计的重要目标之一,就是提高过程控制和制造业自动化中对时间有苛刻要求的应用信息的传输效率。该网络支持实时控制和对等报文传输服务。ControlNet 提供控制器与 I/O 设备、驱动设备、操作员接口、计算机及其他设备间的连接,综合了多种现有网络(如信息网络 DH+TM 网络 I/O 和实时远程 I/O 网络 Universal Remote I/O 等)的功能。

(一) ControlLogix,ProcessLogix 和 FlexLogix

罗克韦尔自动化具备 ControlNet 接口的模块化的控制器,提供超越般 I/O 控制的功能,

能够为用户节约时间和金钱，融合了高速顺序控制、高性能协调传动控制和运动控制的功能。

作为 ControlLogix 网关的部分，ControlNet 网桥模块允许多个 ControlNet 网络通过一个公共的背板通信，或是多个支持这种网关的网络系统互相通信。网关系统中，通过这些网桥模块，ControlNet 上的节点和其他网络系统上的节点间可以实现透明的通信，比如 Ether-Net/IP、DeviceNet 或是 DH+(DataHighwayPlus)等。

与 ControlLogix 系统相配合，ProcessLogix 过程控制系统提供强大的过程控制能力。ProcessLogix 是继基于计算机控制模式的传统集散控制系统(DCS)后的一种全集成的过程控制解决方案。

利用 ControlNet 技术，FlexLogix 将分布式控制带入崭新天地。利用就地安装的 FlexI/O，或者通过任意可选的 ControlNet、DeviceNet 或者 EtherNet/IP 扩展各种分布式 I/O 现场设备，FlexLogix 通过就地处理器提高了系统的灵活性和响应性能，同时降低了集中式控制系统所存在的风险。另外通过 ControlNet 或 EtherNet/IP，又可以与中央控制器形成同步协调运作。

(二) PLC 与 SLC 控制器

ControlNet PLC-5 控制器提供内置的 ControlNet 通信端口，支持实时控制和信息处理功能。在同一个 ControlNet 网络中，可以安装多台 ControlNet PLC-5 控制器，每个控制器处理自己的 I/O，同时支持与其他的控制器通信，以及输入共享。

ControlNet PLC-5 热备系统提供低成本的、易于实现的控制器冗余方案，使用户的系统达到最大的可用性。一旦主控制器出错时，热备的 PLC-5 控制器自动切换，实现 ControlNet I/O 的控制。

ControlNet 技术将广受欢迎的 SLC500 系统性能带到新的高度。SLC ControlNet 扫描模块(1747-SCNR)为 SLC 控制器提供从 ControlNet 上产生或消费预定型(Scheduled，即实时)I/O 数据的能力。预定型通信允许 SLC 控制器程序通过 ControlNet 实现实时 I/O 控制。SLC 扫描器模块可以在 ControlNet 网络和 SLC 背板之间提供数据交换能力。相应地，SLCControlNet 网络适配器(1747-ACNR15)允许 SLC1746 系列 I/O 通过 ControlNet 实现网络扩展能力，将 ControlNet 网络高速、高性能和高度确定性的实时 I/O 控制性能引入 SLC 系统。同时，对应的 ControlNet 报文发送模块(1747-KFC15)支持通过 ControlNet 网络实现编程、组态及一般 HMI 通信支持。

(三) 基于 PC 的控制器

罗克韦尔自动化基于 PC 的控制器 SoftLogix5800 系列通过运行于 PC 机上 IOLinxTM 软件，连接 DeviceNet、ControlNet 或者外部运动控制设备，提供高速、实时的控制。使用基于 PC 的控制器，使用户可以通过一个软控制器协调多个网络。每个控制器都与罗克韦尔的 SoftLogixTM 及 RSViewTM 软件包兼容。基于 PC 的控制器允许用户使用第三方提供的软件控制程序，或是用户自己使用VisualBasic、C++、SideWider/ActiveX等编写的程序，给用户提供更大的灵活性。基于PC强大的计算能力，可以一边进行ControlNet组态或编程，一边进行人—机界面数据采集或者分析，SoftLogix处理器的运行性能不会受到任何影响。同样采用所熟知的RSLogix5000软件编程，同时也是灵活的外部子程序调用方式。

（四）I/O：框架型和模块型

罗克韦尔自动化设计了多种适用于ControlNet系统的I/O模块，允许用户根据实际应用选择恰当的I/O点数。这些模块提供超强的诊断功能，支持冗余介质，还允许在任意一个节点编程。用户有多种不同的I/O可选用，包括：可选的交流/直流I/O模块、模拟量和离散量模块，还有多种专用模块，包括高速计数器、RTD和热电偶模块等。

所有的ControlNet I/O都具有网络访问口（NAP），允许用户在任何地点通过ControlNet系统访问可编程设备(SLC和PLC-5控制器或操作员接口)。同时，所有的I/O都支持介质冗余。

罗克韦尔自动化整个1797系列FLEXEX系统都已经过本质安全(IS)认证，确保满足Class I Division I或Zone 1标准的要求，减少单独的本质安全隔栅的使用，同时将控制和被控制过程分隔。注：本质安全(IS，Intrinsic Safe)是广为接受的危险环境保护方式。本质安全防止传感器、人—机接口界面、执行器及其他低压设备释放过多能量到具有挥发性易燃气体的危险区域。

FLEX I/O是一种紧凑的模块式I/O系统，是由I/O模块、端子底座和适配器组成的柔性分布式I/O系统。FLEX Integra是FLEX I/O的紧凑型版本，该产品只有FLEX I/O一半大小，因此只需要一半的安装空间。

（五）操作员界面

罗克韦尔自动化提供全系列的专用操作员界面产品。A-B PanelViewTM标准操作员终端具有明亮的彩色、灰度或单色图像外观，节约空间的平面面板和CRT设计。该产品提供高性能的界面功能，包括内建报警、ASCII输入、通用语言、浮点支持和在线打印功能。全部终端尺寸都能为ControlNet应用提供直观的操作员屏幕。屏幕尺寸范围从5.5in到14in，其中平面面板尺寸最大为10in。所有的PanelView都有触摸屏输入或键盘输入版本。

基于Windows的PanelBuilder32TM软件支持所有PanelView标准版终端，可以方便地实现已有的应用程序的转换或重用。

（六）变频器

罗克韦尔自动化Allen-Bradley完整的变频器产品系列都可以连接到ControlNet网络。这些变频驱动产品的特点是既可通过人机接口模块(HIM)进行本地组态，又可通过网络在任何地点组态——无论在启动或运行状态。用户可以从PC或操作员接口读取诊断信息（电流图像、相位、输出、电压等）。从变频器传来的数据可用于监视、趋势及分析，使用户的生产过程得到最好的调节。

罗克韦尔自动化的变频器,使用户可以从连在网络上的任何一台变频器看到所有变频器的各种驱动参数。看到所有这些变频器,用户就可以进行协调或同步,以满足自己的需求。

无论用户是在灌装或是装配商业清洗设备,精确的产品和部件控制都是至关重要的。从简单的传送带控制到复杂的工厂范围的物流处理系统,A-B 变频器都允许用户按照需求,选择合适的启动、停机、速度和转矩控制组合。

(七)连接设备系列

使用 ControlNet 作为多层网络结构的核心网络,是建立网际连接的完美方案。ControlNet 到其他网络的连接设备,可以使用户方便地扩展其他网络节点规模,如设备层网络 DeviceNet 和 FoundationFieldbus 现场总线。

罗克韦尔自动化 A-B 品牌的 ControlNet 到 DeviceNet 网络连接设备,无缝连接控制层与设备层的网络。连接设备的端是 DeviceNet 设备网的扫描器,具有从 DeviceNet 设备网层设备(比如传感器、驱动设备、I/O 模块、气动阀门等)获取数据的能力,另一端是内置了冗余通信和网络访问口的 ControlNet 的实时 I/O 适配器。

使用 ControlNet 到 Foundation Fieldbus 现场总线连接设备,用户可以将完整的 FF 功能添加到 ControlNet。该连接设备支持用户将 FF 现场总线设备连接到生产自动化设备,同时享有 ControlNet 的高度确定性的优点。这种连接设备能够将 FF 总线的传感器和执行器设备连接到变频器、人机接口 HMI、可编程控制器和离散量 I/O 等,共享 ControlNet 的各种优点。

(八)PC 接口和软件

考虑到用户对个人计算机的便携性和简便性的需求,罗克韦尔自动化为 ControlNet 网络设计了 4 款 PC 接口卡。此外,罗克韦尔还开发了相应的网络组态和通信软件,充分利用方便、易于编程的 PC 环境。

ControlNet 的 PC 接口卡是基于最新 PC 技术开发的。用户总可以找到合适的总线类型接口卡,包括 PCMCIA、PCI 和 ISA/EISA。其中一些型号能与人机界面工作站(HMI)连接或用作从运行趋势与分析中捕获数据的接口卡。值得一提的是,所有罗克韦尔的 ISA 和 PCI 卡都支持冗余介质。

罗克韦尔自动化为用户组建自己的 ControlNet 提供组态工具。这些基于 PC 的软件工具可以让用户轻松完成 ControlNet 系统组件的规划、安装和维护工作。

(九)物理介质

罗克韦尔自动化的 ControlNet 网络连接组件为用户设计自己特定的通信网络提供灵活性。典型的 ControlNet 网络由以下一个或多个组件构成:主干线、T 型分接器、中继器、终端电阻和网桥等。

ControlNet 主干线是系统的总线或中心部分。用户可以选择使用同轴电缆或光纤。具体线缆的选择取决于用户具体应用和安装地点等各种环境因素。另外还提供多种特殊用途的电缆供用户根据安装环境选择使用（铠装、地埋等）。通过 BNC 连接器将不同的主干线路连接到分接器，形成一个网上的节点。终端电阻安装在每一个网段两端的分接器上。

中继器用于增加分接器数量，扩展网段总长度，或用于建立星形、环形或树形（线缆由一点向多个方向延伸）网络拓扑结构。中继器数目和线缆总长度取决于用户的网络拓扑结构。

四、SIEMENS 燃压机组控制面板说明

（一）控制面板的操作界面与屏幕

如图 4-1、图 4-2 所示为 SIEMENS 燃压机组控制面板的操作界面与屏幕，屏幕的主要组成部分包括屏幕菜单条和通用信号条、标记气球和阀等组成。

图 4-1　操作界面 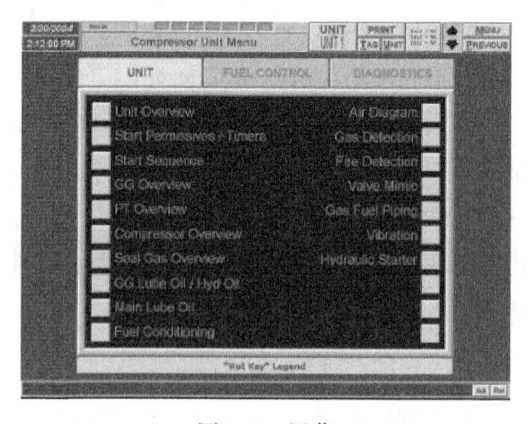　　　　图 4-2　屏幕

1. 屏幕菜单条

如图 4-3 所示为屏幕菜单条示意图，其中：

（1）DATE/TIME 表示目前的 FT210 系统时间和日期；

（2）PRINT 使用"Snag-it"打印屏幕资料；

（3）PREVIOUS 当出现 NOT 时，浅灰色；当现用时，黑色，允许观看以前的屏幕资料；

（4）MORE 当出现 NOT 时，浅灰色；当现用时，黑色，允许观看多页显示；

（5）UP/DOWN 按照菜单中列出的顺序，显示该菜单选择的页面；

（6）MENU 显示下一个更高层的菜单屏幕。

图 4-3　屏幕菜单条

2. 通用信号条

如图 4-4 所示为通用信号条的示意图，最后发生的关闭或者告警会出现该窗口。使用 A 或 B 按钮回到告警概述屏幕，这里告警或者关闭会被承认或者复位。

图 4-4 通用信号条

3. 标记气球

如图 4-5 所示为标记气球示意图，标记气球是 En-Tronics 开发的一个"单元"，用于所有的图示屏幕。它带有 Rolls-Royce 标记/ISA 标记和带有工程单位的数字式仪表。当用鼠标点击标记气球时，就出现一个上托窗口。这个窗口，标记信息会显示名称、标记名称、数值、告警和关闭设定点。标记信息窗口还显示条形图表，可以看到信号、告警/关闭设定点显示。标记气球是该设备的图表式显示。气球颜色的变化以下列方式出现：告警状态颜色 Yellow；关闭状态颜色 Red；安全或者正常情况 Green。

如果输入的信号出现故障，数字式仪表和工程单位还会变换到告警状态，如图 4-6 所示。

图 4-5 标记气球 　　　　　图 4-6 告警状态

4. 阀

如图 4-7 所示为阀的示意图，这个阀有一个限制电门和螺线管数字式标记，用于阀操作。这个单元的顶部是螺线管。

图 4-7 阀

按钮可以与阀在一起，点击按钮，可以人工打开或者关闭阀。

（二）告警/关闭

在告警/关闭状态时，应用的告警/关闭都被关闭。当在关闭状态时，文本就闪出黄色的光，而背景会闪出红色的光。在告警/关闭状态没有得到应答时，这些颜色会闪光。在告警/关闭状态已经得到应答时，这些颜色会停止闪光，呈稳定的关闭的闪亮颜色。

告警状态——告警颜色是黄色；关闭状态——关闭颜色是红色。

1. 告警信号器

告警信号器屏幕是告警的一览表。关闭信号器与告警屏幕一样工作，唯一的差别是颜色。告警历史情况屏幕显示所有的目前的告警、关闭和事件。当在告警状态时，告警/关闭概述仅显示告警。这不是一种 F3A 告警信号器屏幕，是一份所有可能的告警的一览表。另外，最新的告警在每一个窗口的底部，并且向上滚动（有上下箭头指向每一个窗口的右面）。只有当有更多的页面要上下滚动时，它们才出现。告警概述是黄色的，关闭概述是红色的。

2. 告警记录

有许多设置，用于将所有的告警/事件记入一份文件。检查能够工作的记录。检查使用特定的指南、应用指南+"RUNTIME"。循环文件名的小时数是 24，在零时开始。格式告警消息设置是日期：MM(月)/DD(日)/YY(年)，时间：24 小时。告警组是一个 $ System 组，999 告警优先。这会确保所有告警、关闭和所有单位的事件都打印到告警记录文件上。

3. 告警打印

打印应该被设定为没有作为标准的缺席。不过，如果客户要求将告警打印连接到打印机上，就将打印连接到适当的 LPT 设定上。这种告警打印占据了打印机端口，就无法使用其他的程序来打印。格式告警消息、小组名字和优先权与告警记录到文件设定一样。

（三）历史趋势

历史前视屏幕用于观看运行时间中收集的历史记录数据。标记可以单独选择，或者成组选择。在同一时间内，可以显示 8 个跟踪，如图 4-8 所示。

1. 范围

范围如图 4-9 所示，灰色区域是显示趋势数据的地方。窗口的左侧是一组位于顶部和底部的 8 个数字，这些数字是显示的数据最小和最大范围。当这个趋势被放大时，就取这些范围的百分比，然后显示数字。

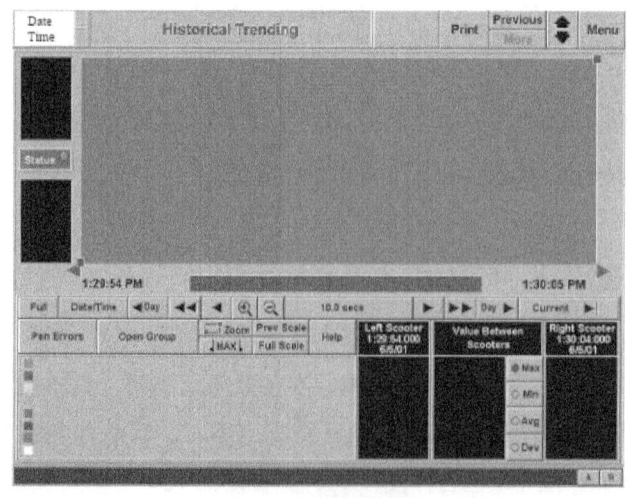

图 4-8　历史趋势　　　　　图 4-9　范围

2. 时段标识

如图 4-10、图 4-11 所示，这个状态框位于趋势窗口的左侧和最小和最大范围值之间。当历史记录接通时，发光二极管是绿色的；当历史记录关闭时，发光二极管是红色的。这个框也是一个按钮。这个按钮控制记录接通或者关闭。这个按钮必须装有安全机构。记录应该总是接通的。

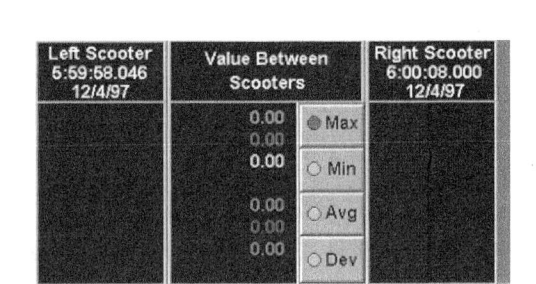

图 4-10 时段标识

图 4-11 显示范围

3. 运动条

1) 运动条 1

运动条是位于趋势窗口下面的条，如图 4-12 所示，可以及时向前和向后滚动。在趋势窗口的下面，还有一个蓝色的条，这是用于运动条的帮助窗口。当鼠标放到这个条上面的按钮上方时，在蓝色的条上就显示一个小的帮助说明。第一个按钮是"Full（全部）"，这个按钮显示一个大的趋势窗口，可以更好地查看数据。这个屏幕可以关闭，以显示原先的趋势屏幕。下一个按钮是 Date/Time（日期/时间）。为了使得这个按钮适当工作，autoexec. bat 文件必须包含中一行：SET TZ=gnto，这是用于输入特定趋势开始日期和时间。下面两个按钮按跨度的百分比及时向后滚动。放大器按钮根据趋势跨度放大输入和输出。下一个按钮是用于变更跨度的，见趋势跨度。下面两个按钮按跨度的百分比及时向前滚动这个趋势。最后的按钮将针对目前的时间变更趋势开始时间，并且重新显示这个趋势。

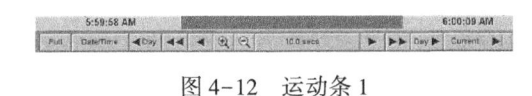

图 4-12 运动条 1

2) 跨度

这个跨度就是在趋势上显示的时间，如图 4-13 所示。在运动条上有一个按钮，可以变更跨度。当显示 OK 时，这个趋势就变更跨度，新的数据就显示出来。

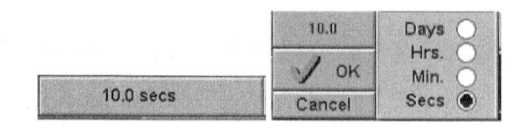

图 4-13 跨度

3) 运动条 2

运动条 2 示意图如图 4-14 所示，钢笔错误按钮会显示钢笔错误，并且告诉操作人员数字代表什么。

图 4-14 运动条 2

4) 小组

小组按钮显示一个选择按钮，如图 4-15 所示，操作人员从预先设定的选择进行选择，使得选择这些钢笔更加容易和更快。

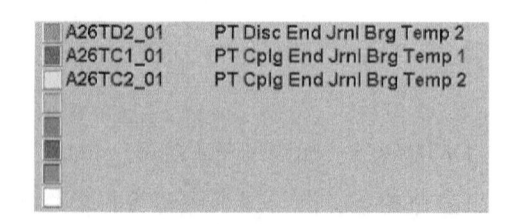

图 4-15 小组

在趋势屏幕的底部，是一个彩色的框，是用于帮助记忆的，是对每一支钢笔的说明。按下 8 条钢笔线中的任何一条，会显示另外一个屏幕，来分别选择钢笔。在选择需要的钢笔之后，操作人员保存这个组，留作以后使用。如果需要，可以指定一个小组名称。小组的名称由操作人员决定，扩充必须是 .grp。

为了选择帮助记忆，只要点击标记，适当的彩色框会显示在标记的左边，在底部分配那个标记，如图 4-16 所示。如果已经作出选择，底部的闪光彩色框就是将要分配的钢笔。当选择已经作出时，它就自动移到下一支钢笔。如果点击一下选择底部的笔，并且已经分配好，名单就移到名单中那个标记的位置。如果没有分配，就会将这支笔提到上面，留作下一次分配。None 按钮会将那支笔分配到没有标记的地方。一旦所有标记都被选择，就按下 OK 按钮。OK 按钮会将这些笔提到上面，并且显示趋势屏幕。保存组按钮会允许这支笔选择，并且给予一个名称，以后使用时，可以用这个名称进行检索。

图 4-16　典型的钢笔选择屏幕

第二节　压缩机组 HMI 构成及工作原理

一、LM2500+燃压机组 HMI 构成

操作者接口通常称为人机接口（HMI）。它是带有基于微软 Windows 操作系统的电脑，该电脑具有客户端/服务器操作功能，拥有 CIMPLICITY 图形现实系统和软件维护工具（ToolboxST）。它可以用作：

（1）一个设备或者整个工厂的主操作站。

（2）维护站网关。

（3）工程师工作站。

（4）通信网关。

可以在不影响控制系统的情况下对 HMI 进行重新初始化，或者用正在运行的进程来取代它。它与 MARK Ⅵe 控制器上的主处理器板通过设备数据高速通道（UDH）进行通信，并通过工厂数据高速通道（PDH）与第三方的控制和监控系统进行通信。

控制器内用于显示故障情况的系统（进程）警报带有帧率时间标记，这些警报被发送到 HMI 警报管理系统。系统事件带有帧率时间标记，I/O 包内的触点输入的事件序列（SOE）带有 1ms 的时间标记。可以根据号码、资源、设备、时间和优先级对警报进行分类。操作者可以向警报消息中添加注解，也可以把特定的警报消息和辅助图像链接起来。

标准的警报/事件日志会把数据存储 30 天，并可以根据时间顺序或者发生的频率来进行排列。除此之外，还可以提供与跳变相关的历史信息，给出最近 30 次跳变的重要控制参数和警报/事件，其中最多可以包含 200 个警报、200 个事件、200 个 SOE 消息以及跳变前后的分析数据。

数据会以英制或者国际单位制单位显示出来，它们每秒钟更新一次，并且会每秒钟重新刷新一次典型的显示图形。操作者可以给出相关命令增加/减少一个设置点的数值，也可以为设置点输入一个新的数值。

确保 HMI 用户安全性是很重要的，以便能够限制针对特定维护功能的访问（比如编辑和调整）以及特定操作。一个名为"用户客户"的系统可以用来限制针对特定 HMI 功能的访问或操作。

二、RB211-24G 燃压机组 HMI 构成

FT-210 HMI（人机接口）通过图表显示提供单个单元和/或者集中的使用和维修信息、长期的趋势和网络。历史趋势提供了一种自动化的手段，对于已经收集到的数据进行采样、储存和显示。数据是在背景中收集的，使得用户可以控制和监控该系统。不用操作逻辑，在 FT-210 内，不用建立告警或者关闭设定值。

（一）安全键

安全键采用两种类型的键，这些键与计算机的打印机端口连接在一起。第一个键称为"运行时间"键，它使得该系统可以工作，但是不能对显示屏和数据库等作出变更及修补该系统。第二个键称为"开发"键，该键使得充分获得各种特点，来建立和修改系统。

（二）软件

Wonderware Intouch 软件包包含两个主要部分：WindowMaker 和 WindowViewer。WindowMaker 是发展系统，在发展环境中，产生交互式显示。WindowViewer 是应用程序，处理运行时间环境中所有进入数据的图形显示。

（三）DDE 服务器

DDE 服务器是处理计算机和可编程逻辑控制器（PLC）之间所有通信的软件。DDE 是动态数据交换的缩写。DDE 是微软公司设计的通信协议，可以在 Windows 环境中使用，可以互相发送和接收数据和指令。它实施两个同时运行的程序之间的客户/服务器关系。Intouch 使用的所有 I/O 和 PLC 驱动程序是供 Windows 单独使用的，被称作"DDE 服务器"。服务器应用程序提供数据，并且接收需要数据的其他应用的要求。要求应用的是被呼叫的客户。当 When WindowViewer 需要 DDE 项目（PLC 通道）的状态时，它与 DDE 一起开通了一个通道，并且每当 DDE 项目变更时，要求它为 WindowViewer 提出建议。所有版本的 Wonderware 都要求 Windows 环境来操作。

简而言之，操作员接口软件主要由两部分组成：接口程序包和接口驱动器。接口程序

包就是 Intouch Wonderware,这是以基于 Windows 的人机接口(HMI)。接口驱动器用于交流从面板到 FT-210 的数据。使用的驱动器是 FT 服务器,该服务器是 En-Tronic ®控制公司开发的。需要的其他软件是用于报告的 Excel 和用于屏幕打印的 Snag-It 软件。取决于客户的需要,通信软件会有所不同。NetDDE 是一种程序包,与 Intouch 的开发程序包一起使用,而且可以与其他的运行时间程序包一起使用。NetDDE 用于在任何网络(调制解调器)传送数据。NetDDE 必须在末端运行,PLC 驱动器在平板侧运行。这就比传送图示屏幕数据快得多。NetDDE 还与 Excel 很好地配合,观看数据。

第三节 压缩机组负荷分配系统

当机组完成正常启动程序后,负荷分配控制器将自动激活。如果机组负荷分配控制器运行在手动模式或远程站控模式(manual mode or remotely by scs),则可以通过控制盘手动设置机组转速;如果机组负荷分配控制器运行在自动模式或远程模式(automatic mode or remote mode),负荷分配系统将平均分配总的负荷到每一台机组并使总的循环流量最小。

一、负荷分配控制器自动模式运行特点

(1)控制器的控制变量是压气站出口压力。

(2)每一台机器的控制器输出一个负载设定值,逻辑选取一个最小值作为控制值,对机组进行控制。

(3)控制值进入控制器对机组负荷进行控制,首先调整机组转速,然后再低负荷下调整防喘阀的开度来产生相同的出口压力。

(4)之后,机组逻辑对机组运行点与设定的机组运行曲线比较,通过速度—防喘阀开度的不断修正,是机组运行点保持在机组 PCL(机组性能控制曲线)和 CLL(机组负载曲线)之间。

二、负荷分配控制器手动模式运行特点

(1)当手动操作速度的设定值时,负荷分配控制器只能控制防喘阀的开度,修正信号为 UP/DOWN 时关小/开大防喘阀开度。

(2)如果防喘阀处于手动模式,负荷分配控制器只能控制压缩机的速度,当修正信号为 UP/DOWN 时升高/降低压缩机的转速。

(3)如果速度设定和防喘阀设定均为手动操作,负荷分配控制器禁用。

(4)如果速度设定和防喘阀设定均为手动操作,压缩机重置逻辑禁用。

三、负荷分配控制器运行方式选择

(1)双机运行压气站的压缩机组负荷分配控制器运行方式首选自动模式。

（2）防喘阀开度/压缩机转速设定只能同时有一个设为手动模式。

（3）正常运行期间，禁止防喘阀开度/压缩机转速设定同时为手动（防喘线测试时使用该方法）。

第四节　压缩机组仪表系统组成

压缩机组仪表系统由温度仪表、压力仪表、流量仪表、液位仪表、调节阀、接线箱、机组轴系检测仪表、导压配管、仪表配线和伴热配管等部分组成。各仪表的防爆等级应满足所在防爆区域的要求，选用隔爆型或本安型。现场仪表的防护等级应不低于 IP65。进入机组控制系统或安全仪表系统的变送器采用 4~20mA 带 HART 协议标准信号，无特殊要求的仪表，其生产厂商、产品型号应与装置部分一致。压缩机组仪表监测系统如图 4-17 所示。

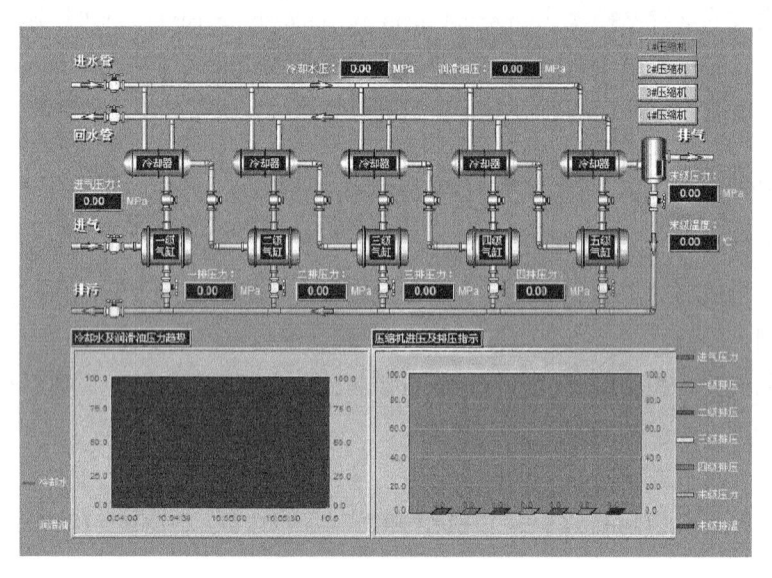

图 4-17　压缩机组仪表监测系统

一、温度仪表

就地温度指示仪表选用带外保护套管的 ϕ100mm 万向型双金属温度计，集中检测温度仪表选用铠装热电偶、铠装热电阻，热电阻应采用三线制，温度控制选用一体化温度变送器。

二、压力仪表

就地压力仪表选用 ϕ100mm 弹簧管压力表，弹簧管压力表受压检测部分应选用不锈钢材质。远传压力（差压）测量选用智能压力（差压）变送器，微压、负压测量可选用智能差压变送器。对于黏稠、易结晶、含有固体颗粒或腐蚀性的介质，可选用膜片密封法兰式压力（差压）变送器。

三、流量仪表

流量测量宜用节流装置配差压变送器。特殊情况下，或用节流装置不合适的场合，可选用面积式流量计、容积式流量计、涡街流量计、电磁流量计、质量流量计等非差压法流量仪表。

四、液位仪表

就地指示液位仪表宜选用玻璃板液位计或磁浮子液位计。远传指示液位仪表宜选用双法兰差压液位变送器、差压变送器及电动外浮筒液(界)位变送器等。

五、调节阀

调节阀阀体材质应与工艺管道相同，最低为碳钢，阀芯为不锈钢。压力等级应不低于PN5.0。除有特殊要求的阀门(如防喘振阀)外，其他调节阀选用的生产厂商应与装置部分一致。

一般控制阀选用国内引进生产线生产的优质产品，高压或其他特殊调节阀采用国外产品，当采用进口阀门时，其相关的附件，如电气阀门定位器、限位开关等均选用进口产品。电气阀门定位器采用智能阀门定位器。限位开关、电磁阀、空气过滤减压阀等应随阀成套供货。

六、接线箱

防爆区域应采用增安型或隔爆型接线箱，仪表的防爆等级应满足所在防爆区域的要求。

七、机组轴系监测仪表

机组供货商提供的机组轴系监测仪表的范围应包括探头、延伸电缆、前置放大器/变送器、现场接线箱、监测仪表。

八、导压配管

导压配管宜选用 $\phi 12mm \times 1.5mm$、316SS 不锈钢管，采用双卡套式阀门与连接件。当测量大于 6MPa(g)蒸汽等场合，应采用½in PIPE 导压管(管道等级与配管一致)，承插焊连接。

九、仪表配线

(1) 现场接线箱(盘)到现场仪表之间的信号配线应选用阻燃铜芯聚乙烯绝缘聚氯乙烯护套屏蔽控制电缆，截面积为 $1.0 \sim 2.5 mm^2$。

（2）本安系统的配线应与其他非本安系统配线分开。本安系统配线护套颜色应为天蓝色。

（3）不同电压的仪表电缆应分开设置在不同的仪表槽板中，或在槽板中设隔板，每根多芯电缆所传输的信号应为同一电平。

（4）不同信号类型的仪表应使用不同的现场接线箱，如 FF 接线箱、模拟量接线箱、电磁阀/开关量接线箱、接近开关信号接线箱、电源电缆接线箱等。

（5）仪表电缆进出仪表设备和接线箱，采用仪表电缆密封接头。

十、伴热配管

伴热配管应采用 304SS、$\phi 10mm \times 1mm$、$\phi 12mm \times 1mm$、DN20mm 不锈钢管，每个蒸汽伴热回水配管终端设有截止阀和疏水器。

第五节　压缩机组运行的仪表系统

一、干气密封系统中的仪表系统

干气密封系统用于向压缩机两端的封严机构提供过滤后的密封缓冲气体，以防工艺气体从设备逸出。干气密封利用流体动压效应，使旋转的两个密封端面之间不接触，而被密封介质泄漏量很少，从而实现了既可以密封气体又能进行干运转操作，因此广泛使用于离心压缩机、轴流式压缩机。

干气密封动环端面开有气体槽，气体槽深度仅有几微米，端面间必须有洁净的气体，以保证在两个端面之间形成一个稳定的气膜使密封端面完全分离。气膜厚度一般为几微米，这个稳定的气膜可以使密封端面间保持一定的密封间隙，间隙太大，密封效果差，而间隙太小会使密封面发生接触，产生的摩擦热能使密封面烧坏而失效。气体介质通过密封间隙时靠节流和阻塞的作用而被减压，从而实现气体介质的密封。为了保证干气密封系统的稳定运行，需要用到仪表系统对干气的温度、压力和流量等参数进行监测，干气密封系统的仪表系统组成如下。

图 4-18　压缩机出口端干气密封第一级封严气出口压力传感器 PIT755/A-B

（一）压缩机出口端干气密封第一级封严气出口压力传感器 PIT755/A-B

压缩机出口端干气密封第一级封严气出口压力传感器测量密封气第一级出口压力，如图 4-18 所示。压力信号由就地传输至 PLC 并有现场指示表，共两个测压点，当压力达到 400kPa(g)时发出一个高高报警，则不增压紧急停机 ESN 执行，机组放空并锁定 4h。

当两个测点中的任一个测点失败，则有一报警在 HMI 上显示，当两个测点失败，则增压紧急停机 ESD 执行。

（二）压缩机出口端干气密封第一级封严气出口压力传感器 PIT757/A-B

工作程序同上。

（三）压缩机出口端干气密封第一级封严气出口流量计 FIT751/753

压缩机出口端干气密封第一级封严气出口流量计安装于密封气出口端最后，如图 4-19 所示。测量出口封严气排出流量，是一块流量指示传送表。流量信号由就地传输到 MARK Ⅵe，当出口流量小于 10%时发出一个低报警，并在 HMI 上显示。当出口流量大于 90%时发出一个高报警，并在 HMI 上显示。

（四）第三封严气空气进口压力计

测量用于干气密封系统的空气封严气进口压力，封严气空气来自厂房的仪表气系统。压力信号由就地传输到 MARK Ⅵe。

当进口压力低于 250kPa(g)时，发出一个低报警，启动程序隔离，并在 HMI 上显示。当进口压力低于 LL 值时则紧急停机 ES 执行。

图 4-19 干气密封第一级封严气出口流量计 FIT751/753

（五）封严气过滤器压差计

测量过滤器两端压差，压差信号由就地传输至 MARK Ⅵe，当压差达到 100kPa 或失败时发出一个报警。过滤器安装位置如图 4-20 所示。

（六）进口封严气平衡管压差计 PDIT765

测量平衡管两端差压，信号由就地传输至 MARK Ⅵe。当压差低于 30kPa 时发出一个低报警，机组降速至慢速。当指示失败则发出一个报警并在 HMI 上显示。

（七）启动升速阀

启动升速阀如图 4-21 所示。从站封严气压系统出口总管来的工艺气通过由电磁阀控制的气动操纵阀打开启动升速阀，阀上带有阀位开关 ZSL769，当阀在关闭位置时会发出一个低报警 L，位置信号由现场传送至 PLC。

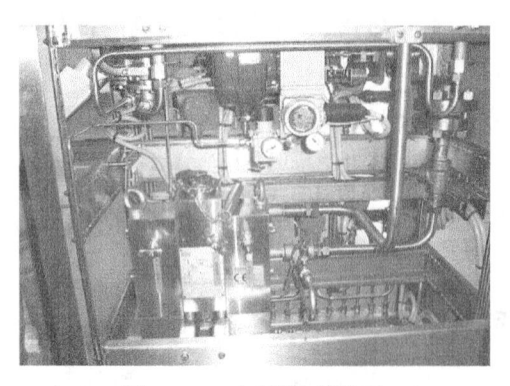

图 4-20　过滤器安装位置　　　　　图 4-21　启动升速阀 XV769

(八) 过滤器压差变送器

过滤器上安装有压差变送器，当压差达到 100kPa 就发出一个高报警，则过滤器必须切换及该滤芯就应更换。或者，每过一年，不论压力差是多少都必须更换。本过滤器安装于就地控制柜上，信号由就地传输至 PLC；且仪表支架在标准板上，当压力达到 0.1kPa 时发出一个高报警在 HMI 上显示。

(九) 压差控制阀

压差控制阀 PDCV765 控制干气密封气压力，如图 4-22 所示，控制阀安装于密封气体线路和平衡气气体管线之间，控制阀开度受平衡管压差控制。压差控制阀出口压力始终被控制在大于平衡管压差 100kPa。这样，从压缩机从外向内通过内迷宫型密封产生一个止动流体，从而防止工艺气体从内压缩机外壳漏出。控制阀带有旁通管，旁通管安装有孔板，压差信号通过转换器计算后，控制压差控制阀开度。

(十) 压缩机第一出口安全阀

压缩机第一出口安全阀如图 4-23 所示。压力安全阀，当压缩机第一出口压力达到 6500kPa (g)，干气密封盒损坏时打开，释放气体到安全区域。

图 4-22　压差控制阀 PDCV765

(十一) 背压控制阀

背压控制阀如图 4-24 所示。背压控制阀控制第一出口压力，为最后控制压力，当第一出口压力达到 150kPa(g) 时，阀打开，出口气体排放至安全区，该阀安装于就地控制架上。

图 4-23　压缩机第一出口安全阀 PSV759/760　　　图 4-24　背压控制阀 PCV752/754

(十二) 压差变送器

测量封严气泄漏压力与供应气压力之差，当压力低报时，机组降转到怠速。

二、燃料系统中的仪表系统

用来处理、储存燃料的设备、管路和附件以及将燃料供入燃烧室的设备、仪表和控制元件等构成一个完整的燃料系统。

本部分以 GE 公司生产的 LM2500+SAC 型号的燃气发生器为例，以天然气作为燃料。燃料系统为单燃料系统。

按燃气发生器制造厂要求，对天然气为燃料的 LM2500 燃气发生器的燃料气供应作了规定：燃料气总管(2in)供气压力为 2413kPa，天然气温度必须在 −54～+66℃ 之间，如天然气温度有变化，则必须调整初始燃料使进入发动机的燃料在所要求供应的压力下保持单位容积燃料有恒定的热量。供气温度最低应在对应于供气压力下的饱和温度以上 11℃ 左右，最高为 177℃，但基于对控制系统部件的可靠长期工作考虑，建议供气的最高温度限制在 66℃ 以下。一旦启动以后，供气温度允许变化上下 11℃。为保证燃料系统的稳定运行，需要安装仪表对燃料气的温度、压力、流量和液位等状态参数进行监测，其仪表系统组成如下。

(一) 燃料气滤清器液位传送

检测滤清器液位具有低、低低、高、高高报警功能。液位信号由就地传输至 PLC。其安装于旋风滤清器 FG-1 上。当液位达到低报警液位时会发生一个低报警，排污阀关闭。当液位达到低低报警液位时，增压紧急停机 ESP 执行，燃料气切断阀关，燃料气切断阀关，燃料气出口阀开，燃料气自动隔离阀关。当液位达到高报警液位时，会发生一个高报警信号排污阀打开。当液位达到高高报警液位时增压紧急停机 ESP 执行，燃料气切断阀关，燃料气切断阀关，燃料气出口阀开，燃料气自动隔离阀关，并在 HMI 上显示。

当两个液位变送器中任意一个失败时，则发出一个报警，并在 HMI 上显示。当两个失败时则正常停机 NS 执行并显示在 HMI 上。

排污阀为一个由电磁阀控制的气动阀，当打开时仪表气进入排污阀，控制作动筒克服弹簧力打开排污阀。

（二）流量计 FT150

流量计如图 4-25 所示。流量计安装于安全阀后部管线上，当燃气发生器运行时测量燃料气即时消耗量。流量信号由就地传输至 MARK Ⅵe。当流量计失败时会发出一个报警并在 HMI 上显示。流量传送单位为 kg/h。

（三）燃料气滤清器液位变送器 LT203

滤清器液位指示，带有现场指示，当液体达到高液位时会发出一个高报警。当变送器失败时发出一个高报警并在 HMI 上显示。

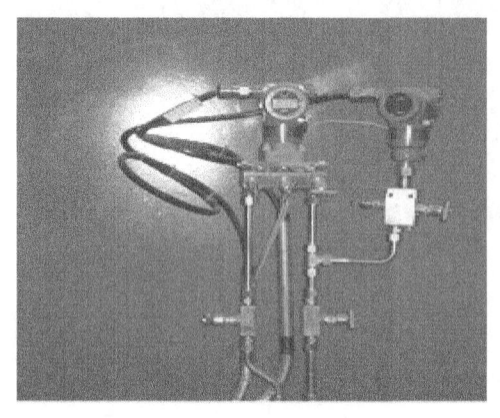

图 4-25　流量计 FT150

（四）燃料气滤清器压差变送器 PGT204

检测滤清器压差，信号由就地传输至 MARK Ⅵe。有现场压差指示表 PDI205，当压差达到 100kPa 时发出一个高报警，当变送器失败时会发出一个高报警且在 HMI 上显示。

（五）燃料气加热器出口温度 TIT206

检测燃料气加热器 23FG-1 出口燃料气温度，温度信号由就地传输至 MARK Ⅵe，有现场指示表，当燃料气出口温度达到 90℃ 时会发出一个高报警，并在 HMI 上显示。当燃料气出口温度达到 100℃ 时燃料气加热器 23FG-1 切断，并在 HMI 上显示。当出口温度 TIT206 失败时会发出一个报警在 HMI 上显示。

第五章 压缩机组运行操作

学习范围	考核内容
知识要点	机组控制面板及控制模式说明
	压缩机组运行及工况调整
	压缩机负载分配
	机组振动监测及振动参数
	压缩机组动态监控
操作项目	压缩机组操作程序及运行调整
	压缩机组启机
	压缩机组停机
	压缩机组运行中检查
	机组停机后检查

第一节 机组控制面板及控制模式说明

一、离心压缩机组数据监测和控制系统

离心压缩机是在离心力作用下，气体经过流道、扩压器和回流器后，将气体的动能转化成压力能的转动设备，气体在压缩机的叶轮中轴向进入、径向流出。为了使压缩机持续安全、高效率地运转，必须配备数据监测和控制系统。

（一）数据监测和控制系统主要内容

数据监测和控制系统一般包括以下方面：

（1）运行参数采集。运行参数包括压缩机及汽轮机的各项运行参数，主要包括压力、温度、流量、振动、位移、键相、历史趋势和转数等重要参数。

（2）自动控制系统。压缩机排气量调节；进出口温度、压力的自动调节；油路、密封

系统运行参数的自动调节、管路阀门运行参数的自动调节等。

(3) 机组保护系统。保护系统是为整套压缩机提供保护功能，包括过压、过流、振动位移超标等，以及当压缩机出现紧急情况时，系统应该对压缩机提供必要的保护。

每台压缩机组的 UCP(机组控制屏)控制系统除正常的压缩机组启、停控制，正常运行期间的监视与数据采集，意外情况下的紧急停机保护，还通过串行通信与其他 UCP 保持联系，以实现负荷分配、优化运行。

(二) UCP 控制系统的主要控制功能

UCP 控制系统的主要控制功能有：

(1) 压缩机附属设备的启、停和运行监控，如润滑油电加热器、润滑油泵、润滑油油雾分离器；

(2) 压缩机组的启、停和运行监控，如启、停的过程控制，运行过程中的输送介质压力和温度控制，压缩机组的防喘振控制等；

(3) 紧急停机保护，如压缩机密封气泄漏超限的放空紧急停机、润滑油汇管压力过低和压缩机组自身振动及温度超限等的不放空紧急停机；

(4) 通过以太网与 SCADA 系统的 SCS 接收和发送数据及监控命令；

(5) 事件信息和报警信息的显示与打印等。

(三) 机组控制模式

在压缩机组 UCS(通用控制系统)计算机控制屏上(HMI)上有三种机组控制模式，不同的运行需选择不同的控制模式：Off/Maintenance/Normal Operation，只能选择一种模式，三种模式分别说明如下：

"Off"模式可以由机组 UCS 自动触发，该模式可以禁止 CEC 或 SEQUENCE 控制系统起作用，只有当机组完全停止且全部程序已执行完毕后方能选择此模式。

"Maintenance"模式在人工盘车或压气机水洗时选取，并且在燃气发生器已完全停止，消防系统正常及没有其他停车命令状态下执行。

"Normal Operation"模式在正常运行情况下选取，在"Normal Operation"模式下可以执行正常启动和停车按钮。

在任何模式下，下面程序执行不受影响：

(1) CEC 控制器之人机界面 HMI 和 PLC 控制画面。

(2) 设备安全和保护系统。

(3) 模拟检测和数字输入系统。

(4) 报警/停车检测与通报系统。

(5) 启动允许检查。

(6) 箱体排风扇/矿物油泵电机的值班/备用选择系统。

机组控制柜 2#面板控制按钮及指示灯如图 5-1 所示。

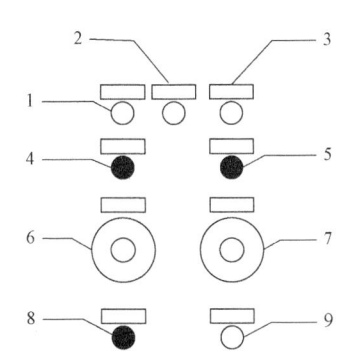

图 5-1 机组控制柜 2#面板控制按钮及指示灯

1—允许启动指示灯(绿色); 2—报警指示灯(黄色); 3—停车指示灯(红色);
4—启动按钮; 5—停车按钮; 6—泄压 ESD 按钮; 7—带压 ESD 按钮;
8—备份逻辑复位按钮; 9—备份逻辑激活指示灯

二、RB211-24G 燃压机组控制系统

(一) 控制系统常用术语简介

CPU——Central Processing Unit 中央处理器。

UCP——Unit Control Panel 装置控制(柜)面板。

PLC——Programming Language Control 可编程控制器。

UHM——Unit Health Monitoring 装置(健康)状态监视器。

SCADA——Supervisory Control and Data Acquisition 监控和数据采集系统。

MMI——Man-Machine Interface 人—机接口。

MCC——Motor Control Center 电动机控制中心。

ECD——Electronic Chip Detector 电子碎屑监控器。

VIGV——Variable Inlet Guide Vane 可变进气导流叶片。

QDM——Quantitative Debris Monitor 碎屑定量监视器。

UPS——Uninterrupted Power Supply 不间断电源。

GG——Gas Generator 燃气发生器。

PT——Power Turbine 动力涡轮。

ESD——Emergency Shutdown 紧急停车。

反馈控制系统——把控制对象的输出参数取出,与输入控制参数相减(负反馈),形成的差值去继续控制,直到差值接近 0,系统处于稳定状态为止,如图 5-2 所示。

自适应控制系统——控制器能自动识别环境条件的变化和控制对象参数的变化,与控制目标对

图 5-2 反馈控制系统

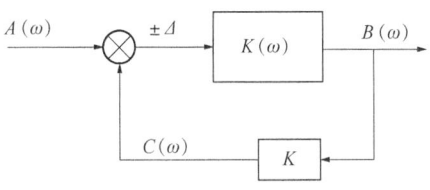

$A(\omega)$—测量值; $\pm\Delta$—偏差信号;
$B(\omega)$—被控变量; $C(\omega)$—测量值;
$K(\omega)$—前向通道传递函数;
K—反馈通道传递函数

照,不断修正控制指令,使系统在期望值下保持某个特定状态。这是一个对系统内部和外部信息进行收集、分析比较和判断的有组织的动态过程;是一个信息处理多次往返的过程。

T1——进气道温度,℃。

NL——即 N1,为 GG 低压转子转速,r/min。

NH——即 N2,为 GG 高压转子转速,r/min。

N3——即 Np,为动力涡轮转速,等于压缩机的转速,r/min。

NS——启动机转速,r/min。

T455——GG 排气温度,℃。

PH3——高压压气机 3 级排气压力,kPa(g)。

(二)控制系统的划分

1. 按功能分

按功能划分,本机组可分为三个大的控制系统,分别为主控制系统、监控系统和辅助控制系统。

1)主控制系统

主控制系统是以控制压缩机出口压力,或单位时间的输气量为主要目标,通过对高压转子转速 NH,低压转子转速 NL 和动力涡轮转速(等于压缩机转速)N3 的有效控制,实现平稳启动。加速加载不超速、不超温、不喘振,额定工况运行时能自适应环境变化和各种干扰,稳态运行在设定参数范围之内;卸载和减速时不喘振、不熄火,实现按要求的数量稳定输气的目标。

主系统的主要组成部分有液压启动分系统、防喘分系统和 GG 燃料气控制系统,各控制功能和方法将在后文详细叙述。

2)监控系统

监控系统的目标是通过数据采集和信息处理,确定机组目前所处的状态,对未来机组可持续稳定运行寿命进行预计,定量检测和评估机组所受应力、故障及极限,采取报警、停车等措施,防止故障进一步扩大,且按故障的程度和趋势确定视情维修的时间和需要维修的主要部件。监控系统可分为性能监控、状态监控、润滑油监控、超限监控和无损探测监控等。下面以性能监控和润滑油监控举例说明。

(1)性能监控。

通过实时测量机组的各项参数,判断机组的完好性,即所测参数是否符合规定的全部技术要求。所测量各主要参数符合技术要求,这是机组是否正常使用的必要条件;可利用数据采集系统中各传感器及 CPU 为中心的控制中心,自动录取机组各状态参数,进行分析和判断,确定性能参数现值及性能恶化的程度及可能的故障及部位,可据此编制维护计划,停机检查的时间及检查内容、方法、修理程序等。

(2) 润滑油监控。

根据润滑油滤和磁性堵头所获得的金属形状、大小、数量等判断轴承的磨损情况；通过取样化验，光谱分析确定润滑油中的金属成分和含量；通过油耗及漏油和油标的变化的多少来判断密封件、泵等故障情况；通过回油温度、压力的变化分析判断传动部件、油路及冷却器的故障情况；通过检查供油温度，可分析润滑油箱温度控制器和冷却器的故障。

除上述之外，还可通过振动参数的变化趋势进行机械状态的监控，通过孔探仪的观察，在不拆卸燃机的条件下，检查叶片、燃烧室、喷嘴的缺陷和热变形，准确判断其故障情况。

3) 辅助控制系统

辅助控制系统的任务是提供一切条件，保证主控制系统和监控系统的可靠、稳定运行，保证机组设备和运行人员的安全。按功能可分为润滑油压力、温度、清洁度和油位的控制和监视，进气、排气和冷却气控制，消防火警和可燃气体探测和控制，防浪涌，瞬间放电及抗干扰（电磁兼容性控制），箱体及主控制柜内温度的控制，中低压配电及控制（含UPS，蓄电池组），接地及避雷，清洗系统，阴极保护，通信设备，记录打印设备等。

辅助控制系统中，多为单参数，开关量控制及模糊控制。例如，GG润滑油箱内润滑油温度的控制，开机前，等于或接近环境温度，由于MCC间置加温开关于自动位置，故只要低于45℃就自动加温，高于48℃就断开加温器，所以正常值应小于70℃。

再如箱体内温度控制，有三只冷却风扇，分高速和低速两挡，当箱体内温度小于0℃时，开一只风扇的低速或半速，当温度低于60℃时，开2台风扇的低速挡，而当大于60℃时，开2台风扇的高速挡，其余的后文说明。

2. 按信息流动结构分

按信息流动结构来划分，机组控制系统可分为数据采集系统、信息处理和指令系统、执行机构。三部分之间，通过接线盒和电缆连接。

1) 数据采集系统（传感器、变送器、接线盒、电缆及各种接口板）

数据采集系统包括13只转速传感器，90多只温度传感器，30多只压力、压差传感器和变送器，20多只振动传感器及变送器，10多只位置传感器和3只润滑油中碎屑探测器和10多只火焰和气体探测器。它们的作用是把物理量变成电流或电压，便于计量、传输。

接线盒分布在机组内外各处，共计有代号的20只（CP-1，CL-1，PT-1，PT-2，FP-1，FP-2，FP-3，FP-4，GL-1，GL-2，GL-3，GI-1，GI-2，GI-4，FG-1，FG-2，FG-2/EMV，FG-3，ED-3，ED-1，EP-1），没有代号有名称的6只。每只接线盒至少有一只以上的电缆，送到主控制柜，又将主控制信号传送个给各种控制阀、限位开关或开关、断路器或继电器等。设置接线盒的目的是便于维修和检查传感器及执行元件。

2) 信息处理系统和指令系统

在"三门"控制柜内，有2台A-B公司的控制逻辑5555双余度PLC，其内共有2只主

CPU，还有1台A-B控制逻辑5555PLC，内有GG控制器CPU；在"二门"控制柜内，有1台A-B控制逻辑5555，内有安全系统CPU，它是信息处理的主角，处理后将控制信息经电缆送各执行机构和指示、显示装置，打印和各项服务器等。

3) 执行机构

执行机构主要是燃料气供应系统计量阀，液压启动器及电动机，包括其变频调速器，润滑油系统的调压阀和润滑油泵，防喘系统的防喘调节器和防喘阀，场站等的吸入阀、排出阀、清洗阀、放气阀、防喘阀，CO_2灭火系统的控制阀，MCC间的各种接触器，继电器，加热器；各冷却风扇，开关，指令灯和声光报警装置及各种终端机，显示器，打印机等。

3. 按硬件(装置)分

按硬件(装置)划分，控制系统分为六大部分：

(1) 主控制柜(三门)和主操作保护控制柜(两门)；
(2) MCC(6单元)电动机控制中心；
(3) 主UPS系统和蓄电池组；
(4) JB-TG-SL-M500型火灾报警控制器；
(5) 传感器、变送器、接线盒和电缆及电机、电磁阀和接触器、继电器等；
(6) 多个服务器、打印机、通讯机、遥控器等。

下面重点介绍控制柜、MCC和主UPS。

1) 二门主操作保护控制柜

右柜前面板上有17只操作开关按钮和指示灯，如表5-1所示。

表5-1 开关按钮和指示灯

序号	名称	代号	序号	名称	代号
1	音响报警喇叭	74H	10	灯试验按钮	43TEST
2	总启动次数计数器	66SA	11	控制模式选择	43CM
3	启动成功次数计数器	66SS	12	速度模式选择	43SM
4	发动机工作小时计数器	66EH	13	加载控制	43LC
5	停车灯(红)	3SD	14	手动转速控制	43SC
6	报警灯(黄)	3ALM	15	发动机工作模式	43EC
7	启动许可灯(绿)	3SP	16	确认复位	43AR
8	启动按钮	1START	17	紧急停车开关	5ES
9	正常停车按钮	5STOP			

打开左柜前门，内有39M1、B-N3500振动监视板卡及RACK14、RACK15等；打开右柜前门，内有UC1和UC2转速模块及RACK6等；打开后门有从机组传感器送来的信号线及接线端子等。

二门主操作保护控制柜，主要功能是完成对机组的控制和操作，以及机组安全保护，其进出的主要信号见表5-2。

表5-2 信号表

序号	代号	名称	序号	代号	名称
1	12GGNLX/12PTX	GG和PT超速继电器接点信号	31	1START	机组启动按钮
2	26GG05A/B/C	GG05模块温度A/B/C信号	32	3RSTX1/X2	复位继电器/再复位继电器
3	20FGES1	燃料气隔离阀	33	3SD	机组停车指示灯
4	20FGESV1	燃料气气源放气阀	34	3SP	机组允许启动指示灯
5	27DCQ10	电源电压低，继电器#10	35	43AR	装置确认/复位选择开关
6	27DCQ7/8/9	从断路器来的24V电压低报警	36	43ARA	装置确认
7	26SRS	保安系统温度	37	43ARR	装置复位
8	2FPWD	程序故障定时器	38	43CM	装置控制模式选择开关
9	39CPA1/1D	压缩机轴向位移1/激励信号1	39	43CMC	装置控制模式—手动带转
10	39CPA2/2D	压缩机轴向位移2激励信号2	40	43CML	装置控制模式—本地自动
11	39CPDEX/XD	压缩机驱动端X向振动/激励	41	43CMR	装置控制模式—遥控自动
12	39CPDEY/YD	压缩机驱动端Y向振动/激励	42	43EC	发动机控制模式选择开关
13	39CPNEX/XD	压缩机非驱动端X向振动/激励	43	43ECMD	发动机指令模式—干带转
14	39CPNEY/YD	压缩机非驱动端Y向振动/激励	44	43ECMF	发动机指令模式—加燃料带转
15	39GGC/CD	GG中心轴承振动/激励	45	43ECMW	发动机指令模式—清洗带转
16	39GG1/1D	GG进气道振动/激励	46	43LC	装置加载/卸载选择开关
17	39GGT/TD	GG轴承振动/激励	47	43LCL	装置负载控制—加载
18	39IM	振动模块接口	48	43LCU	装置负载控制—卸载
19	39PTA/AD	PT轴向位移	49	43SC	装置速度控制选择开关
20	39PTDEX/XD	PT驱动端X向振动/激励	50	43SCD	装置速度控制选择开关—减速
21	39PTDEY/YD	PT驱动端Y向振动/激励	51	43SCI	装置速度控制选择开关—加速
22	39PTKP/PD	PT主相位角（Key Phasor）	52	43SM	装置速度模式选择开关
23	39PTNEX/XD	PT非驱动端X向振动/激励	53	43SMA	装置速度模式选择开关—自动
24	39PTNEY/YD	PT非驱动端Y向振动/激励	54	43SMM	装置速度模式选择开关—手动
25	39SRSHH	振动共用停车开关	55	43TEST	灯试验按钮
26	39UCHA	振动共用报警	56	45FPHHX	火焰停车探测
27	39VCHH	振动监视器共用停车信号	57	45FPOK	防火系统控制器OK
28	39UCOK	振动监视器共用OK信号	58	5ES	机组紧急停车按钮
29	3FFSA/B/C	燃料气快速关断继电器A/B/C	59	5STOP	机组正常停车按钮
30	39FWDX	程序看门狗定时器故障	60	63TSGRT	密封气压差

续表

序号	代号	名称	序号	代号	名称
61	63PGD	压缩机排气压力	70	86GTX	GT紧急停车继电器
62	63SGJVDE	密封气驱动端排气压差	71	86QME	主润滑油橇紧急停车按钮
63	63SGJVNE	密封气非驱动端排气压差	72	86S	从"STATION CONTROL"来的GT紧急停车
64	66EH	发动机工作小时计数器			
65	66SA	机组总启动次数计数器	73	86SRSX	保安系统停车按钮
66	66SS	机组成功启动次数计数器	74	86SX	"STATION CONTROL" ESD继电器
67	86BLD1/2/3	控制室1/2/3号紧急停车开关			
68	86ESDX	从保安系统来的ESD继电器输出	75	99GGNL1/2/3	GG NL转速1/2/3
69	86GT1/2	从GT箱体来的紧急停车开关	76	99PT3/4/5	PT转速3/4/5

熟悉以上信号输入输出的接口，对于检查、校准、排故等非常有用，应结合柜内接线端子，重点牢记。

2）三门主控制柜

三门主控制柜是机组的主控制器，打开前、后门，可以看到内部的主要设备和接线端子情况。现将主要的输入输出信号列出，见表5-3。

表5-3 输入输出信号

序号	代号	名称	序号	代号	名称
1	01 STARTR	从SCP/SCADA来的启动信号	16	20QGSV1/V2	GG润滑油选择阀门1/2
2	05 STOPR	从SCP/SCADA来的停车信号	17	20QMBA	PT轴承冷却气缓冲气供应阀
3	20FGI	燃料气隔离阀门输出	18	20SGBA	干气密封气缓冲气供气阀
4	20FGR	燃料气负载调节阀打开指令	19	20SRM	液压启动电动机截止阀
5	20FGV	燃料气放气阀门输出	20	26AM	环境温度T0
6	20GGAI	防冰电磁阀	21	26CPDE1/2	压缩机驱动端轴颈轴承温度1/2
7	20GGBV	GG放气阀关闭指令	22	26CPIB1/2	压缩机内侧止推轴承温度1/2
8	20PGAS	压缩机防喘阀工作指令	23	26CPNE1/2	压缩机非驱动端径向轴承温度1/2
9	20PGDC	天然气排气阀关闭指令	24	26CPOB1/2	压缩机外侧止推轴承温度1/2
10	20PGDO	天然气排气阀打开指令	25	26EVGTA/B	GT箱体内温度
11	20PGSC	天然气吸入阀关闭指令	26	26FGRA	燃料气调节后温度A
12	20PGSO	天然气吸入阀打开指令	27	26FGRC/D	燃料气调节后外部温度C/D
13	20PGSPRO	压缩机吸入增压阀打开指令	28	26GG01A	GG进气道空气温度01A
14	20PGVC	压缩机排气阀关闭指令	29	26GG45501A~17A	GG排气温度01A~17A
15	20QGBA	GG轴承润滑油冷却空气供气控制阀	30	26GG455B/C	GG排气温度B/C

续表

序号	代号	名称	序号	代号	名称
31	26PGD	压缩机排气温度	62	33PGDC	压缩机排气阀关闭
32	26PGS	压缩机进气温度	63	33PGDCC	压缩机排气单向阀关闭
33	26PTDE1/A	PT 驱动端轴承温度 1/2	64	33PGDO	压缩机排气阀打开
34	26PTNE1/2	PT 非驱动端轴承温度 1/2	65	33PGDC	压缩机吸气阀关闭
35	26PTRC1A/2A	PT 轮缘 1/2 冷却温度	66	33PGSPRC	压缩机吸气增压阀打开
36	26PTTB1/2	PT 止推轴承温度 1/2	67	33PGVC	压缩机放气活门关闭
37	26QGA/B	GG 润滑油供油温度 A/B	68	33PGVO	压缩机放气活门打开
38	26QGA/B	GG 润滑油箱温度 A/B	69	33QGSV1C/2C	GG 润滑油选择活门 1/2 关闭限位开关
39	26QM	主润滑油供油温度
40	26QMCD	主润滑油箱风扇控制空气冷却温度	70	39GCAF1~6	天然气冷却风扇 1~6 振动高
41	26QMMT	主润滑油箱恒温控制器	71	39QCFHA1/A2	主润滑油冷却风扇 1/2 振动高
42	26QMT	主润滑油箱回油温度	72	39ALM	装置报警信号送 SCP/SCADA
43	26SD	站排气温度	73	39SD	装置停车送 SCP/SCADA
44	26SRCA	液压启动机冷却返回温度	74	43EV1~3	GG 箱体冷却风扇 1~3 在自动位置
45	27DCQ1	电源电压低继电器 1#	75	43FGH	燃料气加热器在自动位置
46	27DCQ2	从 CRT 断路器 Q2 来的 24V 低报警	76	43FIREH	火焰和 gas 探测器加热器在自动位置
47	27DCQ3,4,5	从 CRT 断路器 Q3/Q4/Q5 来的 24V 低报警	77	43GCAF1~6	天然气冷却风扇在自动位置
48	27PMUFG-NU	火焰和 gas 探测器 UPS 不起振报警	78	43QCF1/2	主润滑油冷却风扇 1/2 在自动位置
49	27PMVFG-U	火焰和 gas 探测器 UPS 振荡报警
50	27PMU-NU	主 UPS 不起振报警	79	43QG1/2	GG 润滑油泵 1/2 在自动位置
51	27PMU-U	主 UPS 振荡报警	80	43QGTH	GG 润滑油箱加热器在自动位置
52	33EV1C/2C/3C	箱体冷却风扇#1、#2、#3 排气道关闭/限位开关	81	43QM1/2	主润滑油泵在自动位
82	43QMTH/1~3	主润滑油箱加热器在自动位
53	33EVGT1C/2C	箱体门关闭限位开关 1、2	83	43SR	启动电动机在自动位
54	33EVGTIO	进气道百叶窗打开限位开关	84	63EVJAM	GG 箱体压差
55	33EVGT001-2	排气道百叶窗 1#、2#打开限位开关	85	63FGESJR	燃料气外部油滤压差
56	33FGESI1C	燃料气外部供气隔离阀 1	86	63FGM	燃料总管压力
57	33FGIC	燃料气隔离阀关闭限位开关	87	63FGR	燃料气调节后压力
58	33FGMC	燃料气计量阀关闭限位开关	88	63FGS	燃料气供气压力
59	33PGAS	防喘阀位置反馈	89	63GG20JD	GG 进气道过滤器压差
60	33PGSC	防喘阀关闭限位开关	90	63GG30	GG 高压压气机排气压力
61	33PGASO	防喘阀打开限位开关	91	63GGAB	GG 轴承冷却空气压力

— 77 —

续表

序号	代号	名称	序号	代号	名称
92	63GGIAF	箱体进气道气滤压差	124	75QGCVC	GG润滑油流量调节阀驱动指令输入
93	63GGIAY	燃烧室进气道气滤压差			
94	63GGAA	辅助气源压力	125	75QGCVF	GG润滑油流量调节阀位置反馈
95	63PGDSP	天然气排气设定压力	126	75QGCVR	GG润滑油流量调节阀遥控停机
96	63PGJ	压缩机进出口压差	127	75QGCV-COS	GG润滑油作动器余弦信号
97	63PGJS	压缩机吸入阀压差	128	75QGCV-EX	GG润滑油作动器激励信号
98	63PGJSS	压缩机吸入阀过滤器压差	129	75QGCV-sin	GG润滑油作动器正弦信号
99	63PGS	压缩机吸入阀压力	130	75SRP	比例压力阀输出
100	63PGSSP	天然气吸入阀设定压力	131	80PG	压缩机吸入阀观察孔压差
101	63QGCS	GG润滑油轴承中心排油压力	132	86QGCV	GG润滑油流量阀驱动器故障位置
102	63QGHJF	GG液压润滑油滤压差	133	86EV1H	GG箱体1号风扇高速指令
103	63QGHP	GG润滑油液压泵出口压力	134	86EV1L	GG箱体1号风扇低速指令
104	63QGHS	GG润滑油液压油供给压力	135	86EV2H	GG箱体2号风扇高速指令
105	63QGJCV	GG润滑油调节阀压差	136	86EV2L	GG箱体2号风扇低速指令
106	63QGJF	GG润滑油滤压差	137	86EV3H	GG箱体3号风扇高速指令
107	63QGJGG	GG润滑油中心轴承压差	138	86EV3L	GG箱体3号风扇低速指令
108	63QM	主润滑油箱供给压缩机供油压力	139	88GCAF1~6	天然气冷却风扇运转指令
109	63QMJF	主润滑油滤压差	140	88QCF1/2	主润滑油冷却风扇运转指令
110	63QMP1/2	主润滑油泵出口压力	141	88QG1/2	GG润滑油泵运转指令
111	63SD	站排气压力	142	88QM1/2	主润滑油泵运转指令
112	63SGBA	干气密封气缓冲供气压力	143	88SR	液压启动电机运转指令
113	63SGJF	密封气源压差	144	90FGMP	燃料气计量阀开关
114	63SS	站进气压力	145	95FG	火焰和燃气探测器加热器输出
115	71QGT	GG润滑油箱油位	146	95FGH	燃料气外管加热器开指令
116	71QMRDT	主润滑油箱润滑油下降油位	147	95QGT	GG润滑油箱加热器开指令
117	71QMTL	主润滑油箱油位	148	95QMT1~3	主润滑油箱加热器开指令
118	75FGMEX	燃料气计量活门位置驱动	149	96GG1G	GG点火器控制继电器驱动器
119	75GGIGVC	IGV的MOOG作动筒激励信号输入	150	97QDM1~3	润滑油中碎屑监测器输入
120	75GGIGVE1/2	IGV位置激励信号	151	99GGNH1~2	GG高压转速输入
121	75GGIGVF1/2	IGV位置反馈	152	99GGNS	GG启动机转速输入
122	75JSGRT	密封气缓冲控制器	153	99PT1/2	PT转速输入
123	75PGAS	压缩机防喘阀调节器	154	ESI	以太网交换器开关

3) MCC 电动机控制中心

控制机组所有三相交流电动机，共有 18 台，分别是：

2 台 GG 润滑油泵电动机，15kW，三相 380V AC，50Hz；

1 台液压启动器电动机，185kW，三相 380V AC，50Hz；

2 台主润滑油泵电动机，15kW，三相 380V AC，50Hz；

3 台箱体通风风扇电动机，22.5kW，三相 380V AC，50Hz；

2 台主润滑油冷却风扇电动机，15kW，三相 380V AC，50Hz；

6 台工艺冷却风扇电动机，15kW，三相 380V AC，50Hz；

压缩机吸入阀驱动电动机，1.5kW，三相 380V AC，50Hz；

压缩机排气阀驱动电动机，1.5kW，三相 380V AC，50Hz。

机组启动前去 MCC 间，将各电机的电源开关置 ON 位置，将工作方式选"自动"位置，将主断路器合上；等待控制系统对每只电动机的控制。

另外，每个电动机都有防凝露加热器，还有润滑油箱润滑油加热器，燃料气加热器，火焰和气体探测器加热器，润滑油管路跟踪加热器，润滑油管加热器，燃料气管路加热器，各处照明灯等。单相 220V AC 用户，也从 MCC 发出，MCC 面板上有相应的开关设置，开机前也应置正确位置。详细情况可查阅 MCC 内部接线图。

4) 主 UPS 及蓄电池组

主 UPS 系统是一只柜子，正面有标牌，主要是整流器，把 380V AC 三相经 6 只（或 8 只）整流器变成+24V DC、超过 500A 的直流电压，整流器功率达 12kW 以上，二逆变器功率比较小，只将+24V DC 蓄电池直流电压逆变成单相 220V AC、50Hz、13.6A（最大）。本站如没有备用交流发电机，且市电停电，机组也会因交流电源功率太小而停机。

(三) 机组控制参数和控制流程

机组是一个多微机为中心的自适应控制系统，进入额定运行状态后，操作人员只起监视作用，机组可以在设定的工况下连续自动运行。

机组的主要控制模式和主要受控参数如下。

通过对进入燃烧室的燃料气和空气的控制，使 NH、N3 达到设定值，以满足压缩机输出压力流量的要求，同时对排气温度进行限制，对振动进行跟踪监控，对润滑油温度进行监视，以保证机组的安全。

对进入燃烧室的燃料气的控制，应保证点火成功之后，随着 NH/NL 的上升，逐步增加供气量，使燃烧室有最佳的油气比（燃料气和空气之比），同时按 T1（环境温度），T455（排气温度）和 PH3 的大小，不断调整燃料气供应量。

若燃料气热值降低，应增加供气量。所以进入燃烧室的受控天然气在压力、温度、清洁度、流量及热值方面都应达到要求值，或采取控制措施达到要求。

例如对燃料气温度的控制，在调压阀之后测量其温度，若低于 29.4℃就报警，采取加温措施,在燃料气进入燃烧室之前经电加热器加热、5μm 气滤后再测量其温度,若低于 38℃则报警。

对于进入燃烧室的空气也有温度压力清洁度和流量的要求,例如当进入进气道的空气小于 5℃则自动接通电磁阀、接通高压热气到进气道加热空气以提高进气温度,且达到防冰的目的。

加速加载时,进行进气道导流叶片角度控制、防喘调节器以及加减载时对压缩机防喘阀的控制。

为防止转速上升过程中工作点进入喘振边界,对进气道导流叶片角度进行控制。控制要求为:低压转速与外界大气温度的关系来进行控制。

主润滑油箱润滑油温度的控制:主润滑油箱润滑油温度大于 35℃时润滑油泵才能启动,箱内润滑油加热器控制的设定值为 45℃,低于 45℃通电加热,高于 45℃自动断电停止加热。两支润滑油冷却风扇也对润滑油温度进行控制,高于 49℃时启动 1 号风扇电动机降温,高于 52℃时同时开启 2 号风扇降温,低于 40℃时 2 支风扇全关。经上述控制后供给动力涡轮和压缩机使用,若此时润滑油温度仍高于 65℃则报警,高于 68℃自动停车。对主润滑油温度的控制共使用了 2 台 15kW 的交流电动机风扇和 3 个 15kW 的电加热器,并采用了恒温控制器。除上述几个控制之外,还有燃料气清洁度控制和监视、润滑油清洁度的监视和压力控制、对进入燃烧室的空气清洁度的控制、对液压油压力和清洁度的控制、对辅助气源压力的控制、对箱体内温度和压力的控制,机组启动、正常加载、正常运行及停机操作控制模块图说明。

在整个控制系统中,有一个涵盖全过程的程序控制系统或顺序控制系统,该系统为确保机组启动前准备、启动、加速、加载、额定工况运行、卸载、减速、正常停机、紧急停机及超限报警时能可靠工作。有一个功能齐全、性能可靠的程序控制系统,除涵盖燃料气控制系统、启动控制系统、防喘调节系统之外,还与通信显示打印设备相连,与控制面板上的开关按钮相连、与监控系统相连组成一个人机对话程控系统。罗尔斯—罗伊斯公司提供的 MC1 到 MC5 主控制程序及 1、2 级子程序为该程序的具体表现形式,现予以简要说明。

(四)启动前的准备工作

新安装的机组,应将各分系统、各功能块分别逐一检查,使各分系统和各功能块工作正常。

停机几日或数周的机组,应先去 MCC 间,使主要用电设备的开关处于正确位置:
(1) 2 只主润滑油泵电动机及其电动机内的防冷凝加热器;
(2) 3 只主润滑油箱加热器;
(3) 2 只主润滑油泵油箱润滑油冷却风扇及加热器;
(4) 燃料气加热器;

(5) GG 润滑油箱加热器及热敏元件；

(6) 液压启动泵电动机及其内加热器；

(7) 3 只箱体通风电动机及其内加热器；

(8) 压缩机吸入阀电动机及其加热器；

(9) 压缩机排放阀电动机及其内加热器；

(10) 6 只天然气冷却风扇及其内加热器；

(11) 2 只 GG 润滑油泵电动机及其加热器。

以上电源开关处于"ON"位置，工作方式选择"自动"。

给该机组的主控制柜及柜内设备通电，使其处于待命启机状态。

去 UPS 间，检查 24V DC 及充电电流、蓄电池电压及主 UPS 控制柜等。

去箱体外，观察"CONTROL STATION"盒，内"防火系统待命状态灯"应亮，开关在正常位置，即防火系统正常。

派专人开机箱观察主机及压缩机各管路有无漏油、漏气，各开关在正常位置(M-500 控制器)，即 GAS 漏气检测仪工作正常，未发现异常。

检查控制柜壳体接地处理，各接地点的电阻符合要求。

派专人去工艺站场及屋外各处，查看指示表和阀位是否在正常位置，以上各工作完成后，可进入主机房，开主机准备启动。

操作主保护控制柜、控制面板。由微机系统按程序启动，先进行启动前的"允许启动检查"

手动给主机、监视器及"MODEN"等有关仪表通电接通，以太网开关，与上位机连通。与机内有关板卡连通，使主机的终端服务器与外部互联网连通。

手动操作主控制柜控制板右下角"RESET"开关。

手动按压主控制柜控制板黑色"LAMP TEST"按钮，控制板上红色"SHUTDOWN"、黄灯"ALARM"及绿灯"PERMISSIVE"闪亮，证明面板上指示灯状态良好。

手动操作主控制柜板上"CONTROL MODE"开关，使其置于"LOCAL"(本地)或"RE-MOTE"(遥控位置)，如有必要，进行"冷吹"，这时可置于"CRANK"带转位置。

手动操作主控制柜板上"SPEED MODE"开关，选择"AUTO"自动(或"MANUAL"手动位)，此时，监视器屏幕上显示"CONTROL MODE PROPER"字样，表示控制模式选择合适。

程序自动检测 N2 转速，当检测到 N2<250r/min 时，就认为 N2 等于零，屏幕显示"GG NOT ROLLING"，即认为 GG 轴不转，GG 处于待命或已释放状态。

程序自动检测到启动器锁定定时器开锁，即启动器没有锁定。屏幕显示"GG STARTER NOT LOCKED OUT"，即"GG 启动机开锁"。

程序继续检测，检测到 GG 润滑油箱油温>40.5℃，同时测得油箱游标处于工作线位置以上，屏幕显示"GG LUBE OIL SYSTEM OK"，即GG润滑油系统准备好。

程序自动检测到主润滑油箱油温>35℃，同时测得油箱油标处于工作线位置以上，屏幕显示"MAIN LUBE OIL SYSTEM OK"，即主润滑油系统准备好。

程序自动检测到空气压缩机产生的辅助供气压力>550kPa(g)，屏幕显示"SEAL GAS SYSTEM OK"，即密封气体系统准备好。

程序继续检查所有的停车开关已开锁，屏幕显示"LOCK OUT SHUTDOWNS OK"，即停车开关解锁。

检查到所有非锁定停车开关已处于正确位置，屏幕显示"NOT LOCKOUT SHUTDOWNS OK"。

手动主控制柜面板右下角"ACKNOWLEDGE"开关，清除所有报警信号输入。屏幕显示"ALARMS ACKNOWLEDGE"，即所有报警已确认。

检查到GG润滑油作动筒限位开关在旁通位置，屏幕显示"GG LUBE OIL ACTUATOR IN BYPASS POSITION"，即GG润滑油作动筒处旁通位置。

自动检测到来自燃调的N1信号基准值在低限位，屏幕显示"GG N1 REFEREANCE AT LOWER LIMIT"。

自动检测到振动传感器输出正常且处于待命工作状态。

自动检测到燃料气计量活门关闭。屏幕显示"FUEL VALVES CLOSED"。

同时满足下列各项：

（1）压缩机出口单向阀关闭；

（2）压缩机增压阀关闭；

（3）压缩机吸入阀、排气阀关闭；

（4）防喘阀打开；

（5）放气阀打开，同时箱体内未增压。

因此判定，机组的各阀门在启动位置，屏幕显示"UNIT VALVES IN POSITION FOR START"，即装置的各阀门处于启动位置。

另外，程序还测定，装置无跳闸故障存在，且启动机的冷却时间已足够，对机组的评估是正确完善的，装置的所有启动均许可。屏幕显示"PERMISSIVE TO START"，即允许启动。同时主控制柜板上绿灯"PERMISSIVE"亮，表示启动允许的检查已经结束，可以进行启动。本段程序中共14屏显示，任一屏不显示，则表示检查处故障，立即派人排除此故障。例如，某阀门位置不对、某油箱温度不够等。

（五）机组的启动和加载

（1）应先确认，即仔细看一下主控制柜控制板上的控制模式是在"LOCAL"和"AUTO"位。扳动控制板上"发动机运行模式开关"置于FUELED位置，即表示要点火，加燃料，而不是冷转和冲洗。

(2) 按压控制板上"UNIT START"按钮，微机控制系统开始执行启动指令。

(3) 燃料气调节器进入运行模式。

(4) 对箱体内进行增压和清吹。

开通箱体冷却风扇(1)(值班风扇88EV1)，如果10s内风扇没有转起来，则屏幕显示"ENCLOSURE DUTY FAN FAILURE"，即箱体值班风扇故障；

打开箱体备用风扇(2)(88EV2)，关掉值班风扇(1)，此时屏幕显示"ENCLOSURE STANBY FAN RUNNING"，即箱体备用风扇(2)(88EV2)运转。

无论风扇(1)或风扇(2)，只要有一个转起来，箱体内就会在30s内建立起压力，所以屏幕会显示"ENCLOSURE PRESSURIZED"，即箱体压差已建立，超过30s会认为启动失败。

此时，如果箱内温度超过报警设定值(>60℃)，则屏幕显示"ENCLOSURE TEMPERATURE HIGH ALARM"，即箱内温度高报警，同时主控制板上"ALARM"黄灯亮，并听到声响。

如果30s内箱内已建立压力，但压差小于0.5kPa，则屏幕会显示"ENCLOSURE △P LOW ALARM"，即箱内压差低报警，同时主控制板上"ALARM"黄灯亮，且听到报警声。

不论箱内温度高报警还是箱内外压差报警，只要有一个报警就会自动打开箱体备用风扇(3)(88EV3)，同时屏幕显示"STANDBY ENCLOSURE FAN RUNNING ALARM"，即箱体内备用风扇(2)运行故障，同时发出声光报警。

此时应发出指令，关掉备用风扇(2)，同时手动主控制板上"RESET"复位按钮，使箱内温度高报警和箱内外压差低报警清除。报警灯灭。

箱内继续增压，90s后(从压差建立算起)，对箱体的清吹完成。屏幕显示"ENCLOSURE PURGED"，即箱体已清吹完毕。

(5) 程序继续进行空气净化和主润滑油系统的准备。自动打开压气机净化空气隔离活门，20s之内净化空气压力建立达到要求值。此时屏幕显示"SEPARATION AIR SYSTEM READY"，即空气系统准备好，同时开主润滑油箱值班油泵(1)(88QM1)，如果10s内油泵(1)未转动，则屏幕显示"MAIN LUBE OIL DUTY PUMP FAILURE"，即主润滑油值班泵故障，同时打开备用泵(2)(88QM2)，关88QM1，同时屏幕显示"MAIN LUBE OIL STANDBY PUMP RUNNING"，即主润滑油备用泵(2)运行。经润滑油泵的运行，润滑油压力已建立，同时主润滑油油箱内油标正常。此时屏幕显示"MAIN L.O SYSTEM READY"，即主润滑油泵准备好。如果60s内不显示，则启动失败。

(6) 给压缩机机匣加压，开吸气增压泵，清吹活门打开，经20s后，屏幕显示"UNIT PIPING PURGE"，即装置管道已清吹；强制关闭防喘阀，对压缩机清吹30s，之后显示"COMPRESSOR PURGE"，即压缩机已清吹。然后，强制打开防喘阀，关闭放气阀，吸入阀压差确认后，在80s内打开吸入阀和排气阀后，屏幕显示"COMPRESSOR PRESSURIZED"，即压缩机已增压,即关闭吸入增压阀,此时各活门均处运行位置。屏幕显示"POSITION VALVES",即阀门到位。

(7) 准备 GG 润滑油系统。

先启动 GG 值班泵(1)(88QG1),如果 10s 内值班泵不转,屏幕显示"GG LUBE OIL DUTY PUMP FAILURE",即 GG 润滑油值班泵出现故障。接着打开备用泵(2)(88QG2),关掉值班泵,此时屏幕显示"GG LUBE OIL STANDBY PUMP RUNNING",即 GG 润滑油备用泵运行。

(8) 经润滑油泵运行,GG 液压泵油压力建立,同时油温>15.6℃,此时屏幕显示"GG LUBE OIL SYSTEM READY",即 GG 润滑油系统已准备好。

(9) 延迟 15s,指令燃调,使 GG 润滑油作动筒处于预润滑位置,15s 内确认,同时显示"GG LUBE OIL ACTUATOR IN PRE-WET POS",即 GG 润滑油作动筒处于预润滑位置。此时,GG 润滑油系统准备好。

(10) 启动液压启动器的电动机,给电动机预热,120s 后屏幕显示"HYDRAULIC STARTER MOTOR WARM-UP",即液压启动器电动机已预热。

(11) 给液压启动电动机启动电磁阀通电,指令启动器向清吹速度上升,接着 NS 达到 500r/min。60s 内(从下达指令开始),GG NH 达到 2900r/min,此时屏幕显示"GG TO PURGE SPEED",即 GG 达到清吹速度。

(12) GG 经清吹 90s 后,屏幕显示"GG PURGE",即 GG 清吹完成。

(13) 接着给 GG 点火器自动通电后,观看主控制柜板上的"START ATTEMPTS",计数器显示总启动次数加 1。

(14) 指令燃料活门延迟 2s 打开,2s 后打开燃料气隔离活门,关闭燃料气放气活门,再延迟 3s 后,打开燃料气计量活门(90FGM),同时指令液压启动器到高速。

(15) 关闭 GG 放气活门,NH 上升到 3500r/min 以后,断开点火器电源,此时屏幕显示"GG START AND ACCEL STAGE 1",即 GG 启动成功,开始 1 级加速。

(16) GG NH 继续上升,到达 4500r/min 时,取消对液压电动机的高速指令,接着断开液压启动器电动机电源。

(17) GG 转速继续增加,当 NL 达到 3250r/min 时,屏幕显示"GG ACCEL STAGE2",即 2 级加速完成。

(18) Np 上升到 1000r/min 时,主控制柜板上"ENGINE HOURS"开始计时,而旁边的成功启动次数计数器加 1,且屏幕显示"P.T BREAKAWAY"。

(19) PT 进入"暖机"阶段,或 GG 进入慢车状态。若 PT 停机已超过 2h,暖机 30min,即在慢车转速下运行 30min;若 PT 停机不足 2h,则暖机 2min。暖机完成后,屏幕显示"PT WARM-UP",即 PT 已暖机。

(20) 手动主控制柜控制板上"LOAD CONTROL"开关,向"LOAD"扳动,即向燃料调节器发出加载指令,机组进入加载程序。当 PT 转速超过 3600r/min 时,屏幕显示"PT AC-CELERATION",即 PT 正在加速。

(21) 接着防喘调节器进入正常工作,机组转速继续上升,屏幕显示"UNIT LOADING",即机组继续加载。直到 Np 为 4800r/min 左右时,即达到额定转速;从"UNIT START"开始,完成了启动、慢车、加载三个主要过程;进入额定状态后,即可正常带载运行下去。

(六) 机组卸载

(1) 接到上级命令或计划停车时,要先进行卸载。先扳动主控制柜控制板上的"LOAD CONTROL"开关,向 UNLOAD 方向扳动,即向微机控制系统下达了卸载指令,机组开始卸载程序,屏幕显示"NORMAL STOP INITIATED",即准备正常停车。

(2) Np 减少到最小转速,程序指令打开防喘活门,接着取消给燃料调节器的带载指令,此时屏幕应显示"UNIT UNLOADING",即机组正在卸载。

(3) GG 和 PT 减速,NL 的转速达低限值,在不小于 60s 内 NL 下降到 3250r/min,装置在此慢车转速下运行,此时 Np 约为 1000r/min。程序自动向冷停定时器(正常情况可冷却 5~15min)发出开始指令后,结束卸载程序。

(七) 机组停车

(1) 接到正常停车命令后,应先卸载,卸载完成后,有下列情况之一时,机组受令后降到慢车转速,启动冷停定时器 5min,执行停车程序:

① 手动将"SPEED MODE"速度模式选到"IDLE"空挡位,不在原"AUTO"位;
② 手动"CONROL MODE"控制模式选"OFF"位,断开位,不再是"LOCAL"位;
③ 按"UNIT STOP"按钮,向机组发出正常停车指令;
④ 冷停开关合上。

(2) 取消给燃调的燃料气指令,关闭 HSSOC 快速截断阀,即燃料气隔离阀关闭。

(3) 给 PT 和压缩机后润滑定时器发开始指令,使其持续润滑 2h,只有 2h 后,才能关闭主油箱值班的润滑油泵。

(4) 燃料气隔离阀关闭,压缩机的吸入阀和排气阀关闭,确认排气停车后,打开通风阀,之后屏幕显示"COMPRESSOR CASE VENTED",即压缩机机匣已排气。而如果确认非排气停机后,屏幕显示"COMPRESSOR CASE PRESSURIZED",即压缩机机匣已增压。

(5) 程序执行到 GG 后润滑程序,NL 下降到 2800r/min 之后,指令 GG 润滑油回油定时器 6s 开始,6s 后实现回油,即可关 GG 值班润滑油泵。

(6) NL<500r/min 之后,指令 GG 降速定时器定时 8min 开始,8min 后,GG 停机。主控制柜控制板上停车指示灯(红)亮。

在正常停机程序中,PT 和压缩机的后润滑为 2h,2h 后才能关闭润滑油泵,而 GG 后润滑只进行了 6s,原因是 GG 与 PT 使用不同结构的轴承。

当遇到火灾、爆炸、大量漏气等不可预知的情况发生时，需要紧急停车，可使用紧急停车按钮（EMERGENCY STOP），箱体两旁及主控制柜控制板最下边均有此按钮，一般情况下不要使用。

确认紧急停车已经发生，即关闭HSSCO阀。同时当NL>4500r/min，启动05清吹冷气程序，NL继续下降到2800r/min之后，一方面GG润滑油回油定时器定时6s开始，6s后关GG润滑油泵。另一方面，启动GG冷却吹气延迟5min。5min后，确认GG润滑油作动筒在旁通位置，即打开DAVIS阀（GG轴承冷却空气控制阀），开始了90min的冷气清吹。在此期间，如果要重新启动机组，则首先关闭DAVIS阀，如不成功，即再次打开DAVIS阀，即冷却空气控制阀，直到原来设定的90min程序结束，GG早已停转。主控制柜控制板上停车指示灯（红）亮。

三、SOLAR燃压机组控制面板

（一）概述

SOLAR燃压机组的人机界面（简称HMI）是操作员的主要监视界面和控制系统的次要操作界面。HMI包括显示用计算机和显示画面。

显示用计算机是一个工控机，该工控机配置一个彩色视频监视器以及相应的软件。它收集来自可编程控制器（简称PLC）的数据，处理并保存计算结果，并且生成格式化的显示画面。

显示画面提供实时数据与已存储数据的图形与表格表示形式。应用这些画面，操作员可以监视机组操作条件，改变设备的运行模式（如泵的ON"开"或OFF"关"），改变控制常数值，以及选择打印功能。

在运行HMI以前，操作控制台必须按照相关说明书通电。

（二）人机界面介绍

1. 前置面板键盘

显示控制键是指位于前置面板的功能键、字符键以及数值键盘。12个功能键位于显示器的左侧。28个数值键位于显示器的右侧。字符键和数值键提供了键盘控制功能，它们是数据输入的主要输入设备。2个亮度控制键位于显示器的右边底部。所有的键都是具有触觉反馈的膜片形式。

（1）功能键——功能键用K1到K12标示，用于在画面上显示的可操作特性。

（2）字符键——字符键用A到Z表示，它是Windows的标识键，它和应用软件的标识键一样用于输入数据。字符和数字键盘提供键盘控制功能。按下Windows的标识键来启动Windows NT®菜单，按下应用软件的标识键来启动一个上下文关联（context-sensitive）的菜单。

（3）数字键——数字键用于输入数值，以及控制显示屏幕上的光标位置。

（4）亮度控制键——亮度控制键是一个增加键和一个减少键，它用于控制显示屏幕的背景亮度以便于得到最佳的观察效果。

2. IrDA 接收/发送端口

IrDA（红外线）接收/发送端口是利用红外线的光束进行信息传送的通信端口。

3. LED 指示器

LED 指示器位于屏幕的右下部。它在如下条件下发亮：

(1) 电源已经用到 HMI 上。

(2) 硬盘正在运行时。

(3) 机组温度超过 140°F（即 60℃）。

(4) 数字锁定键（Num Lock）处于"ON"状态。

(5) 大写字符锁定键（Caps Lock）处于"ON"状态。

4. 侧面的面板连接器

计算机上的侧面面板连接器用于连接外部的外设。

5. 键盘控制键

TAB 键——TAB 键具有两个功能。它用于与 Enter 键一道去启动或者解除屏幕上的按钮指示的显示功能的运行。

光标控制键——光标控制键是指上、下、左、右箭头键，它位于数字/控制键盘上。应用这些键来移动位于报警汇总（ALARM SUMMARY）显示画面和事件记录（EVENT LOG）显示画面上的箭头光标上下位置。

ENTER 键——Enter 键用于启动当前的选择。例如，通过箭头光标已经选择了位于菜单条上的显示画面（用 TAB 键时，该方块将高亮度显示），按下 Enter 键，所选择的显示画面将被显示出来。TAB 键和 Enter 键用于激活显示画面中的按钮。

ESCAPE 键——ESC（Escape）键用于撤销正在进程中的一个操作。

功能键——功能键用于激活正在显示的功能。

数字键——数字键用于输入数值。

字符键——字符键用于输入数值。

HOME 和 END 键——HOME 键用于选择显示画面第一页的第一个参数。END 键则用于选择显示画面最后一页的最后一个参数。

PAGE UP 和 PAGE DOWN 键——PAGE UP 和 PAGE DOWN 键用于多屏幕显示时观察相应的部分。

打印屏幕（PRINT SCREEN）键——打印屏幕键用于打印当前的窗口。

TRACKBALL（轨迹球）——轨迹球的功能和鼠标一样。滚动轨迹球将光标指向目标的位置，按下 Enter 键来进入目标显示画面或者激活显示画面上所选择的功能。

需要说明的是：用鼠标能够实现的任何一个操作都能够使用轨迹球来实现。

6. 系统的重新启动

为了重新启动系统，首先必须正常退出所有的应用程序，然后关闭 Microsoft Windows® NT，将电源的 ON/OFF 键先打到"OFF"，然后，重新打到"ON"位置。电源开关位于工控机的前面。这样操作后键重新启动系统，显示软件将自动运行。

7. 软件安装

首次软件安装需要顺序安装操作系统和应用程序。操作系统是 Microsoft Windows® NT，而应用程序包括：Microsoft Excel™，6.0 版本的 RSView™，以及由索拉轮机公司（Solar Turbines Incorporated.）提供的定制文件（custom files）。

Microsoft Windows® NT，RSView™ 和 Microsoft Excel™ 的安装遵循这些商业软件包的标准安装过程。一旦这些软件包安装完毕，必须安装应用文件。这些文件在由索拉公司提供的光盘上。

普通的安装过程是将光盘的子目录文件拷贝到工控机的相同或者相当的子目录下。

1）RSView™ 应用文件

执行下述的步骤来安装 RSView™ 文件。

（1）运行 Rockwell® 软件的"Transport Wizard"。

（2）使用"Restore Project"功能。

（3）这将会把 RSView™ 的工程文件解压缩到 D 盘。

（4）选择 C 盘作为安装目的盘。

2）安装 LOGGER PERFORMANCE MAP 程序

执行如下步骤来安装 LOGGER PE RFORMANCE MAP 程序。

（1）在 C 盘上创建子目录：C：\ SOLAR。

（2）将 D：\ SOLAR 子目录下的文件传送到 C：\ SOLAR。

（三）显示画面的功能说明

显示画面显示从可编程控制器（PLC）采集来的实时数据以及推导计算的数值。显示画面按照分类来安排显示数据。

显示画面分为三个单独的区域，即主显示画面、导航标签条和切换区域。位于每一个显示画面内是离散灯光和热键。如图 5-3 所示为包含上述三个独立显示画面区域的示例显示画面，离散灯光以及热键也列在上面。

1. 主显示画面（MAIN DISPLAY SCREEN）

显示画面的上部区域就是主显示画面。主显示画面用于观察从机组控制台（Unit Control Console，UCC）来的整个机组状况。

2. 导航标签条（NAVIGATION TAB BAR）

导航标签条是一个窄的水平条，它位于主显示画面的底部。导航标签条用于切换进入

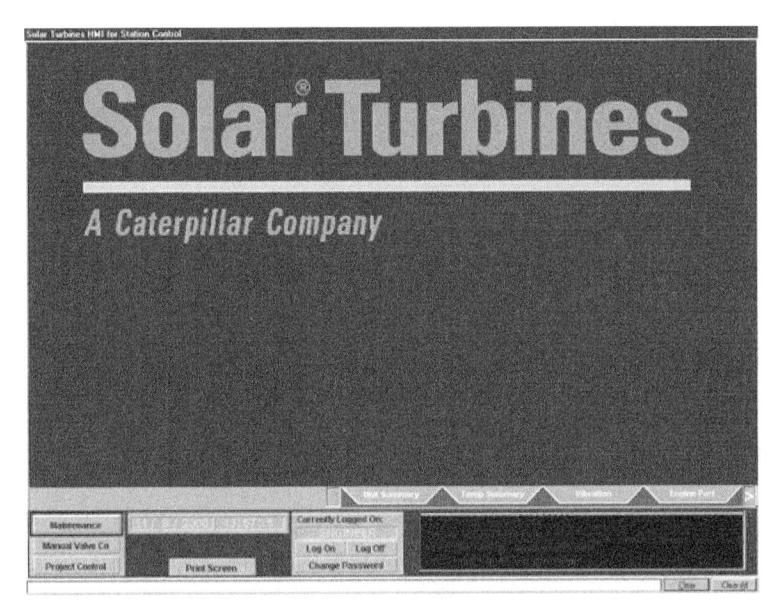

图 5-3　显示画面示意图

其他的显示画面。

3. 切换区域画面(CHANGE ZONE SCREEN)

切换区域画面位于导航标签条的下面。所有的操作命令都自这一个区域发出。额外的命令和使用画面也自这一个区域发出，但是它受到口令保护。

4. 离散灯光(DISCRETE LAMPS)

离散灯光表示泵、阀以及其他操作模式的 ON/OFF 状态。

(1) 当它们处于"OFF"或者停止状态时，显示为灰色背景配以深灰色文字。

(2) 当它们处于"ON"或者运行状态时，显示为灰色背景配以黄色文字。

(3) "ON"或者运行状态表示看上去照亮，与报警器面板上的灯光类似。

5. 热键(HOT BUTTONS)

任何一个操作员可选择的按钮或者区域，在操作员将光标移动到适当的区域时，都由一个高亮度的方框表示。当已经定位到高亮度区域时，按下 Enter 键，将激活该按钮所指示的动作。

(四) 显示画面(Display Screens)

这一部分显示画面以及向操作员展示的画面，如图 5-3 所示。

1. 显示画面概要

(1) 切换区域(Change Zone)：切换区域位于某一个显示画面的底部。切换区域是一个受口令保护的应用画面，它允许进入额外的应用画面和操作命令。详见下面 2. 内容。

(2) 首次通电(Initial Power Up)：首次通电显示画面将是 RSView™ 显示软件初始化后

的第一个画面。详见下面 3.。

（3）机组总汇（Unit Summary）：涡轮压缩机机组数据的总体显示。专门的显示画面信息参见下面 4. 内容。

（4）温度总汇（Temperature Summary）：涡轮压缩机机组的温度数据显示。专门的显示画面信息参见下面 5. 内容。

（5）振动（Vibration）：涡轮压缩机机组的振动数据显示。专门的显示画面信息参见下面 6. 内容。

（6）发动机性能（Engine Performance）：涡轮发动机性能数据显示。专门的显示画面信息参见下面 7. 内容。

（7）压缩机性能（Compressor Performance）：压缩机性能数据显示。专门的显示画面信息参见下面 8. 内容。

（8）喘振控制（Surge Control）：涡轮压缩机组的喘振控制裕度显示。专门的显示画面信息参见下面 9. 内容。

（9）场阀（Yard Valves）：涡轮压缩机组场阀的总体显示。从该显示画面可以打开和关闭场阀。专门的显示画面信息参见下面 10. 内容。

（10）报警总汇（Alarm Summary）：机组报警的汇总显示。专门的显示画面信息参见下面 11. 内容。

（11）事件（Events）：机组模拟变量事件的历史记录显示。专门的显示画面信息参见下面 12. 内容。

（12）首次出现（First Out）：显示机组 PLC 记录的报警顺序。专门的显示画面信息参见下面 13. 内容。

（13）控制常数——K 值（Kval）：显示涡轮压缩机机组的设计（或控制）常数（Kvals）。专门的显示画面信息参见下面 14. 内容。

2. 切换区域画面（Change Zone Screen）

切换区域画面位于每一幅显示画面的底部，如图 5-4 所示。从左至右，切换区域包括如下标签按钮：

（1）Maintenance（维护），Manual Valve Co（阀门手动控制），Project Control（工程控制）。它们都可用来进入其他的应用画面。

（2）日期与时间显示区域显示当前的日期和时间。

（3）Print Screen（打印画面）按钮用于打印当前显示的画面。

（4）Log On Form（注册窗体），操作员必须应用它来注册进入系统以便于从切换区域内进入其他显示画面。

（5）在更右边一点是显示所有起作用报警的简要说明的窗口。Brief Alarm Summary（简要报警总汇）如图 5-5 所示，显示在此窗口内的未确认的报警将显示红色按钮。按下它将直接打开报警总汇显示画面，而不用标签条。

图 5-4　切换区域画面

图 5-5　简要报警总汇

下面所示的应用画面可通过切换区域画面进入：

（1）Maintenance（维护）：口令保护，允许进入多种模拟量显示和控制。

（2）Manual Valve Control（阀门手动控制）：口令保护，允许进入多种模拟量显示和控制。

（3）Project Control（过程控制）：口令保护，允许进入系统级别的控制功能。

为了进入 Maintenance，Manual Valve Control，或 Project Control 画面，操作员必须首先以"Engineer（工程师）"的特权注册进入系统，如图 5-6 所示。

为了注册进入系统，操作员必须按下位于如图 5-6 所示的 Log On Form（注册窗体）的"Log On（申请注册）"按钮。如图 5-7 所示的 Log In Form（注册进入窗体）将显示出来。操作员必须键入合适的注册姓名（缺省为"ENGINEER"）和口令（缺省为"SOLAR"）到 Log On Form（注册窗体）。如果操作员成功注册进入系统，将在 Log On Form（注册表格）中出现"ENGINEER"字样。在 Log On Form（注册窗体）中还有"Log Off（退出注册）"按钮和用来改变用户口令的"Change Password（改变口令）"按钮。

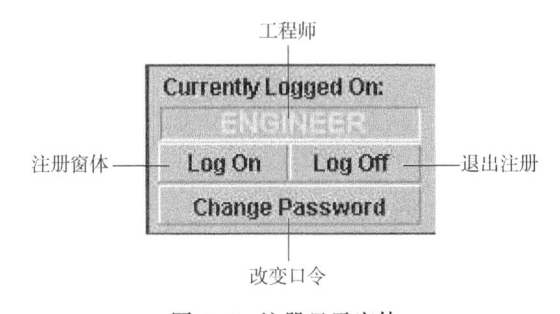

图 5-6　注册显示窗体　　　　　图 5-7　注册进入窗体

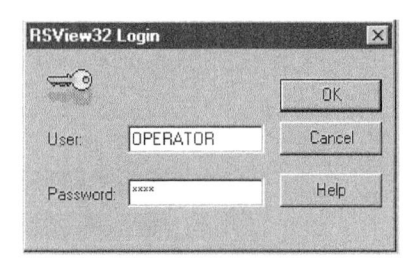

1）维护画面（Maintenance Screen）

维护画面如图 5-8 所示，它是通过移动光标到如图 5-4 所示的"Change Zone（切换区域）"的"Maintenance（维护）"按钮，然后按下"Enter"键进入。

在进入维护画面以前，操作员必须应用如图 5-4 所示的"Change Zone（切换区域）"画

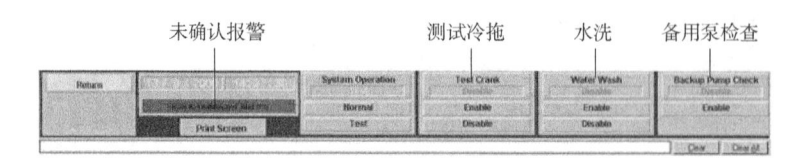

图 5-8 维护画面

面的"Log In Form(注册窗体)"来注册进入系统。

维护画面允许操作员进入多种模拟量显示和控制。

"Return(返回、回车)"按钮位于维护画面的左边，选择它后将使显示画面返回"Change Zone(切换区域)"画面。

红色的"Unacknowledged Alarms(未确认报警)"按钮，位于日期与时间显示的下面，表示机组存在有未经确认的报警。选择该红色按钮，将进入"Alarm Summary(报警总汇)"显示画面。

"Print Screen(打印画面)"按钮位于红色的"Unacknowledged Alarms(未确认报警)"按钮的下面，将打印当前显示画面。

维护画面同样给操作员提供控制功能，它包括：

(1) 能够使系统运行置于"Test(测试)"和"Normal(正常运行)"两种运行模式。

(2) 允许/禁止发动机进入"Test Crank(测试冷拖)"。

(3) 允许/禁止发动机进入"Water Wash(水洗)"。

(4) 允许/禁止机组进入"Backup Pump Check(备用泵检查)"。

需要说明的是，"Brief Alarm Summary(简要报警总汇)"不在这个显示画面上，但是如果存在任何一条未经确认的报警，则"Unacknowledged Alarm(未确认报警)"将出现。黄色的"Return(返回)"按钮将使显示画面返回"Change Zone(切换区域)"画面。

2) 阀门手动控制画面(Manual Valve Control Screen)

选择位于"Change Zone"画面的标签为"Manual Valve Co(阀门手动控制)"按钮，将进入如图 5-9 所示的"Manual Valve Control(阀门手动控制)"画面。

图 5-9 阀门手动控制画面

在进入阀门手动控制画面以前，操作员必须应用如图 5-4 所示的"Change Zone(切换区域)"画面的"Log In Form(注册窗体)"来注册进入系统。

阀门手动控制画面允许操作员。

使"Seal System(密封系统)"置于"auto/manual(自动/手动)"控制。

使"Valve Sequence control(阀门顺序控制)"选择处于"auto/manual(自动/手动)"。

打开/关闭场阀。

打开/关闭气体(燃气)冷却旁通阀。

能够使"Surge Mode(喘振模式)"置于"auto/manual(自动/手动)"模式。

允许/禁止机组进入"Backup Pump Check(备用泵检查)"。

在输入改变 Seal System 模式、改变 Valve Sequence 模式或者开/关一个场阀命令之前，机组必须停机。当按下"OPEN(打开)"或者"CLOSED(关闭)"按钮时，它将高亮度显示 1s 以提示该命令已经发出(issued)，这并不意味着该阀门将按照命令动作。

状态窗口将以黄色闪烁来表示动作正在进行。

改变为绿色表示阀门已经打开。

改变为红色表示阀门已经关闭。

红色/黄色闪烁则表示在阀门的硬件上存在故障。

需要说明的是，为了防止运行在某些运行条件下，逻辑控制中存在一些安全限制。例如，如果阀门间的压差高时，抽气阀(suction valve)不能执行打开命令。首先通过打开"loading valve(加载阀门)"，并且关闭"vent(通风孔)"将阀门的高压差减少，然后才能允许打开抽气阀。当压差已经降低到预先设定的限制内时，逻辑控制中的安全限制允许抽气阀打开。

3) 工程控制画面(Project Control Screen)

选择位于"Change Zone"画面的标签为"Project Control(工程控制)"按钮，将进入如图 5-10 所示的"Project Control(工程控制)"画面。

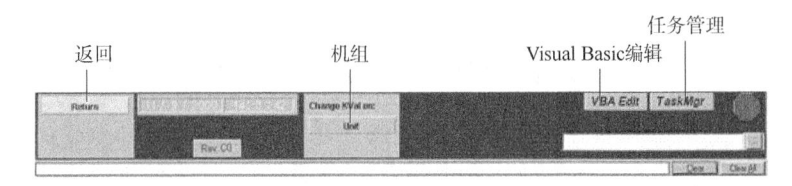

图 5-10 工程控制画面

在进入阀门手动控制画面以前，操作员必须应用如图 5-4 所示的"Change Zone(切换区域)"画面的"Log In Form(注册窗体)"注册进入系统。

工程控制画面允许进入系统级别的控制功能。显示在工程控制画面上的控制功能包括如下内容：

"Return(返回)"按钮——选择该按钮将使显示画面返回"Change Zone"画面。

"Unit(机组)"按钮——选择该按钮将打开如图 5-10 所示的"Change KVal Form(改变控制常数 K 值窗体)"，并且允许操作员改变机组的控制常数。

"VBA Edit(Visual Basic 编辑)"按钮——选择该按钮将打开 Visual Basic 编程环境。

"TaskMgr(任务管理)"按钮——选择该按钮将进入 Windows NT™ 缺省的任务管理器

(Task Manager)。

"Red Octagon(红色八边形)"按钮——选择位于显示画面右边的该按钮将终止 RSView™ 显示应用程序,并且返回 Windows® NT 操作系统。

RSView™ 命令线——RSView™ 命令线位于"Red Octagon"按钮下面,它允许用户向 RS-View™ 运行系统输入命令。命令线窗口右侧的按钮用于浏览命令列表。

4) 改变控制常数(Changing KVals)

为了改变一个控制常数,从如图 5-11 所示的"Project Control(工程控制)"画面,按下位于"Change KVal On(改变控制常数进入)"方块的"UNIT(机组)"按钮,将进入如图 5-11 所示的"Change KVal Form(改变控制常数窗体)"。

通过"Change KVal Form(改变控制常数窗体)"可以改变控制常数值。所输入的控制常数值必须在控制常数显示画面的范围内,否则该数值将不被承认。

图 5-11 修改控制常数窗体

需要说明的是:所显示的控制常数的范围适用于所有可能的运行条件。正是因为数值在所显示的范围内,没有必要确认对一个运行环境它是安全数值。换句话说,仅仅因为它可以(CAN BE)改变到一个特殊的值,并不意味着它应该(SHOULD BE)改变。如果任何数值改变得不合适将导致设备毁坏以及人员受伤。

3. 首次通电显示画面(Initial Power Up Screen)

如图 5-12 所示的显示画面是 RSView™ 显示软件开始时显示的第一幅画面。"Initial Power Up(首次通电)"显示画面是以"Solar Turbines(索拉涡轮机)"为背景的显示画面。

图 5-12 首次通电显示画面

4. 机组总汇显示画面(Unit Summary Display Screen)

将光标指向显示画面底部的导航标签条上的"Unit Summary(机组总汇)",然后按下 Enter 键,可以选择进入如图 5-13 所示的"UNIT SUMMARY(机组总汇)"显示画面。

机组总汇显示画面一般被操作员用来察看整个系统的情形,并且它一般也是正常系统运行期间显示在屏幕上的画面。所监视的条件在屏幕上以高亮度方式显示。数据也是以实时的方式显示,并且连续刷新。

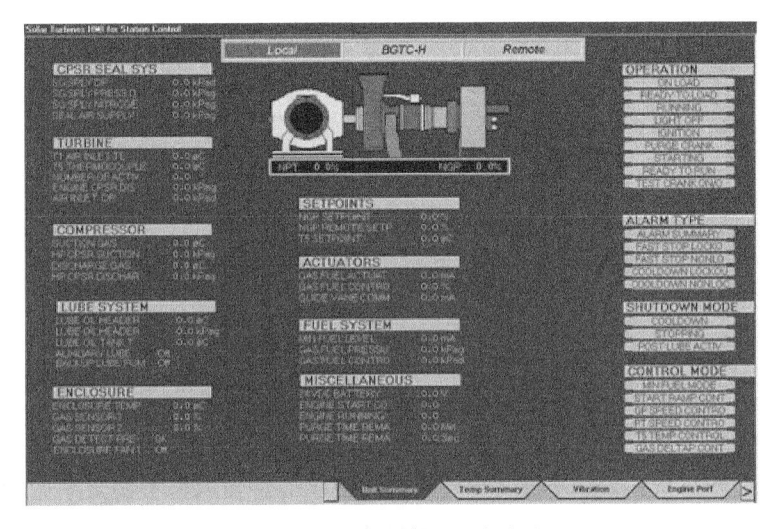

图 5-13 机组总汇显示画面

5. 温度总汇显示画面(Temperature Summary Display Screen)

将光标指向显示画面底部的导航标签条上的"Temp Summary(温度总汇)",然后按下 Enter 键,可以选择进入如图 5-14 所示的"TEMPERATURE SUMMARY(温度总汇)"显示画面。

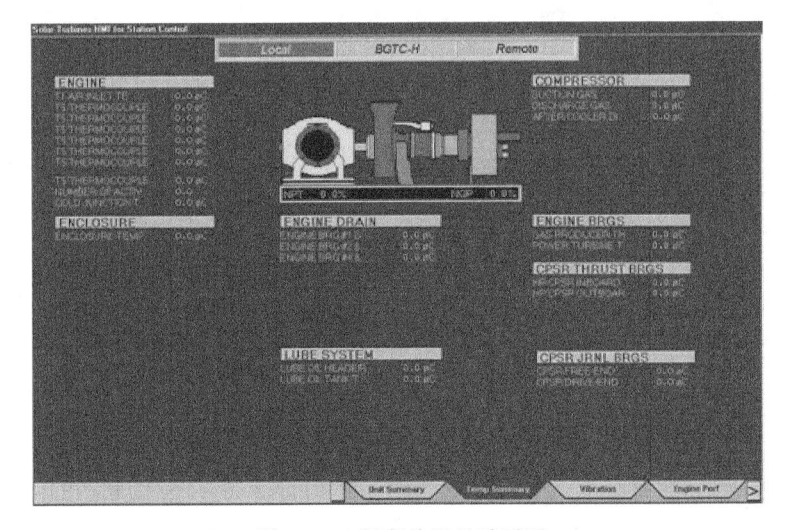

图 5-14 温度总汇显示画面

温度总汇显示画面表示出机组所有被监视的温度，并且显示实际的温度值。温度值包括如下：

(1) 发动机空气进口温度(T1)；

(2) 发动机热电偶温度(T5)；

(3) 润滑油系统温度；

(4) 轴承温度；

(5) 压缩机温度。

在该显示画面上还显示有：

(1) 燃气产量(NGP)；

(2) 动力透平(NPT)速度值，以最大速度的百分比表示；

(3) PLC控制方块；

(4) 燃料气温度。

6. 振动显示画面(Vibration Display Screen)

将光标指向显示画面底部的导航标签条上的"Vibration(振动)"，然后按下Enter键，可以选择进入如图5-15所示的"VIBRATION(振动)"显示画面。

振动显示画面表示出所有涡轮机和压缩机振动的总汇。该显示画面没有控制功能，每一个棒图上的黄色线表示报警限制，红色线表示关机线；当达到报警水平后，振动棒图将以黄色/红色闪烁，即使振动值已经降低到报警水平以下后也一直闪烁。机组的报警在"Unit Control Console(UCC，机组控制台)"复位。

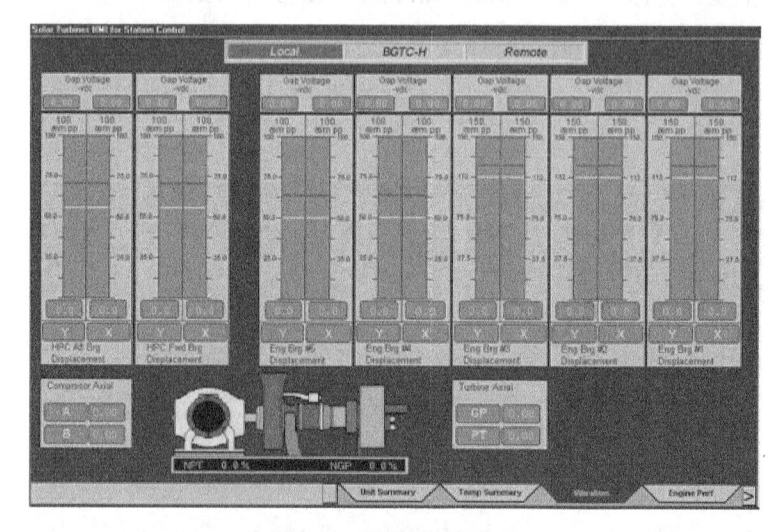

图5-15 振动显示画面

7. 发动机性能显示画面(Engine Performance Display Screen)

将光标指向显示画面底部的导航标签条上的"Engine Perf(发动机性能)"，然后按下Enter键，可以选择进入如图5-16所示的"ENGINE PERFORMANCE(发动机性能)"显示画面。

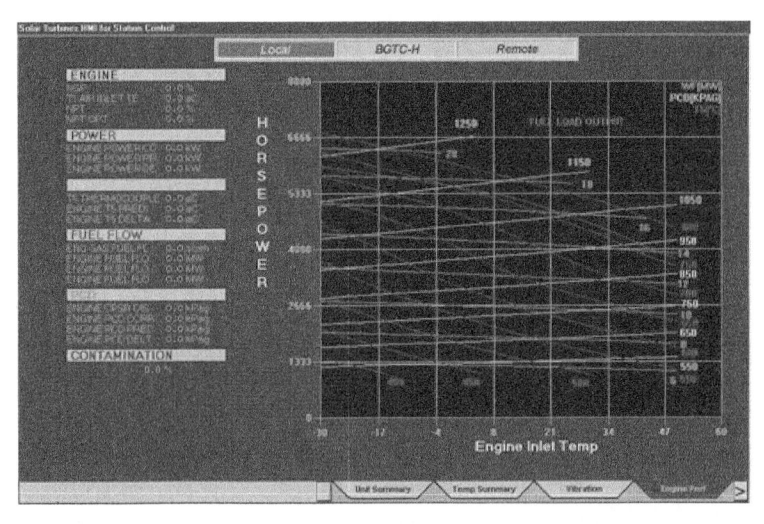

图 5-16　发动机性能显示画面

发动机性能显示画面显示发动机的性能曲线，它描述了相对额定发动机数据的换算条件下的理论值，并与现有运行条件下的当前实际值相比较。燃料流量和功率的计算是单独计算的，并且由于换算条件不同，在其他显示画面采用不同的方式显示。由于换算条件不同而导致的发动机性能显示画面和其他显示画面之间的数据差别可以预计。理论值与实际值之间的趋势显示最重要。

8. 压缩机性能显示画面（Compressor Performance Display Screen）

将光标指向显示画面底部的导航标签条上的"Cpsr Perf（压缩机性能）"，然后按下 Enter 键，可以选择进入如图 5-17 所示的"COMPRESSOR PERFORMANCE（压缩机性能）"显示画面。

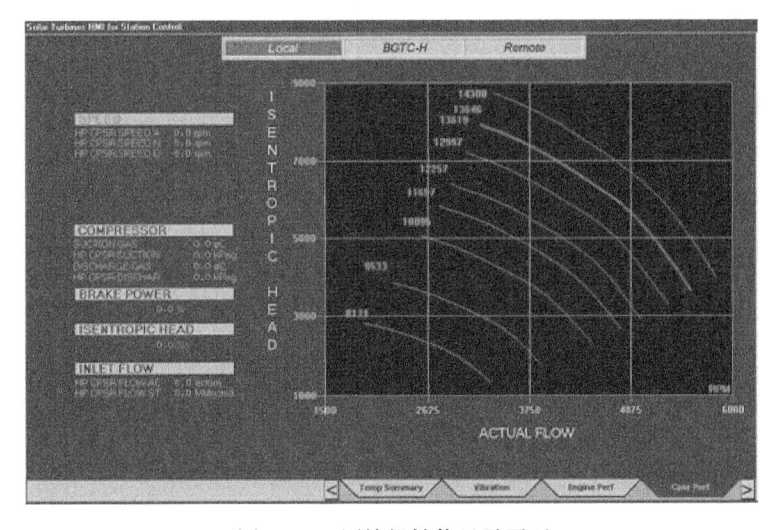

图 5-17　压缩机性能显示画面

压缩机性能显示画面显示压缩机的性能曲线,它描述了基于实际压头(actual head)和体积流量(volumetric flow)的理论值,并与现有运行条件下的当前实际值相比较。理论值与实际值之间的趋势显示最重要。

在该显示画面中还显示有燃气产量(gas producer-NGP)和动力透平(NPT)速度,它以最大速度的百分比和rpm(r/min)表示。

9. 喘振控制显示画面(Surge Control Display Screen)

将光标指向显示画面底部的导航标签条上的"Surge Control(喘振控制)",然后按下Enter键,可以选择进入如图5-18所示的"SURGE CONTROL(喘振控制)"显示画面。

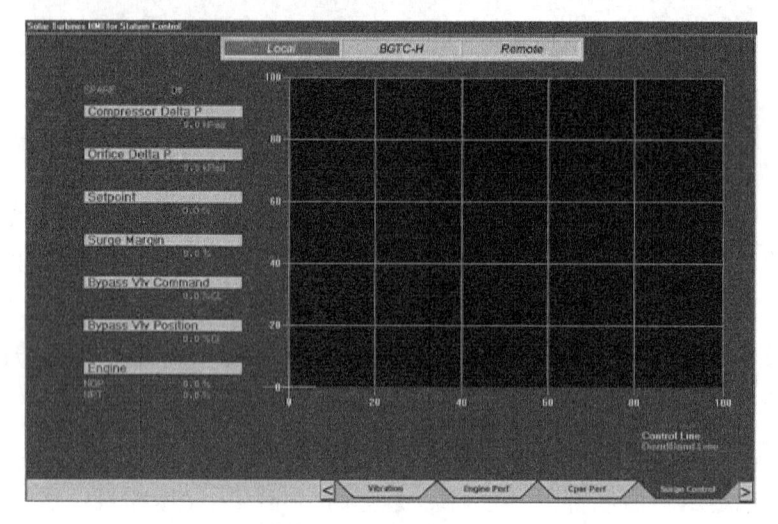

图 5-18 喘振控制画面

喘振控制显示画面显示了喘振回避系数(surge avoidance)和压缩机性能数据:

(1) 设定点(setpoint);
(2) 过程可变数值(process variable value);
(3) 喘振裕度(surge margin);
(4) 再循环阀门命令与位置(recycle valve command and position);
(5) 抽气和排气压力(suction and discharge pressure);
(6) 温度(temperatures);
(7) 流量计压差(flow meter differential pressure);
(8) NGP、NPT。

该显示画面还有一个曲线图,上面有三条曲线和一个运行点。三条曲线为:

(1) 红色的计算喘振线(calculated surge);
(2) 黄色的喘振控制线(surge control);
(3) 绿色的死区线(deadband)。

喘振线由PLC使用压缩机性能数据计算出来,白色的十字表示运行点,闪动的白色十字表示没有采集到任何数据。

在加载速度以下时,再循环阀门是打开的,则喘振回避系统是不起作用的。一旦达到加载速度,喘振控制系统就开始起作用。

当运行点位于绿色死区线的右边,再循环阀门关闭。

对于层叠或者多重的再循环阀门,只有最外面的阀门有死区。

只有当运行点位于绿色死区线的右边,才允许对再循环阀门进行手动关闭。

当运行点移动到绿色死区和黄色控制线之间的区域时,再循环阀门不能手动关闭,但是能够打开。

当运行点移动越过黄色控制线时,再循环阀门快速打开。

当喘振裕度回复,并且运行点移动到绿色线的右边时,再循环阀门缓慢关闭。

在"MANUAL(手动)"模式下,再循环控制阀门的打开和关闭可以由操作员控制,这或者通过涡轮机控制面板来实现,或者通过"MANUAL VALVE CONTROL(阀门手动控制)"显示画面来实现。

如果压缩机的运行点越过死区并靠近喘振控制线,则再循环控制阀门自动回复到"AUTO(自动)"控制方式。然而,阀门的手动打开也是允许的。

10. 场阀显示画面(Yard Valves Display Screen)

将光标指向显示画面底部的导航标签条上的"Yard Valves(场阀)",然后按下 Enter 键,可以选择进入如图 5-19 所示的"YARD VALVES(场阀)"显示画面。

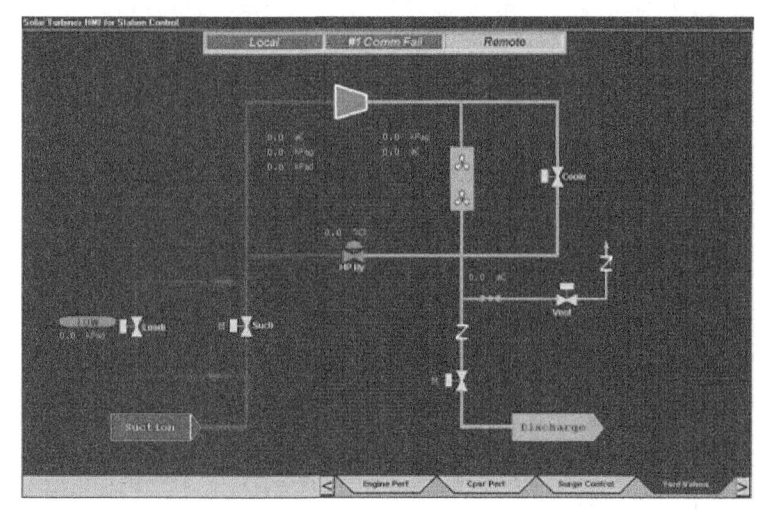

图 5-19 场阀显示画面

场阀显示画面显示压缩机的阀门并且允许操作员监视阀门位置。

该显示画面同样显示了燃气产量(NGP)和以最大速度的百分比表示的动力透平速度(NPT)。

"AUTO(自动)"模式仅仅用于显示,并且允许操作员来监视阀门的位置。

"MANUAL(手动)"模式将阀门的控制传送给操作员。手动打开或者关闭场阀的操作参见"CHANGE ZONE(切换区域)"画面的"MANUAL VALVE CONTROL(阀门手动控制)"。

(1) 采用黄色闪烁来表示阀门正在移动。

(2) 变为绿色表示阀门已经打开。

(3) 变为红色表示阀门已经关闭。

(4) 从红色到黄色闪烁则表明阀门的硬件存在故障。

11. 报警总汇显示画面(Alarm Summary Display Screen)

将光标指向显示画面底部的导航标签条上的"Alarm Summary(报警总汇)",然后按下 Enter 键,可以选择进入如图 5-20 所示的"ALARM SUMMARY(报警总汇)"显示画面。

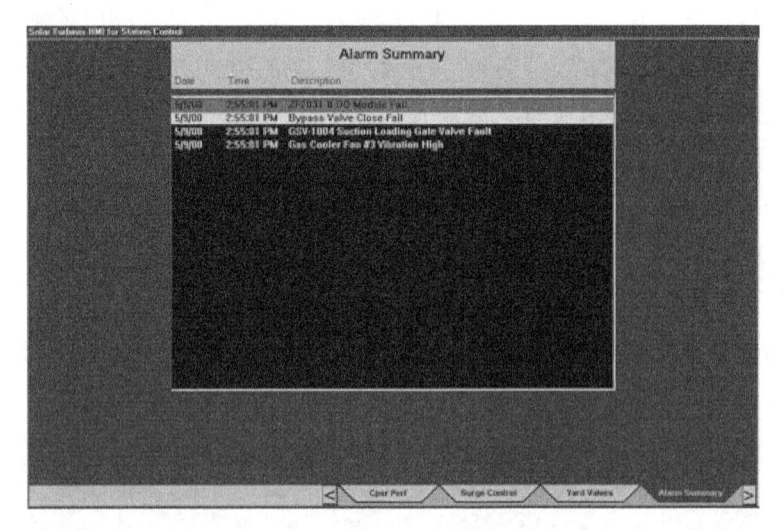

图 5-20 报警汇总显示画面

已经确认和未经确认的报警和关机将显示在报警总汇显示画面上。未经确认的报警按照它们产生的顺序一秒一秒地排列。探测到的任何故障将显示出相应的提示信息,直到涡轮机控制面板上的"ACKNOWLEDGE(确认)"开关按下为止。当故障被确认后,它们也将继续在显示画面上以高亮度显示,直到从系统中清除并且按下"RESET"开关为止。

显示画面分为三列,最左边的是报警日期,接下来是报警时间,第三列为报警说明。

如果产生的报警超出一页,通过按下数字/控制键盘上的"PAGE UP/PAGE DOWN(前一页/后一页)"键可以查看其他的报警,或者利用轨迹球来移动滚动条来实现翻页,此时滚动条将出现在报警总汇显示画面的右侧。

需要说明的是,显示计算机重新通电后,重新启动前出现的显示在报警总汇显示画面上的所有报警都将以未确认的方式显示,同样,显示画面上显示的所有报警的报警时间也将全部变为计算机重新启动时的时间,而不是该报警时间检测到的时间。在确认以及复位操作进行之前,这种情形始终存在。

非关键的报警以黄色显示,关键性报警(如停机)则以红色显示。

未确认的非关键报警以黄色背景配以黑色字符显示,确认过的非关键报警则以黑色背景配以黄色字符显示。

未确认的关键报警(如停机)以红色背景配以黑色字符显示,确认过的关键报警(如停机)则以黑色背景配以红色字符显示。

12. 事件显示画面(Events Display Screen)

将光标指向显示画面底部的导航标签条上的"Events(事件)",然后按下 Enter 键,可以选择进入如图 5-21 所示的"EVENTS(事件)"显示画面。

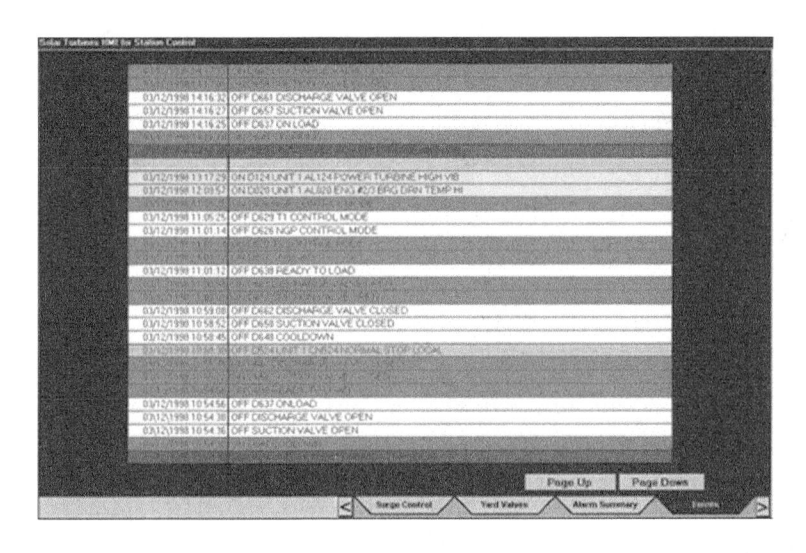

图 5-21 事件显示画面

事件显示画面列出了所有的离散状态和报警告示。

当显示画面第一次打开时,最上面的一行将是最近的事件,其后是其他 29 个事件。

选择"PAGE DOWN(下一页)"按钮将显示另外 30 个最近出现的事件,并且以逆时间序列。继续向下翻页将按时间逆序发察看最多达 60000 个事件。

(1) 选择"PAGE UP(上一页)"将按时间向前察看事件;

(2) 选择标签为"DISCRETE EVENTS(离散事件)"的按钮将使画面返回最近的事件。

颜色配置方式为:停机用红色;报警用黄色。起作用的状态告示用绿色,而不起作用的状态告示用灰色或者白色背景。

13. 首次出现显示画面(First Out Display Screen)

将光标指向显示画面底部的导航标签条上的"First Out(首次出现)",然后按下 Enter 键,可以选择进入如图 5-22 所示的"FIRST OUT(首次出现)"显示画面。

首次出现显示画面以被 PLC 检测到的顺序显示报警。当产生新报警时,察看它们的一个地方是"ALARM SUMMARY(报警总汇)"显示画面,在此画面报警以被显示画面接收到的顺序排列,并且包括报警被显示告示的日期与时间标志。

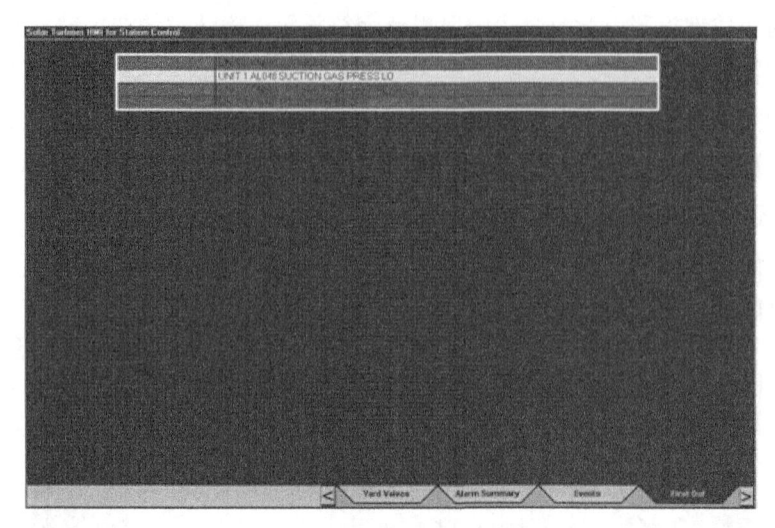

图 5-22 首次出现显示画面

由于通信刷新时间为 2~5s，所以几个报警可能具有同样的时间/日期标志，此时则按照报警号的顺序显示，没有必要按照它们实际产生的顺序显示。

当报警具有相同的时间/日期标志时，操作员应该查阅首次出现显示画面，该画面中显示的报警是以被 PLC 检测的顺序显示的。

14. 设计/控制常数显示画面（KVal Display Screen）

将光标指向显示画面底部的导航标签条上的"KVal（设计常数）"，然后按下 Enter 键，可以选择进入如图 5-23 所示的"KVal（设计常数）"显示画面。

图 5-23 控制常数（K 值）显示画面

控制常数显示画面允许操作员察看涡轮机压缩机组的设计常数（KVals）。在如图 5-10 所示的"PROJECT CONTROL（工程控制）"显示画面上，在"Change KVal On（改变设计常数相关)"方块内有一个标签为"UNIT(机组)"的按钮,当选择它时,将进入如图5-11所示的"Change KVal Form(改变设计常数窗体)",它允许操作员将该设计常数变为所显示的范围之内的某一数值。

"Change KVal Form(改变设计常数窗体)"的详细描述参见"CHANGE ZONE(切换区域)"画面中的"Changing KVals(改变设计常数)"内容。

需要说明的是:所显示的控制常数的范围适用于所有可能的运行条件。正是因为数值在所显示的范围内,没有必要确认对一个运行环境它是安全数值。换句话说,仅仅因为它可以(CAN BE)改变到一个特殊的值,并不意味着它应该(SHOULD BE)改变。如果任何数值改变得不合适将导致设备毁坏以及人员受伤。

第二节　压缩机组运行及工况调整

一、压缩机组运行

压缩机运行参数如表5-4所示。

表5-4　离心式压缩机运行参数

操作参数	正常值	操作参数	正常值
油槽油位	油镜中线	冷凝压力,MPa	小于0.07
油槽油温,℃	55~65	冷却水出水温度,℃	7
轴承供油温度,℃	35~50	冷却水进水温度,℃	32
轴承温度,℃	45~70	冷凝压差,MPa	0.013~0.027
轴承震动,mm	0.03	电动机电流	根据机组
轴承供油压力,MPa	0.1~0.2	导叶开度,%	100
电动机端盖振动,mm	0.03	制冷剂液位,mm	±10

压缩机运行时应注意:

(1) 油温43℃以上。轴承温度不高于83℃。

(2) 运行电流应小于或等于额定电流值。

(3) 蒸发温度一般0~10℃之间,大多控制在0~5℃之间。

(4) 冷凝器出水温度应在18℃以上,与冷冻出水温差应大于20℃。

(5) 冷凝温度一般控制在40℃,冷凝器进水温度要求32℃以下。

(6) 蒸发温度比冷冻出水低2~4℃,冷冻出水一般为5~7℃。

(7) 压缩机排气温度一般不超过60~70℃。

(8) 机组运行声音均匀平稳,听不到喘振现象或其他异常声响。

二、压缩机组工况调整

压缩机在运行时，系统的压力、流量是不断变化的，这就要求压缩机的流量、压力也要随着变化，即要不断改变压缩机的运行工况。改变压缩机工况的方法就是调节。由于压缩机运行工况点是由压缩机本身性能曲线和管网性能曲线共同决定的，所以改变运行工况既可以采用改变压缩机性能曲线的方法，也可以采用改变管网性能曲线的方法来实现。

压缩机与管网联合工作时，尽管希望运行在最高效率工况点附近，但在实际运行中，为满足用户对输送气体的流量或压力增减的需要，就必须设法改变压缩机的运行工况点。压缩机的调节方法一般有以下几种。

（一）压缩机出口节流调节

调节压缩机出口管道中的节流阀门开度，是一种最简便的调节方法，如图5-24所示。

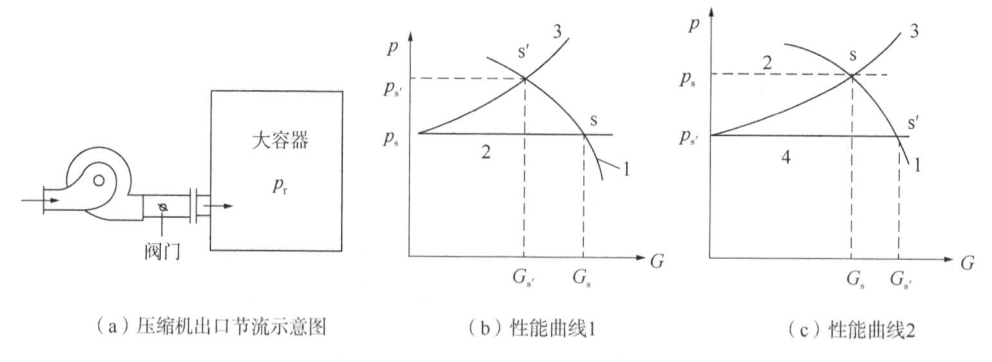

（a）压缩机出口节流示意图　　（b）性能曲线1　　（c）性能曲线2

图5-24　压缩机出口节流调节

如在设计工况下出口阀门全开（这样阻力最小，效率最高），且连接管道很短，则管网曲线为水平线2，见图5-24(b)，这时交点为s。假使用户要求减小流量到$G_{s'}$，而容器中的压力不变仍为p_r，则只要关小阀门，使管网曲线变为3，这时交点为s'，其流量减小到$G_{s'}$。虽然压缩机出口压力增大到$p_{s'}$，而容器中的压力仍保持为p_r，其压差完全消耗在阀门关小而引起的附加损失上了。

又如在图5-24(c)中，假定阀门全开时压缩机曲线1和管网水平线2交于s点，如用户要求压力减小到$p_{s'}$而流量不变仍为G_s，若仅改变容器中的压力由p_r降为$p_{s'}$，则交点在s'，流量$G_{s'}>G_s$，这是不符合用户要求的。为此应关小阀门使管网曲线变为3，虽交点仍为s，但容器中的压力下降为$p_{s'}$，其压差$\Delta p = p_r - p_{s'} = AG_s^2$完全消耗于阀门关小的附加阻力损失之上，此时流量未变仍为G_s，所以符合用户要求。

以上这种压缩机出口节流调节方法，其特点是压缩机的性能曲线未变动，仅管网曲线在变动。阀门关小使管网阻力加大，整个系统的效率有所下降，且压缩机性能曲线越陡，效率下降越多。但这种方法简单易行。

（二）压缩机进口节流调节

调节压缩机进口管道中的节流阀门开度是又一种简便且可节省功率的调节方法，如图5-25所示。改变进气管中的阀门开度，可改变压缩机性能曲线的位置，从而达到改变输送气体的流量或压力的调节目的。

（a）压缩机进口节流调节

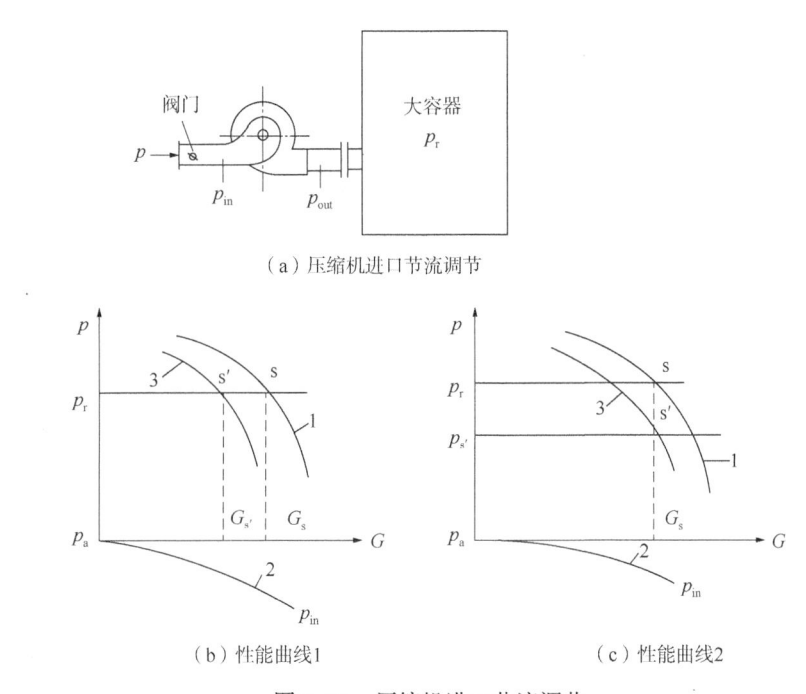

（b）性能曲线1

（c）性能曲线2

图5-25　压缩机进口节流调节

若设计工况下阀门全开，这时工作点为s，如图5-25（b）所示。

假使用户要求容器中的压力p_s不变，流量减小到$G_{s'}$，则可减小进口阀门开度，使压缩机进口压力由p_a下降至p_{in}，如图5-25（b）中的线2所示。这时压缩机的性能曲线由1移到3，于是系统的工作点移到s'，此时流量减小为$G_{s'}$，压力$p_{s'}=p_s$未变，达到用户要求。

假使用户要求容器中的压力下降为如图5-25（c）中的$p_{s'}$，而流量不变，这时仍可用减小进气阀门开度的办法达到用户的要求。

由于进气节流可使压缩机进口的压力减小，相应地进口密度减小，在输送相同质量流量的气体时，因密度ρ_{in}小、流量Q_{in}大而使扬程H_{th}、轮阻损失系数β_{df}、漏气损失系数β_l都有所减小，其结果使功率有所减小，从而达到节省功率的效果。

压缩机的性能曲线越陡，节省的功率越多。例如某一压缩机采用进口节流流量减少到60%~80%时，可节省功率为4%~5%。

进气节流的另一优点是使压缩机的性能曲线（包括喘振点）向小流量方向移动，使压缩机能在更小的流量下稳定工作。

缺点是节流总要带来一定的压力损失，为使压缩机进口流场均匀，要求阀门与压缩机进口之间设有足够长的平直管道。进口节流是一种广泛采用的调节方法。

（三）采用可转动的进口导叶调节（进气预旋调节）

在叶轮之前设置进口导叶并用专门的机构使各个叶片绕自身的轴转动从而改变导向叶片的角度，如图5-26所示。

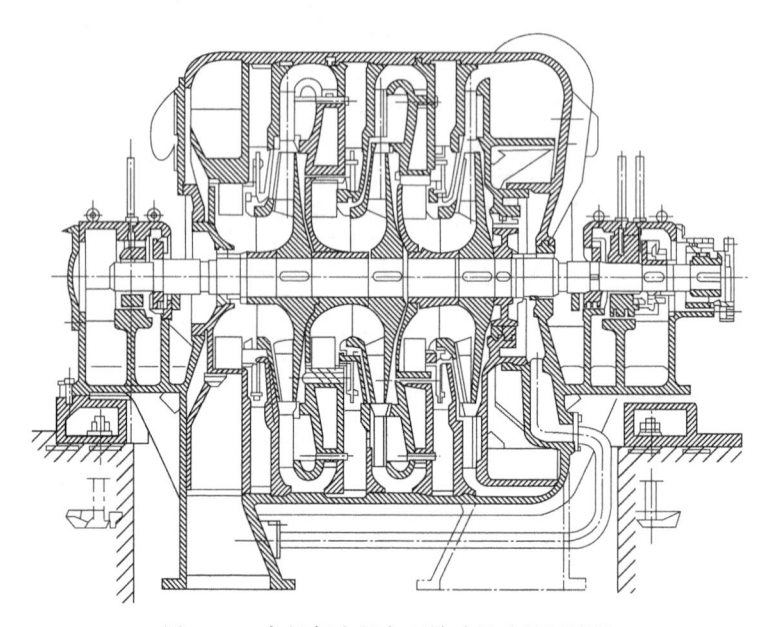

图5-26 各级都有径向可转动导叶的压缩机

当使叶片旋转改变其安装角时，可使叶轮进口气流产生预旋 $c_{1u}\neq 0$，若气流预旋与叶轮旋转方向一致，则 $c_{1u}>0$ 称为正预旋；反之，$c_{1u}<0$ 称为负预旋。c_{1u} 为叶轮进口处绝对速度的圆周分量。

图5-27是叶轮叶片进口处的气流速度三角形，是预旋角。由欧拉方程式可知：

$$H_{th}=u_2c_{2u}-u_1c_{1u}=\left[1-\frac{c_{2r}}{u_2}\cot\beta_2-\frac{c_{1u}}{u_2}\left(\frac{D_1}{D_2}\right)^2\right]u_2^2 \tag{5-1}$$

式中　H_{th}——扬程；

u_2——叶轮出口圆周速度；

c_{2u}——叶轮出口绝对速度的圆周分量；

u_1——叶轮进口圆周速度；

c_{1u}——叶轮进口绝对速度的圆周分量；

c_{2r}——叶轮出口绝对速度的径向分量；

β_2——叶轮叶片出口安装角；

D_1——叶轮入口直径；

D_2——叶轮出口直径。

即 H_{th} 随正预旋而减小，随负预旋而增大，且与叶轮直径比的平方 $\left(\dfrac{D_1}{D_2}\right)^2$ 有关。

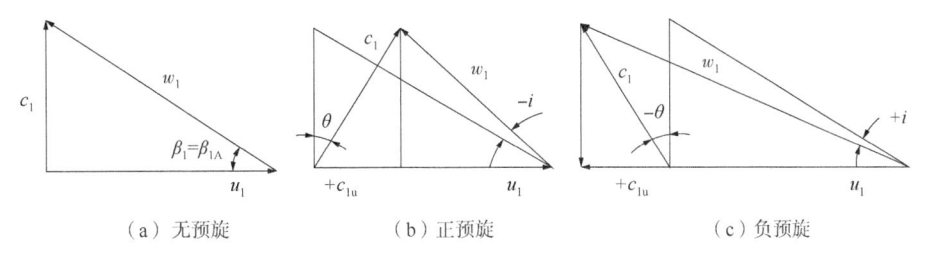

（a）无预旋　　　　（b）正预旋　　　　（c）负预旋

图 5-27　有预旋的叶轮进口速度三角形

图 5-28 为采用可转动的进口导叶对级性能影响的实验结果。图中的性能曲线以能量头系数 ψ 与流量系数 φ_0 表示，θ 为进口导叶的转动角度。当正预旋角增加时，$\psi=f(\varphi)$ 曲线向左下方移动；当负预旋角增加时，曲线向右上方移动，但其效率曲线变化都不大。

采用这种方法调节时，应尽量使进气角与叶片进口角保持一致，以免产生冲击分离损失。

总的说来，进气预旋调节比进口、出口节流调节的经济性好。但可转动导叶的机构比较复杂，故实际采用的不多。

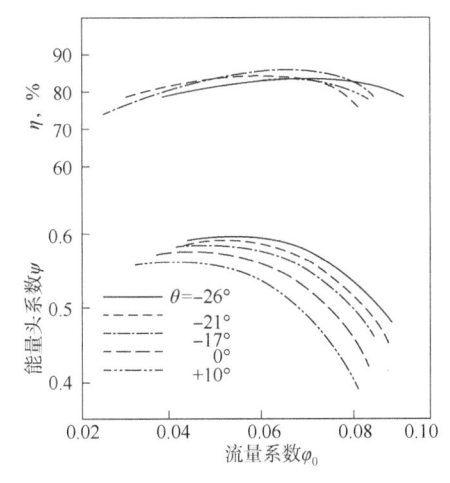

图 5-28　预旋对级性能的影响

第三节　压缩机负载分配

当机组完成正常启动程序后，负载分配控制器将自动激活。如果机组负载分配控制器运行在手动模式或远程站控模式（manual mode or remotely by SCS），则可以通过控制盘手动设置机组转速；如果机组负载分配控制器运行在自动模式或远程模式（automatic mode or remote mode），负载分配系统将平均分配总的负荷到每一台机组并使总的循环流量最小。

一、负载分配控制器自动模式运行特点

（1）控制器的控制变量是压气站出口压力。

（2）每一台机器的控制器输出一个负载设定值，逻辑选取一个最小值作为控制值，对机组进行控制。

（3）控制值进入控制器对机组负载进行控制，首先调整机组转速，然后再低负载下调整防喘阀的开度来产生相同的出口压力。

（4）之后，机组逻辑对机组运行点与设定的机组运行曲线比较，通过速度—防喘阀开

度的不断修正，使机组运行点保持在机组 PCL（机组性能控制曲线）和 CLL（机组负载曲线）之间。

二、负载分配控制器手动模式运行特点

（1）当手动操作速度的设定值时，负载分配控制器只能控制防喘阀的开度，修正信号为 UP/DOWN 时关小/开大防喘阀开度。

（2）如果防喘阀处于手动模式，负载分配控制器只能控制压缩机的速度，当修正信号为 UP/DOWN 时升高/降低压缩机的转速。

（3）如果速度设定和防喘阀设定均为手动操作，负载分配控制器禁用。

（4）如果速度设定和防喘阀设定均为手动操作，压缩机重置逻辑禁用。

三、负载分配控制器运行方式选择

（1）双机运行压气站的压缩机组负载分配控制器运行方式首选自动模式。

（2）防喘阀开度/压缩机转速设定只能同时有一个设为手动模式。

（3）正常运行期间，禁止防喘阀开度/压缩机转速设定同时为手动（防喘线测试时使用该方法）。

第四节 机组振动监测及振动参数

一、振动监测系统构成及工作原理

以本特利 3500 为例，3500/42 趋近式/振动监测器为 4 通道监测器，它接收来自趋近式/振动传感器的输入，并根据该输入驱动报警。监测器经过框架组态软件编程可完成如下测量功能：径向振动、轴向位置、偏心、差胀、加速度和速度。监测器可接收多种传感器的输入，包括 Bently Nevada 的传感器。

带安全栅的 I/O 模块 3500/42 监测器的主要功能是：

（1）提供连续比较当前机器的振动与组态报警设置点，以驱动报警从而保护机器；

（2）为操作与维护人员提供基本的机器振动信息。

报警设置点是通过 3500 框架组态软件来组态的。每个活动比例值可进行报警设置点的组态，而对于危险设置点只能对有效比例的两个进行组态。

（一）三冗余（TMR）描述

当在三冗余组态中使用时，3500/42 监测器和趋近式/振动 TMR I/O 模块必须三个一组相邻安装。当用于该组态时，为确保精确运行和防止单点失效，采用两种表决方式。第一级表决产生于 TMR 继电器模块。采用这种表决时，三个监测器的所选报警输出按照三

选二方法进行比较。在驱动继电器之前,必须有两个监测器是一致的。

第二种类型的表决是"比较"表决。采用这种类型的表决,对组内每个监测器的比例值输出进行相互比较。如果某一监测器的输出与组内其他监测器的输出差别超出一个特定的值,该监测器将在"系统事件"列表中加入一个记录。在框架组态软件中,通过设置比较和百分比比较组态这种比较表决方式。比较(Comparison):在该 TMR 监测器组中给定一个比例值,它被用于在系统事件列表中加入一个记录之前,确定三个监测器值相互之间偏差的程度。百分比比较(%Comparison):在一个 TMR 组内,三个监测器的平均值与每个监测器单个值之间的允许最高差异百分比。在 TMR 应用中,可采用两种类型的输入组态:总线式和分散式。总线式组态采用来自单个非冗余传感器的信号,并把该信号通过单个 3500 总线外部端子块提供给 TMR 组内的所有模块。分散式组态要求在机器的每个测量位置采用三个冗余传感器。每个传感器的输入连接在单独的 3500 外部接线板。

(二) 可用数据

趋近式/振动监测器根据组态的通道类型返回特定的比例值。该监测器也返回监测器和通道的状态值,这对于各类通道是相同的。

1. 状态值

监测器所产生的状态。监测器状态 OK 说明监测器运行正常。在如下任何一种情况下,将返回非 OK 状态:模块硬件故障、节点电压故障、组态失效、传感器故障、插槽 ID 故障、键相器故障(如果键相器信号组态给每一对通道)、通道非 OK。如果监测器 OK 状态变为非 OK,则框架接口 I/O 模块上的系统 OK 继电器将被驱动至非 OK。

2. 比例值

比例值是用于监测机器的振动测量值。

(三) LED 描述

在趋近式/振动监测器前面板上的 LED 指示模块的运行状态。

二、压缩机振动监测及振动参数

压缩机的振动故障主要包括转子不平衡、喘振和联轴器故障。

(一) 转子不平衡

离心压缩机等转动设备的转子在运转时,由于转子部件质量偏心、制造误差、装配误差以及材质不均匀或转子部件出现缺损等造成振动故障,其转子的振动与转子的不平衡量、轴承油膜特性有关,因此转子的振幅与振动频率等因素的关系可以反映出转子的轴承以及基础等状态。

转子不平衡主要包括原始不平衡、渐发性不平衡和突发性不平衡。

原始不平衡是由于制造误差、配合误差及材质不均匀等原因造成的,在投用之初就会有较大的振动。

渐发性不平衡是由于转子上不均匀结垢、介质中粉尘的不均匀沉积。介质中颗粒对叶片及叶轮的不均匀磨损等原因引起的转子不平衡，表现为振动值随着运行时间的延长而逐渐增大。

突发性不平衡是由于转子部件脱落或叶轮流道异物附着卡塞造成，机组振值会突然增大后稳定在一定水平。

主要解决措施包括：

（1）转子进行全部清洗，磨损部位打磨光滑，放到机床上检查轴弯曲及跳动。

（2）随后进行动平衡试验。

（3）全部更换磨损坏的气封，平衡气封，检查间隙符合技术要求更换进口端支撑轴瓦。

（4）动静环重新研磨刻槽，辅助密封圈更新全部更换，经试验符合技术要求。

（二）喘振

压缩机流量过小，小于压缩机的最小流量（或者由于压缩机的背压高于其最高排压）导致机内出现严重的气体旋转分离；管网的压力高于压缩机所能提供的排压，造成气体倒流，并产生大幅度的气流脉动，引起压缩机的喘振。由于喘振的危害较大，操作人员应能及时判别，压缩机的喘振一般可以从以下几个方面判别：

（1）听测压缩机出口管路气流的噪声。当压缩机接近喘振工况时，排气管道中会发生周期性时高时低"呼哧呼哧"的噪声。当进入喘振工况时，噪声立即增大，甚至出现爆音。

（2）观测压缩机出口压力和进口流量变化，喘振时，会出现周期性的、大幅度的脉动，从而引起仪表指针大幅度地摆动。

（3）观测压缩机的机体和轴承的振动情况，喘振时，机体、轴承的振动振幅显著增大，机组发生强烈的振动。

正常生产中造成压缩机喘振主要是负荷突降所致，而负荷的升降是工艺所决定的。为了使压缩机不出现喘振，需要确保在任意转速下，通过压缩机的实际流量都不小于喘振极限所对应的流量，根据这一思路，设计很多种抗喘振控制方法，如固定极限流量法、可变极限流量法，示意图分别如图5-29、图5-30所示。

防喘振的措施主要包括：

（1）操作者应掌握、了解该机器的性能曲线，特别是防喘振曲线。

（2）降低运行转速，可以降低流量而不致发生喘振，但出口压力随之减小。

（3）在首级或各级设置导叶运动机构，用来调节减小气体进入时的正冲角。

（4）在压缩机出口设置旁通管道，采用旁路调节。

（5）在压缩机出口进口设置流量、温度检测仪表，一旦发生喘振立即报警。

（6）操作者应全面了解机器原理和操作原理及时采取有效措施。

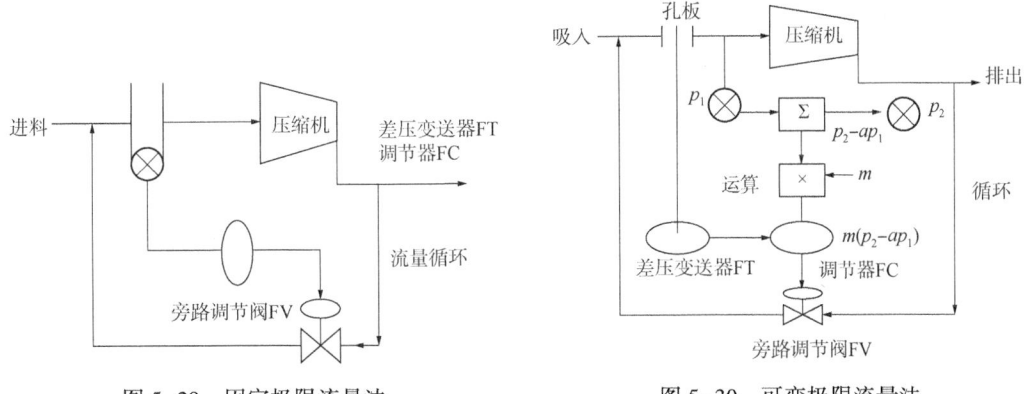

图 5-29　固定极限流量法

图 5-30　可变极限流量法

（三）联轴器故障

由于离心压缩机具有高速回转、大功率以及运转时难免有一定振动的特点，所用的联轴器既要能传递大扭矩，又要允许径向和轴向有少许的位移，所以一般常用的是齿形联轴器，依靠齿形和啮合传递扭矩，这种联轴节需要润滑剂。

由于联轴器故障引起的振动主要原因可能有：

（1）联轴器的安装尺寸不合标准。

（2）联轴器本身选型有问题。

（3）气封间隙的扩大以及进气流线的改变增加了机组轴向力。

（4）压缩机与同轴机器在运行中逐渐不同心。

主要处理措施包括：

（1）重新调整压缩机与同轴机器的同心度及张口值到规定范围内，调整好后对压缩机左右两侧重新增加定位螺丝，以保证压缩机与同轴机器的同心在左右方向上不得变位跑动。

（2）重新更改级间管道支撑，将级间管道刚性支撑全部更改为加弹簧的可调位移式柔性支撑，新改的柔性支撑架高度以管道自然下降后的高度为准，通过支顶螺丝调整支架高度。

（3）为了增强联轴器的抗疲劳强度，磨制垫片，按间隔方式增加在联轴器膜片与法兰之间，联轴器的总长度就增加了。

（四）故障的监测

随着计算机及软件技术的飞速发展，通过高速采集振动的幅值信号、频率信号、相位等信号，通过计算机根据振动理论来分析压缩机的运行状态，并且通过计算机网络可以实现压缩机组的远程状态监测与诊断。

大型旋转机械诊断信号分析的目的是提取出转子运行的状态信息，有效的信号处理和运行信息的提取是完成转子状态监测和故障诊断的关键。通过如频谱分析、双谱分析、等数学分析手段，将转子的轴心轨迹、时域波形分析等以瀑布图反映出来，供技术人员分析，从而对压缩机的运行状态作出分析判断。这些分析正随着人工智能技术的发展实现自动分析诊断。

通过在线监测系统可以实时地反映压缩机组的机械状态，实现提前发现机械故障，预测发展趋势，为压缩机组维修提供指导依据，从而避免重大事故突发和盲目的维修，降低运行风险和运行成本。机组振动总貌图如图 5-31 所示。

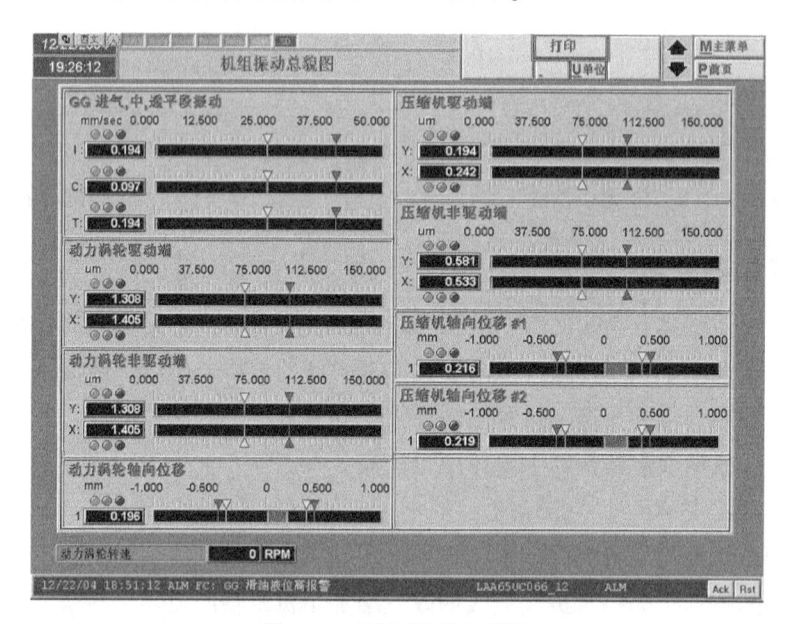

图 5-31　机组振动总貌图

离心压缩机在正常工作状态下其振动信号比较平稳和规则，一旦出现故障会产生异常振动信号。该振动信号由于非常微弱以及能量很小，常被周期性振动信号和大量随机噪声所淹没。

传统的诊断方法是对振动信号通过快速傅里叶变换（FFT）进行频域分析或通过倒谱分析来识别故障。这种方法严格地说只适用于分析平稳和具有高斯分布的信号，而由于离心式压缩机振动故障信号表现为非平稳性，且故障信号一般比较微弱，因此，诊断往往比较困难。

根据离心式压缩机发生故障时信号中隐含周期性冲击的特点，将信号分解到不同频段上，若某频段上存在与理论计算相对应的故障特征频率，则可判断离心式压缩机振动发生了该类故障。

三、燃气轮机振动监测及振动参数

（一）压缩器喘振原理分析

压缩器喘振是压缩器的一种不正常工作现象。发生喘振时，燃气发生器发出低沉的噪声,排气温度升高,并振动,功率减小,严重时还会熄火停车。如果在喘振的状态下工作时间较长,主要机件还可能因振动或温度过高而损坏。可见,喘振的危害是严重的。

通过试验对压缩器喘振的现象做进一步观察,发现喘振时压气机内空气的流量做周期性的脉动,出口的平均压力急剧降低,这说明压缩器内气流是很不稳定的,存在着强烈的涡流,也就是说在压缩器内产生了严重的气流分离现象。

由于多级轴向式压缩器发生喘振的根本原因与单级轴向式压缩器一样,都在于压缩器内部出现了严重的气流分离现象,所以下面以单级轴向式压缩器为例,从压缩器内气流分离的形成和发展来分析发生喘振的根本原因。

空气是以相对速度 $w_①$ 斜着进入压缩器叶轮的。只要气流进入叶轮的方向与叶轮前缘叶片的前缘方向不一致,就会在叶轮内发生气流分离现象。那么,气流进入的方向过陡或过平,其分离的程度是否一样呢?这就需要考虑气流原有的流动趋势。

由叶轮叶片组成的通道是弯曲的。气流流过弯曲的通道,由于空气具有惯性,总有压紧叶片凹面、脱离叶片凸面的趋势。如图5-32所示为相对速度的方向变化时,空气在叶轮内产生涡流的情形。

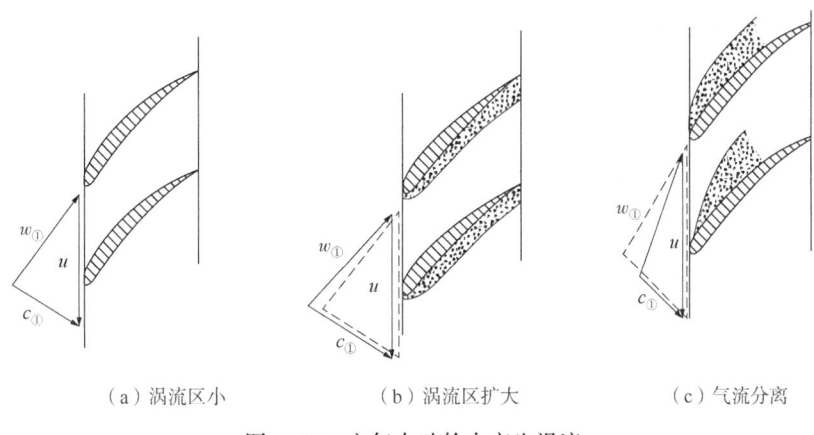

(a)涡流区小　　　　(b)涡流区扩大　　　　(c)气流分离

图5-32　空气在叶轮内产生涡流

如果气流相对速度 $w_①$ 的方向过平,则在叶片凹面产生气流分离现象如图5-32(b)所示。但是由于空气有压紧凹面的趋势,这就有利于减弱和消除气流分离现象,即使产生分离,涡流区也不容易扩大。

如果气流相对速度 $w_①$ 的方向过陡,则在叶片凸面产生分离现象,如图5-32(c)所示。由于空气本来就有脱离凸面的趋势,这时气流就容易分离,而且涡流区容易迅速扩大。一旦气流严重分离,涡流就会部分甚至全部堵塞通道。通道堵塞后,前面的空气就流不进来,进入压缩器的气流暂时中断。但是,由于叶轮尚在不停地转动,里面的空气就被叶轮推动而继续向后流动。于是涡流区也随之向后流动,空气又继续流入叶轮。由于叶轮进口处相对速度 $w_①$ 的方向仍然过陡,又重复了上述的分离现象。这样,压缩器内的气流便出现了流动、分离、中断,而后再流动、再分离、再中断的周而复始的脉动现象,压缩器内的空气流量时断时续，空气压力忽大忽小，压缩器便进入了不稳定工作状态，即进入了喘振状态。

应当指出，并不是相对速度方向稍有变陡，叶片凸面气流一出现分离，压缩器就会出现喘振。这里，同任何事物的变化一样，有一个量变到质变的过程。气流分离引起喘振也一样，当相对速度方向在一定范围内变陡时，只是在压缩器的个别叶片通道内出现严重分离，使气体流动损失增大，但压缩器的工作基本上还是正常的。只有当相对速度的方向变陡比较厉害，且超过一定限度后，在压缩器内，有多数甚至大多数叶片通道都会出现严重分离，压缩器的稳定工作才受到破坏，才会出现喘振。

压缩器喘振时，由于空气流量和空气压力是脉动的，因而发生器发出不正常的噪声，并引起燃气发生器振动。同时，由于压缩器内的流动损失增大，压缩器效率降低，压缩器增压比减小，导致燃气发生器转速下降。此时，燃料系统中的转速调节器力图保持转速不变，使燃料系统增大供应量，而这时空气流量减小，因此燃烧室将变为富油燃烧，使涡轮前燃气温度急剧升高，排气温度也随着急剧升高，严重时就会烧坏燃气发生器机件，甚至使燃气发生器熄火停车。

（二）引起喘振的因素

1. 压缩器进口温度

燃气发生器以较大转速工作时，如果压缩器进口温度升高，则空气不易压缩，压缩器增压器增压比降低，空气流量减少。这样，叶轮进口气流的相对速度的方向就要变陡。如果压缩器增压比降低过多，压缩器就可能进入喘振。

由于夏天压缩器进口温度较高，所以压缩器比较容易发生喘振。

2. 燃料供应骤然增加过多

燃气发生器在启动时如果燃料调节器工作不正常或加速过快，这时燃料供应骤然增多，涡轮前燃气温度急剧升高，使压缩器叶轮进口的相对速度方向变陡，所以可能引起压缩器喘振。

3. 在一定的转速范围内转速减小

转速从大转速减小时，由于叶轮进口相对速度 $w_①$ 的方向逐渐变陡，因此，当转速下降到某一数值时，压缩器就会因相对速度方向过陡，而进入喘振状态。

4. 维护不当

压缩器叶片被砂石打伤或锈蚀，空气在凹凸不平的或粗糙的叶片表面流过，容易出现气流分离现象，同时，因为增大了空气流动阻力，减小了空气流量，使叶轮进口空气速度（$c_①$）减小（和同样转速时比较），所以发生喘振的可能性增大。

对进气道维护不良，也可能引起喘振，进气道表面粗糙不平，划伤或变形，会产生涡流，破坏压缩器进口气流的均匀性，使该处部分地区的气流方向过陡，过早地引起气流分离，同时，流动阻力增大，流量减小，所以也容易发生喘振。

此外，燃烧室、涡轮装置（特别是导向器叶片）等机件，翘曲、锈蚀、撞伤，也会因气体流动阻力增大、流量减小而容易引起喘振。

（三）防止多级轴向式压缩器发生喘振的措施

高增压比的压气机在启动过程或小转速时，前后级通道断面不合适，引起前后级工作不协调，因而在前些级会造成气流分离，产生喘振。分离产生的原因是前面几级进气速度过小，使正攻角过大。因此防止低转速时喘振的各种方法，主要是解决前几级攻角过大的问题。

1. 放气调节法

放气是最简便的防止喘振的调节方法。罗尔斯—罗伊斯公司的 RB211-24G 就采用这种方法，这种方法是从中间的级上放出部分空气。

当燃气发生器在某一转速下工作时，放气机构会自动打开，这样，有一部分空气经放气孔流出，这相当于在压缩器的通道中多开了一条通道，使前几级的流动阻力减小，绝对速度增大，从而避免了前几级相对速度的过陡，也就防止了喘振的发生。同时，对后几级来说，由于放走了一部分空气，空气流量减小，气流的绝对速度相应减小，因而相对速度的方向也不会过平，消除了后几级的涡轮状态。

放气门的位置应很好地选择，过于靠前，则空气压力太小，调节作用不大；过于靠后，则高压空气带走能量太多，很不经济；最好是放在中间，具体位置应由试验决定。

2. 转动导向叶片的调节方法

在这种方法里，主要是转动第一级导向叶片或同时转动前几级整流叶片，来调节气流流入进入工作叶片时的攻角，使喘振得以避免。GE 公司生产的 LM2500+SAC 燃气发生器就是采用转动前面 7 级导向叶片的方法来避免喘振的。

3. 采用双转子压气机

双转子压缩器前面一个转子称为低压转子，由低压的第二级涡轮带动，后面一个称为高压转子，由高压的第一级涡轮带动。由于分成了两个转子，每个转子的增压比大大减小。如果每个转子的增压比是 4，则总的增压比就是 16。低增压比的压气机在转速变化时，工作比较稳定，不易发生喘振。

罗尔斯—罗伊斯公司生产的 RB211-24G 燃气发生器除了采用中间级放气的措施外，还在第一级采用可调导向叶片及采用双转子压气机的方法，使喘振的安全度大大增加。

喘振的根本原因是压缩机的入口流量过低造成的，因此防喘振的根本途径是向入口补充流量。通常是在压缩机出、入口之间加装防喘振控制阀，当控制系统检测到压缩机的流量等于或小于规定的最小流量值，就会给出信号，打开防喘振旁通阀，让一部分气体回流，从而补充压缩机入口流量，使压缩机的工作点回到安全区域。

现代压缩机组均采用 PLC 系统控制，可以针对不同的情形采用不同的对策，配以先进的软件系统和可靠硬件系统，能更有效地防止喘振的发生，提高防喘振控制的可靠性。现代防喘振控制通常包括变流量限控回路（又称喘振线控制回路）、工况点移动速率控制回路、快开阀线控制回路以及喘振监测回路。喘振线控制回路是在喘振线右侧工作区内设置一条留有一定安全裕度的控制线（一般为10%），当运行工况点缓慢移动到防喘振控制线时，控制系统开启防喘振阀，回流一部分气体，缓解工况。通常这是一个PID回路。移动速率控制回路监测运行工况点的移动速率，当工况点向喘振线移动的速率超过一定值时，控制系统打开防喘振阀，提前做好预防。通常这也是一个PID回路。当以上两个回路控制仍未能阻止运行工况点的移动，当运行工况点达到快开阀线控制线时，控制系统发出开启防喘振阀的阶跃信号，将阀开启一个预定量，并留有一定延时，若在这延时期间工况变得稳定，则控制系统按喘振控制PID方式缓慢关闭防喘阀。若喘振工况仍未得到改善，则发出紧急停机指令。

第五节　压缩机组动态监控

一、动态监控的原理

在设备的使用和维修领域实际上一直存在着一种需求，即检测和判断设备的运行状况，传统的设备管理中都是通过人工的观察、触摸和听声来判断设备的运行状况，或者使用传统的监控系统。这种系统一般使用就地仪表、继电器、接触器，可靠性和自动化程度较低，对故障诊断处理主要依靠人工的定期巡检，并依据经验观察和分析，存在很大的不确定性，已经不能满足现代化工业发展的需求。传统监控系统在现代大型设备的生产中已经淘汰，已经存在的监控系统也根据生产的需求陆续进行改造。伴随着计算机监控技术的发展，现代化的检测和诊断系统得到了极大的发展，已经成为机械故障诊断的重要手段。现代检测方式一般分为离线和在线两种，离线检测一般使用便携式数据采集器系统，该系统是针对中小型设备开发的，一般具有数据的采集、存储管理、分析计算、报告、显示和打印功能。在线的检测方式是计算机化的监测和诊断系统，该系统一般应用于工业生产中的大型关键设备，而且根据设备的具体类型需要进行专门的研制开发，根据体系结构的不同，一般分为单机系统和分布式集散系统两大类。以PLC的应用为代表的集中监控系统，具有结构简单、安装维护方便、可靠性高等优点，但是在诊断方面的作用有限。计算机和PLC相结合的监控系统，既保留了集中监控系统的优点，又能实现远程监控、故障诊断和数据管理等，从而使在线状态监测和故障诊断系统突破了服务于设备使用和维修方面的限制，成为设备管理现代化的一个重要手段。

监控系统已经成为现代大型连续运转设备必备的组成部分，但是综合考虑实际需求、生产成本、设备管理等方面的具体因素，监控系统在设备和维修领域的使用和发挥的作用呈现出以下两个特点：第一，监测为主、控制简单和诊断缺项，对设备的监控不同于对生产过程的监控，一般不需要复杂的控制算法，所以一般以监测为主，另外考虑到控制成本或技术水平受限制等因素，许多设备监控系统只具备简单的判断功能，不具备故障诊断功能；第二，监控系统的强大功能没有得到充分的发挥，突出表现在对于设备故障记录和运行参数数据管理功能没有得到有效应用，或者不能满足实际管理的需求，这种需求其实属于监控系统的后期开发，需要设计者和使用者进行充分的交流才能获得实用的效果。

二、压缩机组动态监控

天然气压缩机组监控系统是一个以机械设备为对象的在线的运行状态监测系统，其本质为基础的计算机监控系统。按照计算机监控系统的一般构成来划分，任何监控系统都可以分为硬件系统和软件系统两大部分；从系统设计的角度来划分，本监控系统可以分为两部分：以 PLC 和触摸屏为核心下位机监控系统（即现场或就地监控系统）和上位机监控系统（即远程集中监控系统）两部分。根据本系统设计的特点，综合考虑整个监控系统的设计难度和设计工作量，下位机监控系统应该是整个监控系统的基础，是在整体系统的设计流程上需要优先完成。系统的总体需求分析和总体方案的选择设计是两个重要的前提，下位机监控系统的实现是核心工作，上位机监控系统组态软件的开发设计是实现完整监控系统的重要组成部分。

第六节　压缩机组操作程序及运行调整

一、GE 燃气轮机压缩机组操作流程

（一）燃气轮机—离心压缩机组的启动检查和操作

1. 燃气轮机的初次预启动前检查

通过机组初次预启动检查，有助于检查出机组在安装和维护过程中存在的故障和缺陷。

(1) 按照设备厂家提供的检查指南进行全面检查；
(2) 检查所有电缆、软管和管线之间的粘连和摩擦；
(3) 检查进气系统，确保进气系统通道内没有脏物和杂物；
(4) 检查排气系统，确保排气系统通道内没有杂物和脏物；
(5) 检查润滑油系统的工作参数正常，无异常声音；
(6) 确保润滑油系统和燃料气系统无泄漏；
(7) 确保排气系统热电偶处于正常状态。

2. 燃气轮机的正常启动前检查

（1）确保所有安装、维护或缺陷检查工作执行完毕，现场清理干净；

（2）确保机组进气系统和机箱内按照厂家提供的检查指南进行了全面、详细的检查；

（3）机组燃料关断阀处于关闭状态；

（4）机组点火系统处于正常状态；

（5）合成油系统供给阀处于打开状态；

（6）合成油温度大于-6.7℃；

（7）GG 排气温度 T5.4 温度值低于 204.4℃；

（8）所有的开关和相互闭锁都设定在允许启动的状态；

（9）机组燃料计量阀设定在启动位置；

（10）可变静叶系统(VSV)处设定在启动状态；

（11）燃料气体排空阀设定在气体燃料启动状态；

（12）机组火灾报警系统和消防系统启动；

（13）根据机组运行手册，机组的电控系统的检查和核对工作结束。

3. 离心压缩机组的检查

离心压缩机干气密封系统启动前的检查：

（1）检查密封空气管线上的隔离阀应打开；

（2）检查干气密封主过滤器的排污阀和排空阀应关闭；

（3）检查干气密封过滤器的转换器应指向主过滤器运行；

（4）检查备用干气密封过滤器的排污阀和排空阀应打开；

（5）检查 PDCV765 阀(压差控制阀)应打开；

（6）检查压力开关、压力表、压差变送器和压差指示器的隔离阀应打开；

（7）检查密封冲洗室自动排污器的隔离阀应打开，排污器下游的排污阀应当打开；

（8）检查仪用空气供给正常；

（9）检查密封主排空管线到安全区域的隔离阀应打开；

（10）检查轴承油气密封的空气压力正常，允许机组启动；

（11）检查密封主排空管线上的流量调节孔板阀应全部打开，首次启动这些阀压力应当调节为低压差，然后应当对这些压力阀的位置进行锁定；

（12）手动打开离心压缩机密封吹扫室的排污阀，检查润滑油情况；

（13）启动时检查外供密封天然气启动气源应正常和 XV769 隔离阀应打开。

4. 离心压缩机润滑油系统的启动和运行检查

（1）确认油箱内充装的是规定品牌的润滑油；

（2）检查主油箱的油位；

（3）油箱加热器启动，确保油箱润滑油温度达到40℃，润滑油温度不能低于25℃；

（4）检查辅助油泵的出口管线隔离阀应打开；

（5）检查辅助油泵、事故应急油泵、油雾分离器、润滑油冷却器的电动机电源供给应正常；

（6）检查燃机动力透平的润滑油系统应正常；

（7）检查润滑油过滤器压差，必要时进行检查、清洗或更换滤芯；

（8）检查润滑油过滤器的排污阀和排空阀应关闭；

（9）检查润滑油冷却器的排污阀应关闭；

（10）检查所有压力开关、压力表、压差表和相应变送器的隔离阀应打开。

5. 压缩机启动过程的检查

（1）打开压缩机和所有天然气管线的排污阀；

（2）检查所有仪器仪表和压力开关以及其他现场信号采集管线的隔离阀；

（3）利用系统中洁净的天然气对压缩机组和系统管线进行吹扫、充压；

（4）关闭压缩机组和天然气管线的上游、下游的排污阀；

（5）检查压缩机组密封室（机械密封和机组轴承之间的空腔）的吹扫空气的压力和流量；

（6）缓慢打开压缩机组的充压阀，以防止系统压力的大幅度变化；

（7）检查其他相关报警条件；

（8）打开机组入口阀，关闭机组加载充压阀，确保在燃气轮机启动前操作员已经进行了全面的检查；

（9）根据燃气轮机操作手册，启动压缩机组并逐步打开机组出口排气阀；

（10）根据厂家提供的仪器仪表清单上的流量设定值，设定主排空管线的流量空板阀阀位，阀位调节完毕后，必须进行锁定；

（11）检查密封气管线和平衡管线之间的压差；

（12）注意观察，防止压缩机组的喘振；

（13）调节吹扫空气管线到第三级密封室之间的流量调节阀，确保第二级排空管线和吹扫空气管线之间的压差值处于差压变送器设定值范围内；

（14）根据仪器仪表清单上的流量设定值，检查进入干气密封的各级进气管线上的流量；

（15）检查干气密封的外供气源在机组的排气压力达到运行压力时是否自动关闭。

6. 压缩机组停机过程的检查

（1）注意观察，防止压缩机组在停机时出现喘振；

（2）停燃气轮机，关闭压缩机组的入口阀和排气阀；

（3）压缩机组停机后，停止密封天然气体供给；

（4）在机组润滑油泵停止后，停第三级密封室（机械密封和机组轴承之间的空腔）的吹扫空气；

(5) 在透平/压缩机组停止并冷却后，停机组润滑油泵。

(二) 机组运行条件

1. 允许启动的条件

机组启动，所有启动许可条件都必须确认，包括如下：

(1) 机组闭锁已经解除；

(2) 机组没有选择"OFF"模式；

(3) 一些正常停机、跳闸、减速到最小负荷和 STI 条件已经解除；

(4) ZT-331(96GC-1)计量控制阀处于关闭位置；

(5) GG 和 PT 的速度调节器设定在最小值；

(6) GG 转速小于 350r/min；

(7) 燃料气计量阀驱动器 UA-1999(86GC-1)故障；

(8) 燃料气关断阀 XV-224(20FG-1)和 XY-226(20FG-2)处于关闭状态；

(9) 燃料气排空阀 XV-225(20VG-1)处于全开状态；

(10) 火焰探测器回路正常；

(11) 燃料气暖管阀 XY-222(20VG-2)处于关闭状态；

(12) 燃料气自动隔离阀 ZSLX-159 处于关闭状态；

(13) 外围系统的排空阀 ZSLX-160 处于全开状态；

(14) 燃料气进气压力 PIT-223(96FG-1)正常；

(15) 燃料气进气温度 TE-221A(TG-FG-1A)正常；

(16) 燃料气上游压力调节阀 PIT-228(96FG-2)和下游的压力调节阀 PIT-229 正常；

(17) 合成油油箱油位正常；

(18) 合成油油箱温度正常；

(19) 合成油手动阀门 ZAH-131(33QP-12)处于全开的位置；

(20) 液压油油过滤器压差正常；

(21) 合成油回油泵供给压力正常；

(22) 合成油过滤器压差正常；

(23) 启动器 A 的主管线隔离阀开；

(24) 启动器 B 的主管线隔离阀开；

(25) 启动器 A 入口管线上阀门处于全开位置；

(26) 启动器 B 入口管线上阀门处于全开位置；

(27) 液压启动器的 ON/OFF 阀 ZAL-321 1A 和 ZAL-321 1B 处于关闭位置；

(28) 液压启动器的 ON/OFF 阀 ZAL-321 2A 和 ZAL-321 2B 处于关闭位置；

(29) 两台机组的控制系统对液压启动器的控制正常；

(30) 液压启动系统油箱液位正常；

(31)液压启动系统油箱温度无低报警；

(32)燃料气进气分离罐的入口阀处于关闭位置；

(33)燃气轮机机箱门处于关闭状态；

(34)燃气轮机机箱通风道挡板处于全开位置；

(35)CO_2后续释放限位开关不低；

(36)CO_2运行阀门限位开关处于全开位置；

(37)矿物润滑油油箱油位正常；

(38)矿物润滑油油箱温度正常；

(39)事故润滑油过滤器压差正常；

(40)火灾和可燃气体系统启动；

(41)火灾和可燃气体系统无故障；

(42)防冰阀ZSL-537关闭；

(43)密封气进气平衡管线内部压力正常；

(44)HMI主画面显示准备启动；

(45)机组允许遥控启动；

(46)燃料气加热器控制盘无故障；

(47)所有电机(MCC、DCP)无故障；

(48)机组振动监视器无故障报警；

(49)机组无振动高报警；

(50)机组无温度高报警；

(51)燃气轮机空气进气滤芯处的可燃气体探测无报警；

(52)燃气轮机机箱通风出口的可燃气体探测无报警；

(53)MCC电源供给正常；

(54)24V直流电源供给正常，28V直流电源供给正常；

(55)MARK Ⅵe控制盘无报警信号；

(56)各工艺阀门都处在各自的正确位置；

(57)脉冲清吹空气控制盘无故障；

(58)干气密封的密封空气供给压力正常。

2. 机组主要程序条件的检查

1）减载到最小负荷运行的条件

合成油供油温度高高报警。

2）压力跳闸的条件

(1)合成油压力低低；

(2)旋流集油器的液位低低；

（3）GG 转速高高；

（4）燃料气计量阀执行器故障；

（5）燃料计量阀驱动器故障；

（6）液压启动器转速高高；

（7）离合器温度高高；

（8）GG 排气温度高高；

（9）动力透平转速 SAHH-407（77LT-1 和 77LT-2）高高；

（10）动力透平转速 SAHH-407C 高高；

（11）GG 排气压力高高；

（12）离心压缩机排气温度故障；

（13）动力透平轴承温度高高；

（14）动力透平排气温度高高；

（15）燃烧室火焰探测器显示火焰低低；

（16）燃气轮机进气过滤器压差高高；

（17）矿物润滑油温度高高；

（18）矿物润滑油箱压差高高；

（19）矿物润滑油出口压力低低；

（20）离心压缩机径向振动高高；

（21）离心压缩机轴向位移显示高高；

（22）用户 ESD 压力跳闸；

（23）USC 的 ESD 按钮启动；

（24）离心压缩机组振动高高；

（25）动力透平温度高高；

（26）火灾和可燃气体系统故障；

（27）ESD 按钮被按下；

（28）机组不转动；

（29）离心压缩机排气端主排空故障；

（30）离心压缩机入口过滤器压差高。

3）减压跳闸（和 ESD）的条件

（1）燃气轮机机箱温度显示为高高状态；

（2）火灾保护系统手动释放启动；

（3）火灾保护系统事故按钮 ESD 启动；

（4）机组被探测到有火灾；

（5）燃气轮机机箱排气口探测到有可燃气体显示高高状态；

(6) 燃气轮机机箱通风入口探测到有可燃气体显示高高状态；

(7) 离心压缩机主排空压力显示高高状态；

(8) 燃气轮机机箱探测到火灾跳闸；

(9) 火灾和可燃气体系统的检测到可燃气体跳闸；

(10) 用户 ESD 获得减压跳闸停机命令 XS-5006；

(11) UCS 的 ESD 按钮 XS-723 启动；

(12) 离心压缩机排气压力高高；

(13) 机组减压跳闸 XS-5052 启动；

(14) 离心压缩机排气温度显示高高状态；

(15) 用户 ESD 按钮 HS-4101 启动；

(16) 跳闸条件在机组启动前，必须进行手动复位！

4）正常停机条件

(1) 燃气轮机第一级轮间温度高高；

(2) 燃气轮机第二级轮间温度高高；

(3) 机箱通风进气挡板被关闭；

(4) MARK Ⅵe 控制盘上机组停机按钮被按下；

(5) 旋风集油器的液位显示故障；

(6) 合成油供油温度显示故障；

(7) 辅助齿轮箱 AGB 回油温度显示故障；

(8) "A"池和 TGB 回油温度显示故障；

(9) "B"池和 TGB 回油温度显示故障；

(10) "C"池和 TGB 回油温度显示故障；

(11) 燃气轮机#1 轴承温度显示故障；

(12) 燃气轮机#2 轴承温度显示故障；

(13) 燃气轮机推力轴承主推力面温度显示故障；

(14) 燃气轮机推力轴承副推力面温度显示故障；

(15) 燃气轮机进气压差显示故障；

(16) 矿物润滑油油箱压差显示故障；

(17) 矿物润滑油过滤器温度显示故障；

(18) 矿物润滑油供给压力显示故障；

(19) 燃气轮机机箱通风入口可燃气体检测故障；

(20) 燃气轮机机箱通风出口可燃气体检测故障；

(21) 燃气轮机机箱火灾感温探头故障；

(22) 燃气轮机排气室火灾感温探头故障；

(23) 正常停机命令启动 XS5051；

(24) 遥控停机命令启动 XSB-5003；

(25) 防冰感测器故障；

(26) 两台通风机 88BA-1、2 都故障。

5）STEP TO IDLE 的条件

(1) 燃料气供给温度高高；

(2) 燃气轮机空气进气压差高高；

(3) 燃气轮机空气进气压差高高；

(4) 动力透平排气温度显示故障(3 个相邻热偶信号丢失或 4 个热偶故障)；

(5) GG 排气温度显示故障(3 个相邻热偶信号丢失或 4 个热偶故障)；

(6) GG 和 PT 累计加速度振动高高(振动高 10s 后，机组没有停机，那么正常停机程序将会启动)。

(三) 机组启动

机组启动能够使机组从启动初期，直到燃气轮机的程序设定点。

1. 报警/跳闸忽略

在启动程序进行之前或启动期间，以下报警或跳闸功能必须禁止或忽略(MARK Ⅵe 系统将自动进行)，以阻止一些不必要的或错误的报警出现：

(1) 矿物油泵供给压力低报警，PAL-111(96QA-3)、PAL-182(96QT-1A/96QT-1C)；

(2) 矿物润滑油泵供给压力低低跳闸，PALL-182(96QT-1A/96QT-1C)；

(3) 供给动力透平矿物润滑油压力低低报警，PALL186(96QT-2)；

(4) 燃料气压力低报警，PAL-223(96FG-1)；

(5) 密封气排空流量低，FAL-751、FAL-753；

(6) GG 合成油压力低报警和低低跳闸，PAL-145/PALL-145(96QA-1)；

(7) 火焰丢失跳闸，BALL-473(28FD-1、28FD-2)；

(8) GG 和动力透平振动高高跳闸启动。

检查启动许可条件是否满足，获得启动许可。

2. 燃气轮机机箱加压/清吹

在 HMI 上的启动按钮按下之后，将执行下面一些操作：

(1) 启动燃气轮机机箱主通风机；

(2) 等待机箱建立压力；

(3) 进行通风异常情况检查；

(4) 等待机箱清吹 30s。

3. 辅助设备启动

接到启动命令后，将执行下列辅助设备的启动：

（1）辅助矿物油泵电动机 88QA-1；

（2）矿物润滑油/合成润滑油冷却器风机电动机 88FC-1/2；

（3）矿物润滑油油雾分离器分离风机电动机 88QV-1；

（4）合成油油雾分离冷却器风机电动机 88QB-2/3；

（5）当润滑油压力正常建立时，程序进行，主保护继电器带电，主保护逻辑 L4=1。

4. 系统工艺阀门设定程序的执行

下面这些阀门都装有限位开关，可以探测到阀门的全开或全关位置：

（1）离心压缩机入口主电磁阀 XV-4101：33M-C 和 33M-O；

（2）离心压缩机入口充压电磁阀 XY-775：33SP-C 和 33SP-O；

（3）离心压缩机出口主电磁阀 XV-4103：33DM-C 和 33DM-O；

（4）主排空电磁阀 XY784：33VM-C 和 33VM-O；

（5）燃料截止电磁阀 XY-159：33FB-C 和 33FB-O；

（6）燃料排空电磁阀 XY-160：33FV-C 和 33FV-O；

（7）防喘阀 FY-776A：33AS-C 和 33AS-O；

（8）热旁通阀 XV-786：这个阀在离心压缩机清吹期间打开，并在跳闸期间一直打开。

在机组启动过程中，如果选择了自动控制方式，上述工艺阀门自动按照程序设定执行设定程序；如果选择了手动控制，每个阀门也可以通过手动控制方式进行动作。

如果机组处于准备盘车状态，上述阀门应处于如下状态：

（1）离心压缩机入口主电磁阀 XV-4101 处于全开状态；

（2）离心压缩机出口主电磁阀 XV-4103 处于全开状态；

（3）主排空电磁阀 XY784 处于关闭状态；

（4）燃料截止电磁阀 XY-159 处于全开状态；

（5）燃料排空电磁阀 XY-160 处于关闭状态；

（6）防喘阀 FY-776A 处于全开状态。

5. GG 启动盘车/清吹

（1）等待燃料气压力正常，PAL-223(96FG-1)信号消失。

（2）启动液压启动器程序启动 88CD-1A 或者 88CR-1B 和提升 GG 转速到大于 1700r/min，盘车转速是 2200r/min。

（3）启动透平清吹计时器(现场设置最小为 2min)清吹透平、燃烧空气进气系统和排气系统。

（4）在透平清吹计时器开始启动的同时，燃料气准备程序也开始启动：

① 打开燃料气暖管阀 XY-222(20VG-2)，启动程序计时器计时；

② 等待燃料气温度正常，TAL-221(TG-FG-1A)信号消失，暖机计时器也停止计时（现场设置大约为10s）；

③ 关闭燃料气暖管阀，XY-222(20VG-2)。

(5) 清吹和暖管计时结束后：

① 启动计时器检查GG的转速到大于4600r/min；

② 启动计时器检查GG的怠速情况。

(6) 机组点火：

① 检查燃料气计量阀的正确阀位；

② 点火变压器带电；

③ 关闭燃料气排空阀XY-225(20VG-1)；

④ 燃料气排空阀关闭后0.5s，燃料气截止阀XV-224(20FG-1)和XY-226(20FG-2)打开，点火计时器启动，计时12s；

⑤ 燃料气排空阀关闭后2s，燃料控制系统投入，紧接着燃料计量阀打开允许燃料气进入，开始点火；

⑥ 检查燃料气压力，计量阀前面的压力PIT-228(96FG-2)GP1应当大于计量阀后的压力PIT-229(96FG-3)GP2；

⑦ 检查GG排气温度TE-475A(TT-XG-1)/TE-475H(TT-CG-8)T48小于或等于1150°F，大约621℃；

⑧ 检查燃烧室内的火焰情况。

(7) 升速到怠速转速。

机组点火后将接着执行下列步骤：

① 点火后，计时10s，计时结束后，点火变压器失电。

② 机组总的点火计时器启动。

③ 机组点火启动次数计数器开始累加。

④ GG加速到怠速6800r/min。

⑤ 当GG转速高于4600r/min后，将执行下列步骤：

a. 机组启动器停止；

b. GG合成润滑油压力低报警和低低跳闸保护投入。

如果GG转速在清吹计时器计时结束后90s内未达到4600r/min，机组将会停机。

如果GG转速在清吹计时器计时结束后120s内未达到怠速6800r/min，机组将会停机。

⑥ 当GG转速超过怠速转速后，将执行下列步骤：

a. 怠速计时器启动，设置为240s；

b. GG和PT振动高高跳闸保护投入；

c. 防冰保护温度控制器投入；

d. PT 转速计时器启动，如果 PT 转速在 300s 内达不到 350r/min，将会停机；

e. 等待直到合成润滑油温度高于 32℃ 时，TAHH-151、TAHH-156、TAHH-161、TAHH-166 合成油温度高高跳闸保护投入。同时会出现报警，直到温度低于这个值。

急速计时结束后，GG 转速上升到 8600r/min(无负荷同期急机速度)。

（8）加载到最小负荷：

① 增加 PT 转速设定点到最小运行转速，GG 转速也随之增加；

② 燃气轮机处于"准备加载"的状态：L3＝1；

③ 防喘控制器设定为自动状态；

④ 辅助润滑油泵 88QA-1 停止运行。

（9）燃气轮机速度控制。

如果速度的主选择器设为自动模式，动力透平的转速将自动增加到遥控速度设定值；否则，如果主选择器设定为手动模式，动力透平转速的增加和降低必须严格按照 HMI 上的键盘命令来执行。通过调整燃气轮机的运行速度，以调整离心压缩机组的负荷。

（四）遥控启动

如果 MARK Ⅵe 控制盘的主选择器选择了"遥控"位置，机组启动时就会执行遥控启动。如果机组的启动程序和选择在"就地"运行模式下，启动程序有如下的不同之处：

（1）启动命令是来自 SCS 系统的硬连接信号 XSA-5003(CAI-START)。逻辑信号从 0 变为 1 后，至少 1s 后开始启动。

（2）遥控启动会按照程序将机组速度升到遥控速度设定点。

（五）正常停机

在 MARK Ⅵe 控制系统上可以通过手动或者自动选择的方式来执行正常停机程序。

1. 正常停机命令

（1）停机命令的获得：

① 运行人员通过 HMI 上的 STOP 按钮；

② UCP 上的停机按钮，XS-733(3 STOP)；

③ 如果选择了"遥控"位置，从 SCS 系统软信号 XSB-5003(CAI-STOP)＝1；

④ 从 ESD PLC 获得正常停机命令 XS-5051(NS)。

（2）选择了正常停机程序后，将执行下列程序：

① 逻辑信号 L94 启动，L3 逻辑信号消失；

② SCS 系统获得停机信号，同时出现软件信号 L94X(L94X＝1)；

③ PT 的转速设定点调节到最小；

④ 当 PT 的速度低于最小调节速度时，L14LS＝0，此时 GG 的转速设定点开始降低，使 GG 转速降到急速转速，同时将防喘控制器设定为"STOP"模式，使防喘阀 ZAH-776 打开。

2. 怠速冷却

一旦 GG 稳定在怠速转速，GG 的怠速冷却计时器启动（计时 300s），维持透平在 GG 怠速下转动，直到计时结束（如果在怠速冷却计时结束之前的任意时间给出一个再启动命令，正常停机程序就会被中断）。

3. 燃料关断

一旦怠速盘车计时结束，将执行下面的程序：

（1）将燃料控制设定点设定到最小值，计量阀渐渐关闭；

（2）关闭燃料气关断阀 XV-224(20FG-1) 和 XY-226(20FG-2)，打开燃料气排空阀 XY-225(20VG-1)；

（3）关闭自动隔离阀 XY-159，打开燃料气排空阀 XY-160；

（4）当 GG 在 2% 的滞后下，转速低于最小转子怠速转速时，防冰控制器失去作用，程序将让防冰挡板强行关闭到全关位置；

（5）合成润滑油压力低报警和压力低低跳闸退出；

（6）总的点火小时计时器停止计时；

（7）启动程序计时器复位；

（8）当 GG 转速到 350r/min 时，液压启动器启动，执行冷却空转 5min。

4. PT 冷却

（1）PT/CPR 彻底停止转动，逻辑 14LR=1。

（2）当 PT/CPR 到了 0 转速之后，启动 PT 冷却计时器，进行冷却 3h。

（3）辅助润滑油泵 88QA-1 在 PT 冷却期间提供润滑油，直到冷却结束。如果交流润滑油泵不工作，事故润滑油泵 88QE-1 将为 PT 冷却提供润滑油。

（4）当 GG 停止转动时，L14HR=1，下面的设备停止运行：

① 润滑油/合成油冷却风机，88FC-1/2；

② 合成油油雾分离器电动机风机 88QV-2/3。

5. PT 冷却结束

当 PT 冷却结束后，下面的辅助设备将停止：

（1）矿物润滑油泵 88QA-1；

（2）润滑油油雾分离器 88QV-1；

（3）主通风机。

6. 燃料气暖管阀 VG-2 复位

（1）当 VG-2 接到关闭命令后，执行关闭动作，同时等待逻辑信号 L33FG3；

（2）一旦接收到这个信号，将立即启动燃料气管线减压计时器，设定为 10s；

（3）当计时器计时结束时，VG-2 完全关闭。

(六) 压力跳闸

机组在跳闸条件和压力跳闸条件满足时就会自动执行下列步骤：

(1) 逻辑信号 L4 和 L3 解除。

(2) ZSH-786 失电开启热旁通阀 XY-786。

(3) 防喘控制器注意提前强制设定为"STOP"模式。

(4) 防冰控制器失效，在程序作用下，防冰挡板强迫关闭到全关位置。

(5) 点火变压器失电。

(6) 停止液压启动器(如果在运行)。

(7) 将燃料控制设定点设定到最小值，燃料计量阀逐渐关闭。

(8) 关闭燃料气关断阀 XV-224(20FG-1)和 XY-226(20FG-2)，打开燃料气排空阀 XY-225(20VG-1)。

(9) 对于 VG-2，当 VG-2 接到关闭命令后，执行关闭活动，同时等待用户的 SW 逻辑信号 L33FG3，一旦接收到这个信号，将立即启动燃料气管线减压计时器，设定为 10s，当计时器计时结束时，VG-2 完全关闭。

(10) 关闭燃料自动隔离阀 XY-159，打开燃料气排空阀 XY-160。

(11) 合成润滑油压力低报警和压力低低跳闸退出。

(12) 总的点火小时计时器停止计时。

(13) 启动程序计时器复位。

(14) 从这点起，程序将按照正常停机程序中描述的要点执行：

① PT(盘车)；

② 盘车结束。

(七) 紧急停机(和减压跳闸)

一旦机组满足了减压跳闸的条件，机组就会自动执行一个压力跳闸程序，机组跳闸。

机组的紧急停机可以通过运行人员和控制逻辑来执行，要求立即关断燃料，将机组停下来。具体包括如下一些过程同时进行：

(1) 立即停止所有运行程序，机组盘车程序除外。

(2) 燃料供给切断。

(3) 点火系统失电(仅限启动期间)。

(4) 液压启动器主泵流量设定为 0 并立即停泵(仅限启动期间)。

(5) 点火二极管失电复位(仅限点火阶段)。

(6) 一台机箱通风机保持运行，确保 GT 机箱内部安全。如果 ESD/FGS 系统要求 0 通风，则两台通风机必须立即停止。这时通风启动程序开始，必须进行 2min 的清吹，置换 GT 机箱内的空气。

(7) 水洗电磁阀关闭。

（8）确认是否需要热启动。

（9）如果 ESD 发出跳闸命令并确认是机箱内部的 GAS 或者是通风逻辑引起的，在紧急跳过程中需要进行排空，排空阀打开，对离心压缩机进行排空。

（10）MARK Ⅵe 得到跳闸信号。

（11）SCS 系统得到跳闸信号。

（12）跳闸继电器逻辑得到跳闸信号。

（13）防喘阀快速打开。

（14）在确认外部燃料关断阀关闭后，燃料暖机阀打开，释放系统中残留的燃料气。

（八）点火失败/停机

如果在启动过程中，燃料点火失败(点火设定时间为 12s)，L4 主继电器失电，并执行下面的动作：

（1）关闭燃料气关断阀 XV-224(20FG-1)和 XY-226(20FG-2)，打开燃料气排空阀 XY-225(20VG-1)；

（2）对于 VG-2，当 VG-2 接到关闭命令后，执行关闭活动，同时等待软件逻辑信号 L33FG3，一旦接收到这个信号，将立即启动燃料气管线减压计时器，设定为 10s，当计时器计时结束时，VG-2 完全关闭；

（3）关闭自动隔离阀 XY-159，打开燃料气排空阀 XY-160；

（4）燃料控制器失效，燃料计量阀关闭；

（5）点火变压器失电；

（6）经过 2min 延时后，停止液压启动器。

（7）机组停机。

（九）辅助设备的运行

1. 液压启动器的运行

两台机组只有一台液压启动器模块，但是液压启动系统配备有两套回路。

88CR-1A 作为#1 机组的主启动泵，当它发生故障时，88CR-1B 作为#1 机组的备用泵。

88CR-1B 作为#2 机组的主启动泵，当它发生故障时，88CR-1A 作为#2 机组的备用泵。

2. 允许 88CR-1A 启动的条件

（1）泵吸入管线上隔离阀的 ZSH-311(33SQ-1A)启动器 A 打开；

（2）启动供油管线上的 ZAH-354(33-QP-5)阀打开；

（3）离合器回油管线上的 ZAH-330(33QP-4)阀打开；

（4）液压油箱的温度 TALL-307 没有处于低低状态；

(5) 液压油箱的液位 LAL-303 没有处于低状态。

3. 允许 88CR-1B 启动的条件

(1) 泵吸入管线上隔离阀的 ZSH-310(33SQ-1B)启动器 B 打开；

(2) 启动供油管线上的 ZAH-355(33-QP-6)阀打开；

(3) 离合器回油管线上的 ZAH-353(33QP-3)阀打开；

(4) 液压油箱的温度 TALL-307 没有处于低低状态；

(5) 液压油箱的液位 LAL-303 没有处于低状态。

4. 启动器启动

液压启动泵电动机 88CR-1A 或者 88CR-1B 启动 5s 后，调节阀 90HM-1A 或 90HM-1B 以一定的斜率调节，将启动器带动到期望的(清吹、高速清吹和加速)转速。

5. 启动器停止

当液压启动器停机条件满足，或是不再需要启动器时，如在盘车或水洗结束时，此时调节阀将启动器输出调整到最小值，直到启动器停止。

6. 机箱通风机的运行

透平通风系统装备有两套双速通风机，配有一个主选/备用逻辑，运行人员可以通过 HMI 上的按钮进行选择运行，一旦透平机箱内部出现温度高高报警时，事故通风机 88BE-1 立即就会参与运行。

机组启动程序开始执行，UCS 系统就会发出指令启动主通风机。一旦冷却盘车程序执行结束，主通风机也跟着停止。

在正常运行期间，当机箱内部压力建立之后，需要监测三种异常情况。

(1) 轮机机箱压差低报警 PDAL-563(96BA-1)投入：

① 如果轮机机箱门开着，根据程序应当通过 HMI 上的按钮来确认，报警解除，机组允许继续运行。否则，正常停机程序将会启动。

② 如果轮机机箱门关着和备用风机已经运行，正常停机程序启动。如果备用通风机处于停止状态，随着主通风机的停止而启动。启动 10s 后，需要再次确认通风系统的正常工作情况。

(2) 轮机机箱内温度高 TAH-553 或 TAH-555 投入：

如果备用通风机处于停止状态，当主通风机停止时被启动起来。10s 之后，需要再次确认通风系统的正常工作情况。

(3) 如果温度继续升高，TAHH-553 或 TAHH-555 投入：

① 事故通风机 88BE-1 启动；

② 轮机机箱温度高高计时器开始计时；

③ 计时结束后，再次检查机箱温度，如果一直处于温度高高设定点，减压停机程序就会启动。

通风系统出口可燃气体监测 AAH-557(45HA-4/45HA-6)：

（1）如果备用通风机处于停止状态，当主通风机停止时启动，启动后延时 10s 检查确认通风机的正常工作情况；

（2）如果检测到可燃气体浓度，AAHH-557(45HA-4/45HA-6)投入，然后紧急减压停机程序启动。

只有下列条件都满足时，在自动或手动方式下，主通风机和备用通风机才会启动：

（1）ZAH-546(33ID-1B)、ZAH-547(33ID-1D)、ZAH-550(33ID-2B)、ZAH-551(33ID-3B)探测到所有通风进气挡板处于打开状态；

（2）ZAH-548(33OD-1A)、ZAH-549(33OD-2B)、ZAH-552(33OD-3B)探测到通风出口挡板处于打开状态；

（3）火灾和可燃气体探测信号 UA-6081 未投入。

7. 矿物润滑油泵的运行

（1）燃气轮离心压缩机组配有由交流电动机 88QA-1 驱动的辅助矿物油油泵，在机组主润滑油泵 PL3-1 不能正常工作时，通过它向 PT 和离心压缩机的轴承提供润滑油。还配有一台由直流电动机 88QE-1 驱动的事故润滑油泵，在辅助矿物油泵故障的情况下，为机组的冷却盘车提供润滑油。

（2）矿物润滑油泵设计为连续运行，但是在燃气轮机—离心压缩机组处于停机状态且盘车计时器计时结束后停止运行。

（3）为了保证矿物润滑油泵的正常运行，油箱的油位和温度必须处于要求的高、低极限值之间，即 LAL-174、TAL-105(LT-TA-1A)没有报警。一旦油位和温度低于最低要求的情况下，机组就不能启动，且在 HMI 上出现报警显示。

（4）当机组启动时，矿物油系统也自动启动。当油压和油位达到正常要求后，允许机组启动程序执行。

（5）在正常运行期间，如果 PAL-111(96QA-3)检测到主润滑油泵出口压力低，辅助润滑油泵将自动启动，当压力恢复正常后，可以通过 HMI 以手动方式停止辅助润滑油泵。

（6）在正常运行期间，PALL-182(96QT-1A)检测到润滑油供油压力消失，事故油泵将立即启动，同时机组压力紧急停机程序启动。

（7）在机组冷却期间，事故油泵连续运行 15min，为了保护电源蓄电池，循环 3min，停 12min；直到冷却(3h)程序结束。

（8）如果润滑油压力恢复正常，事故油泵将自动停止，PAL-182(96QT-1A)停止工作。

（9）在机组停机或机组冷却结束后，如果系统监测到 PT 在转动，辅助矿物油泵将自动启动。

（10）机组停机期间，如果油箱加热器根据油箱润滑油温度启动或停止，辅助润滑油泵也跟随着自动启动或停止。

（11）当交流辅助油泵运行时，矿物润滑油箱的油雾抽汽分离器也运行。

8. STEP TO IDLE 程序

（1）设置 STI 到机组控制器。

（2）将机组转移到"准备带载"状态，完全打开防喘阀，终止防喘控制器工作。

（3）禁止设定 PT 转速。

（4）GG 转速逐步降到 6800r/min。

（5）如果正常停机程序闭锁，或是在 5min 内没有复位，紧急停机程序启动；否则，机组将直接执行正常停机程序。

（6）当 GG 转速降到怠速，所有启动怠速的过程将被清空，并在 10s 内复位，否则紧急停机将启动。如果在启动期间 STI 启动，在暖机和润滑油满足条件之前，机组将直接停机。

（7）当燃气轮机处于正常运行或一个 STI 原因出现，燃料计量阀将开度设定在 GG 的怠速转速（6800r/min）。当运行操作员将 STI 复位后，GT 转速将继续沿斜坡曲线上升到：

① 如果主选择器选择到手动位置，则升到维持在 PT 最小转速；

② 如果主选择器选择在自动或遥控位置，则升到另外设定的 PT 运行转速。

9. 缓慢减少到最低负荷程序

SDML 程序的执行可以通过逻辑控制或是通过 HMI 进行手动控制，它包括如下一些过程：

（1）设置 SDML 到机组控制器。

（2）将机组转移到"准备带载"状态，完全打开防喘阀，终止防喘控制器工作。

（3）机组转速逐步降到 PT 的最小负荷转速 4543r/min。

（4）在 5min 内机组必须到达最小负荷，否则，机组紧急停机程序启动。

（5）如果程序执行受阻，所有 SDML 条件将被清空或复位，MARK Ⅵe 将重新让机组处于带载状态，并在 30min 之内带上最小负荷。正常运行和速度控制程序恢复。否则，正常停机启动。

（6）如果 SDML 在合成油暖机结束之前启动，则机组直接启动紧急停机。如果 SDML 发生，直到机组最小负荷，然后 STI 程序启动。

10. 正常盘车

每次盘车试验和阀位校验都必须启动盘车程序。

（1）在盘车试验之前，下列条件应当满足：

① 所有的维护/备用条件应当满足；

② 维护/备用状态必须选择；

③ 事故停机原因必须清除和复位；

④ 振动监视器工作正常；

⑤ UCS 状态正常；

⑥ MARK Ⅵe 看门狗逻辑工作正常；

⑦ 液压启动系统许可启动条件满足；

⑧ 盘车程序和水洗程序不闭锁；

⑨ 没有选择水洗程序。

（2）当所有这些许可条件满足时，就可以在 HMI 上选择软按钮启动盘车。选择"CRANK SELECTED"靶，然后启动。

（3）当 MARK Ⅵe 盘车条件满足，运行操作员就可以在 HMIS 上选择 START/STOP 选择器，然后按程序进行如下步骤：

① 液压阀调节器将阀位设定在 0r/min；

② 约 5s 后，液压启动调节器将阀位设定在 1200r/min，将 GG 转速加速到盘车状态。

（4）如果出现下列原因盘车程序将会停止：

① GG 转速必须在 90s 内从加速阶段没有达到 1200r/min；

② 当 GG 转速达到了盘车状态 1200r/min，转速又降到了 1100r/min；

③ 在任何情况下发出停机命令。

（5）如果任意停机原因出现，程序将继续下列步骤：

① 液压阀调节器设置为 0 转速；

② 经过 10s 后，启动电动机停止。

11. 燃气轮机机箱的清吹和充压

（1）在首次启动或者下列原因之一被识别之后再次启动，需要进行机箱的清吹和充压：

① ESD 发出跳闸信号；

② ESD 要求 0 通风；

③ 确认火灾挡板处于关闭；

④ 防冰挡板和通风挡板确认处于关闭。

（2）在启动机箱清吹和充压程序之前，运行操作员必须确认下列条件：

① 机箱空气进气道挡板处于打开状态；

② 机箱空气排气道挡板处于打开状态；

③ 火灾保护系统和可燃气体探测系统工作正常。

（3）确保下列条件准确无误：

① 燃机机箱门关闭；

② 要求机箱清吹。

（4）运行操作员可以通过点击 HMI 上的"TURBINE CASE PURGING START"软按钮启

动机箱清吹程序。

（5）接着燃机机箱防冰挡板电磁阀带电，燃机机箱通风机启动。

（6）一旦下列条件满足，则机箱清吹结束：

① 机箱压差连续维持120s没有出现低报警；

② ESD有通风要求；

③ 轮机机箱没有监测到可燃气体。

（7）一旦机箱清吹完全结束，即通风机连续正常工作120s没有出现燃气系统故障，相应的机组"准备启动"靶出现，机组将被启动。燃机机箱主通风机继续维持运行直到手动停止或机组开始启动。

（8）如果机箱清吹启动5min后还没有结束，则程序将退出清吹。

（十）机组运行模式

模式的选择可以通过HMI上的主选择器MAIN SELECTOR进行，SCS的运行依赖于选择的运行模式（自动或遥控）。但是对于紧急停机（ESD）不存在模式的选择问题。

1. OFF模式

当燃气轮机—离心压缩机组在启动或运行过程中，不能选择OFF模式，在其他任何时候都可以选择。当选择了OFF模式，运行操作员就不能进行机组的启动程序。

即使MARK Ⅵe处在OFF模式，但是机组的所有分析和监视功能仍然在进行。监视仪表的电气隔离可以通过断开断路器或者断开终端连接来实现。

2. 离线水洗模式

如果遥控模式关闭，只有通过HMI选择离线水洗模式，在这种情况下，随着运行操作在HMI上按下了START按钮后，下列一些动作将执行：

（1）启动辅助矿物油泵88QA-1，等待矿物油压力正常。

（2）液压启动泵电动机选择"DUTY"启动，截止阀前的油压正常后，截止阀打开，四位控制阀运行，推动GG转子转动。

（3）一旦GG转速小于110r/min，离线水洗电磁阀FY-662(20TW-1)打开，这时水洗清洗剂注入燃气轮机开始进行循环，GG加速到水洗速度。

（4）一旦GG转速大于或等于1200r/min，离线水洗电磁阀FY-662(20TW-1)关闭，这时水洗清洗剂停止注入。

（5）当GG转速降到小于110r/min时，GG转速又按照前面的步骤继续上升。离线水洗电磁阀FY-662(20TW-1)又打开。这种升速/降速运行最长时间可持续40min，然后在达到允许最长时间之前自动停止，操作员也可以通过按下HMI的"START-UP"画面上的STOP按钮手动停止。

3. 急速启动模式

这个运行模式主要是用来确认GT的启动程序功能的正确性。

一旦启动允许正常，操作员就可以按照正常启动将 GG 提升到怠速转速。

机组能够维持最长时间为 30min 的怠速转速。

（十一）再启动

1. 热再启动

紧急停机或跳闸后的再启动在 T54 大于 621.1℃ 的时候，可以进行热再启动程序。但是必须在触发停机的原因和影响因素彻底清楚之后，才能进行。

2. 停机后 10min 内热再启动

如果在 10min 内影响停机的因素被清除了，而且 HP 转子的转速小于 300r/min，那么可执行如下的再启动程序：

（1）启动再启动计时器和执行手动再启动清吹。必要时对其他计时器进行复位。

（2）启动启动器驱动 HP 转子到转速低于 2400r/min，如果 HP 转子转动很自由，则执行一个正常启动程序。

（3）如果在停机 10min 内，具备了让 HP 转子转动的因素，通过手动清吹执行再启动清吹循环。再启动清吹循环带动 HP 转子转动，可以阻止 HP 转子的热弯曲。

（4）通过选择再启动清吹方式，运行操作员在故障和系统问题弄清楚之后，可以随时执行机组的再启动。

3. 停机 10min 后热再启动

如果在 HP 转子速度小于 300r/min 时 10min 内，不执行再启动清吹循环或冷却盘车，控制系统将闭锁，而不能再启动机组或转动机组；闭锁 4h 之后，可执行正常启动程序。

（十二）机组鉴定试验

（1）所有辅助系统(电气系统、燃料气系统、空气系统、润滑油系统、火灾控制系统、指示器和控制系统)都全面检查，而且为运行做好了准备。

（2）进行一次正常启动。

（3）在机组怠速状态下，稳定运行 5min。

（4）执行 PT 超速停机试验，PT 不带负荷，通过慢慢增加 PT 速度(NPT)，直到机组自动跳闸/停机。如果没有出现自动停机，则必须手动停机，并检查速度指示器和自动停机程序，查出原因。

（5）再启动机组并缓慢加速到满负荷。如果是冷机状态，从 0 到满负荷的时间不能低于 5min，加速期间，速度的增加幅度最好保持恒定。

（6）满负荷稳定运行 3min，然后观察和记录参数，并与表 5-5 的参数进行比较。

（7）减负荷到怠速。

（8）执行正常停机程序。

（9）检查系统有无泄漏，设备部件有无松动，并及时纠正。

（10）检查润滑油回油滤网的污染情况。

（十三）机组的运行测试

机组在安装、更换 GG 或大修结束后，应在不同的转速、负荷下对设备进行全面检查：

（1）按照如下步骤执行假启动程序：

① 解开点火器接线，关闭燃料关断阀，按照设备手册自动启动 GG；

② GG 将进行正常启动循环，然后因为没有检测到火焰而停机。

（2）执行预启动程序：

① 让点火系统失去正常点火，打开燃料关断阀，控制系统设定在运行状态，自动启动 GG；

② GG 将加速到点火转速，燃料关断阀打开，燃料母管充压，GG 启动因没有监测到火焰而退出；

③ 让 GG 惯性停止，然后启动清吹程序，清吹 GG 中残留的燃料，连续转动 60s，清吹掉 GG 中的残留燃料。

（3）执行点火系统功能检查：

① 转动 GG 约 60s，清除燃烧室中的残余燃料；

② 解列点火器的输入端，暂时脱离点火器；

③ 合上点火系统电源时，听得见点火声；

④ 切断电源，重新连接好点火器的输入端；

⑤ 如果没有听见声音，必须检查系统绝缘问题，并及时进行纠正。

（4）正常启动机组，并设定到怠速，当机组稳定到怠速时，进行下列工作：

① 检查机组和供给系统有无泄漏；

② 检查机组零部件有无松动；

③ 对照参数检查表检查参数是否正常；

④ 观察和记录所有结果，仔细检查，发现差异；

⑤ 在进行速度增加时，纠正差异。

（5）在最大负荷下运行机组：

① 缓慢进行控制设定，增加机组转速（NGG），每次增加 500r/min，检查所有参数，特别要注意 VSV 的位置设定和振动，如果出现异常，请咨询生产厂家；

② 运行 GG 到额定负荷，GG 的输出受到 PS3（压气机排气压力）的限制或在极冷天要纠正关键转速，保持这个负荷直到运行稳定；

③ 对照表 5-5 的参数，进行比较；

④ 一旦进入稳定状态，记录仪器仪表读数。

(十四) 离心压缩机组正常运行的检查

(1) 主油箱油位;

(2) 主油箱油温;

(3) 冷油器的进、出口油温;

(4) 轴承温度;

(5) 轴承的回油温度;

(6) 油泵的出口压力;

(7) 润滑油的供油温度;

(8) 径向支撑轴承和推力轴承的油压;

(9) 润滑油过滤器的压差;

(10) 密封气过滤器的压差;

(11) 机械密封外密封室与第三级迷宫密封室之间的压差(E-D 室);

(12) 密封气和平衡气之间的压差;

(13) 密封气体压力;

(14) 平衡管的压力;

(15) 主排空管线的压力;

(16) 主排空管线上流量调节孔板阀的压差;

(17) 回油管线的油流量;

(18) 主排空管线的气体流量;

(19) 离心压缩机入口和出口的天然气温度和压力;

(20) 轴承的径向振动值;

(21) 转子的轴向位移;

(22) 润滑油冷却器、润滑油过滤器、密封气体过滤器的周期性倒换;

(23) 周期性打开第三级密封室的排污阀,这些是轴承和密封之间的空腔,可能也包括有少量的润滑油也会被排掉;

(24) 周期性地进行油箱油样的化验和分析。

二、SOLAR 燃气轮机压缩机组操作流程

本部分讲述发动机、视频显示计算机和远程显示终端的操作说明,包括启动和停机,注意在指令给定和必须服从所有安全报警、当心和提示中完成。

(一) 发动机操作

只有设备安全时才能操作,不安全状态包括:燃料泄漏,工艺气泄漏,热区润滑油泄漏或渗漏,导线磨损或脱皮,丢失或破裂了地脚螺栓螺母或构件。

必须避免易燃易爆的天然气积累,燃料蒸发,润滑油箱出口泄漏和溶剂的蒸发。通过

适当的通风、泄漏的排出、采用适当的维修设备约束溶剂的使用来预防。

只有经考核合格的人才可以操作机组,操作人员必须理解涡轮和被驱动设备的运行、功能、系统和控制、指示器和操作限制。

在涡轮机械的附近区域,人员必须使用听觉和视觉保护。

在保养维护泵、电动机、启动器、增压管接头或电气系统或润滑油系统时,应关闭任何手动操作的气源活门。维修时,气动压力产生的故障可能伤害人体和设备。

机组的运行是固有安全和可靠的,控制系统保护防止发生损坏性事故,参考安全要求并遵守以下各条以确保正常运行。

1. 预启动程序

在启动发动机之前,联系维修人员或查看记录,验证所有的维护项目都已完成。物理结构上检查机组,检验应无维护的遗留物存在,任何指示设备都不应该被激励、激活或启动。如果预警没有发现,则有可能伤害到人员和设备。

1) 控制地点选择

机组可以在本地控制(主控室),或者用 Solar 公司提供的设备控制(机组旁的接线盒),或者从用户提供的遥控设备控制。参考图 5-33,完成下列程序时,则选定本地、辅助或遥控三种控制模式。

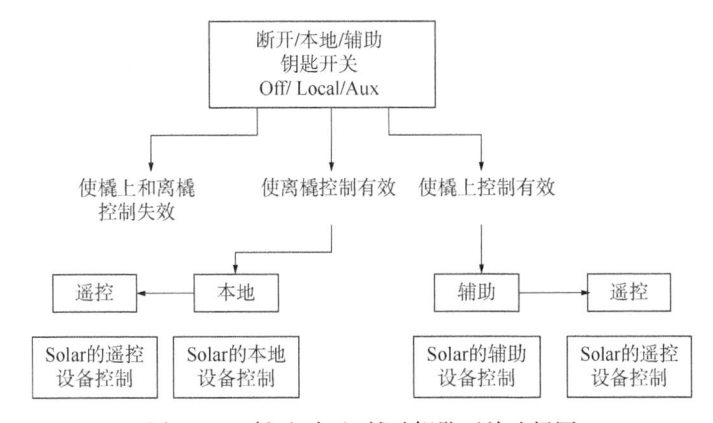

图 5-33 断开/本地/辅助钥匙开关选择图

2) 本地控制

进行下列程序,则使控制系统准备好用主控制柜的设备完成本地控制。

在下列程序中,显示屏幕以高亮度黑白画面显示方括弧[ ]中内容。

(1) 从涡轮控制面板上,旋转断开/本地/辅助钥匙开关(S1001),置本地(LOCAL)位。

钥匙开关在所有时间内应保持在"本地"位,除非涡轮或系统需要维修保养,或者希望用涡轮控制接线盒来控制。

一旦选定"本地"位,所有的用涡轮控制接线盒上设备的操作就停止,直到断开/本地/辅助钥匙开关(S1001)旋转到"辅助"位。

(2) 检验本地/辅助指示灯(DS1001),"本地"指示灯亮。

(3) 从视频显示计算机上,选择操作总汇显示屏并选择屏上"遥控选择无效"按钮。

一旦屏上"遥控选择无效"按钮被选中,则停止使用用户提供的遥控设备进行一切操作,直到选中屏上"遥控选择有效"按钮为止。

正常停机,紧急停机按钮开关保持有效,这与"本地""辅助"或"遥控"选择无关。

(4) 从操作总汇显示屏上,验证"系统控制"模式中,[LOCAL]是高亮的。

3) 辅助控制

(1) 进行下列程序,使控制系统准备好用涡轮控制接线盒的设备实现辅助控制。

提示在下列程序中,显示屏幕以高亮度,黑白画面显示方括弧[ ]中内容。

① 从涡轮控制面板上,旋转"断开/本地/辅助"钥匙开关(S1001)置"辅助(AUX)"位。

钥匙开关在所有时间内均应保持在"辅助"位,除非涡轮或系统需要维修保养,或者希望用主控制柜来控制。

一旦选定"辅助"位,则所有的用主控制柜的操作无效,直到断开/本地/辅助钥匙开关旋转到"本地"位。

② 检查本地/辅助指示灯(DS1001),"辅助"应发亮。

(2) 进行下列程序,使控制系统准备好用户提供的设备从控制柜上实现控制。

当选定遥控操作时,控制系统将与用户提供的所有发动机和压缩机在同一通道中的输入端相适应,如同Solar公司提供的设备在本章叙述的输入端一样。

在下列程序中,显示屏上以高亮度黑白画面显示方括弧[ ]中内容。

① 从涡轮控制面板上,旋转"断开/本地/辅助"钥匙开关(S1001)置本地位。

应注意:在所有时间内,钥匙开关应保持在"本地",除非涡轮或系统需要维护保养或希望用涡轮控制接线盒来控制。

一旦选定"本地"位,用涡轮控制接线盒进行的所有控制失效,直到钥匙开关(S1001)旋转到"辅助"位为止。

② 检查"本地/辅助"指示灯(DS1001),"本地"指示灯应发亮。

③ 从视频显示计算机上,选择"操作总汇"显示屏幕且选择屏上"遥控选择有效"。

应注意:一旦选中屏上"遥控选择有效",用主控制柜的一切操作均失效,直到选定屏上"遥控选择无效"为止。

正常停机和紧急停机按钮开关保持有效,而与"本地/辅助/遥控"选择无关。

④ 从"操作总汇"显示屏幕上,检查"系统控制"模式下,[Remote]呈现高亮度。

4) 预启动

这一部分讲述启动前的准备程序。参看黑体字程序文件列表,为从控制柜、涡轮控制接线盒和遥控显示终端上启动做好准备。

下列程序中,显示屏幕以高亮度黑白画面显示方括弧[ ]中内容。

(1) 主控制柜。

① 检查"本地/辅助"指示灯(DS1001),"本地"指示灯应亮。

② 选择"操作总汇"显示屏幕,检查"系统控制"模式下[Local]呈现高亮度。

③ 按压"灯试验"开关(S1013),检查面板上所有的指示灯应发亮。

④ 应选择"Fuel System"燃料系统显示屏,检查燃料气压力。

应注意:如果燃料气压力超出运行限制,则在报警一览表显示屏幕上会显示报警或停机。

⑤ 按压并释放"确认"开关(S1017),然后按压并释放"复位"开关(S1014),或者选"操作总汇"显示屏幕,选屏上"复位"按钮,以确认和清除任何报警和停机指示。

⑥ 选"报警一览表"显示屏幕,检查报警和停机指示,排除保持的任何报警和停机。

⑦ 选择"操作总汇"显示屏幕且检查[Ready]呈现高亮度,检查"准备好"指示灯(DS1077)应发亮。

应注意:如果停机指示灯继续亮,则"操作总汇"显示上[Ready][准备好]就不会出现高亮,准备好指示灯也不会亮,所有的停机指示灯必须熄灭且"确认"开关和"复位"开关必须再一次按下或者"操作总汇"显示屏幕上"复位"按钮再一次被选中,以确认和清除任何停机指示。

⑧ 核实"操作总汇"显示屏是被选定去监视机组的启动过程。

(2) 涡轮控制接线盒。

① 检查"断开/本地/辅助"开关(S1001),应该在辅助(AUX)位。

② 选择标准显示屏幕1或标准显示屏幕2,然后在显示功能F1/F2开关(S125-1/2)上按F1开关,选屏上"灯试验"按钮,检验面板上所有的指示灯应发亮。

③ 选"报警一览表"显示屏幕,检查报警和停机指示。

④ 根据报警一览表显示屏,在显示功能F1/F2开关(S125-1/2)上先按F1开关然后按F2开关,以确认和清除任何报警和停机指示。排除残留的报警和停机指示。

⑤ 选标准显示屏幕1,检查燃料气压力。

如果燃料气压力超出运行限制,则在"报警一览表"显示屏幕上会显示出报警或停机。

(3) 远程显示终端。

① 选择"操作一览表"显示屏,核实"系统控制"[Remote]高亮显示。

② 应选择"Fuel System"燃料系统显示屏,检查燃料气压力。

应注意:如果燃料气压力超出运行限制,则在报警一览表显示屏幕上会显示报警或停机。

③ 按"操作一览表"显示屏上"RESET"屏幕按钮,确认并清除报警和停机指示。

④ 选"报警一览表"显示屏幕,检查报警和停机指示,排除残留的报警和停机指示。

⑤ 选择"操作一览表"显示屏,核实[Ready]高亮显示。

如果停机指示没有被更正,"操作一览表"显示屏上[Ready]不会高亮显示。所有的停机指示必须被更正,"操作一览表"显示屏上屏幕按钮"RESET"须被再次按下,以确认和清除报警和停机指示。

⑥ 核实"操作总汇"显示屏是被选定去监视机组的启动过程。

2. 启动程序

本部分叙述发动机的启动程序。参看黑体字程序文件列表,为从控制柜、涡轮控制接线盒遥控显示终端上启动做好准备。

应注意:当发动机转速下降到15%之后1min,可以开始重新启动。若是故障停机,则不要企图再一次启动,直到故障的情况已确定且故障状态已排除,连续启动三次仍不成功,则需要进行附加的故障查找与排除。

1) 从主控制柜启动

(1) 执行预启动程序。

(2) 按压"自动/手动"开关/指示灯(S/DS1056),选择自动或手动转速控制。

(3) 自动/手动指示灯包在开关里,如果选定了自动转速控制,开关上半部(自动)发亮,如果选定了手动转速控制,则开关的下半部(手动)发亮。

(4) 选择"维修"显示屏幕并选屏上"Fail to Load Shutdown Enable(未加载停机启动)"按钮检查[未加载停机启动]呈现高亮度。

(5) 从场站阀门显示屏幕上选定屏上"自动场站阀门"按钮,检查作为场站阀门系统状态的[Auto](自动)呈现高亮度。

(6) 选压缩机防喘控制显示屏幕,并选定屏上防喘阀自动"按钮"检查作为防喘阀门状态下[Auto](自动)呈现高亮度。

(7) 选出过程控制显示屏幕并选出所希望的过程控制参数。

(8) 选出"操作总汇"显示屏幕,使监控器设备启动。

按压"启动"开关(S1010)或选定"操作总汇"显示屏幕上"启动"按钮。

① 正在启动指示灯(DS1014)开始闪亮,同时"操作总汇"显示屏幕上[STARTING](正在启动)呈现高亮度,试验作为运行和超前/置后泵启动预润滑的备用润滑油泵,控制系统开始进行燃料气系统检查,启动系统通电,箱体通风风扇通电。

② 预润滑时间已过,发动机带转开始。

③ 启动机带转发动机到达15%转速之后,清吹定时器提供一个排气系统的预定时间,由发动机气流进行清吹。在"操作总汇"显示屏幕上[PURGE CRANK](清吹带转)呈现高亮度。

④ 燃气涡轮的清吹定时器到设定的时间之后,燃料气供到燃烧室,在那里与压缩了的空气混合并被点燃;在"操作总汇"显示屏上[LGNITION](点火)呈现高亮度。

⑤ 发动机连续加速,发动机T5温度增加到400℉(204℃)时,"操作总汇"显示屏上

[LIGHT OFF]（点火器断电）呈现高亮度，点火停止，同时燃料气递增信号生效，发动机累计工作小时数/成功启动次数计数器表（M210）记录成功启动次数。

⑥ 发动机转速增加到启动机脱开速度，发动机驱动的润滑油泵出口压力增加，超前—置后润滑油泵停机，启动系统脱开启动器离合器超转。发动机转速增加到慢车转速，发动机累计工作小时数/成功启动次数计数器（M210）开始录入发动机工作小时数，正在启动指示灯熄灭，在"操作总汇"显示屏幕上[RUNNING]（正在运转）呈现高亮度。

⑦ 如果选定自动转速控制，发动机转速将自动地被控制系统控制，如果选定手动转速控制，发动机将保持在慢车转速直到操作员通过按压"INCREASE"（增加）开关（S1054），发动机转速才上升。

（9）进行运行检查程序，见下文 3. 运行检查。

2）从涡轮控制接线盒启动

（1）执行预启动程序；

（2）从主控制柜上进行下列各项；

① 在涡轮控制面板上，选定转速控制模式为"自动（AUTO）"；

② 在维护显示屏上[Fail to Load Enable]（未加载有效）呈现高亮度；

③ 在"场站阀门"显示屏上，场站阀门系统状态"自动"呈现高亮度；

④ 在压缩机防喘阀控制显示屏上，防喘阀"自动"呈现高亮度；

⑤ 在过程控制显示屏上，选择希望的过程控制参数。

（3）在启动过程中，选择标准显示屏 1 来监视机组。

（4）按压启动开关（S/DS110）。

S/DS110 开始闪亮且在"发动机总汇"显示屏幕上（Starting）（正在启动）呈现高亮度，为了运行和超前/置后泵启动预润滑时间，试验备用润滑油泵；控制系统开始进行燃料气系统的检查，启动系统通电，箱体通风风扇通电。

在预润滑时间完成以后，发动机开始带转。

在启动机带转、发动机转速达到 15% 之后，清吹定时器提供一个排气系统的预定时间，由发动机气流进行清吹。

在涡轮清吹定时器到了设定的时间之后，燃料气供到燃烧室，在那儿遇到压缩了的空气混合并被点燃，在数秒内（一般 10s）点火停止，燃烧开始。

发动机继续加速，发动机 T5 温度上升到 400°F（204°C），燃料气递增信号生效，点火停止，发动机累计工作小时数/成功启动次数计数器表（M210）记录成功启动。

发动机转速增加到启动脱开速度，发动机驱动的润滑油泵出口压力增加，超前/置后润滑油泵停机，启动系统脱开且启动机离合器超速，发动机转速上升到慢车转速，发动机累计工作小时数/成功启动次数计数器（M210）开始录入发动机工作小时，启动/正在启动开关/指示灯熄灭。

发动机转速会自动地受控制系统的控制，如果选定手动加载设定点模式，则发动机转速会保持在慢车转速上，直到操作员通过转速减少/增加开关（S154），发动机转速才会上升。

（5）进行运行检查程序，见下文3.运行检查。

3）从远程显示终端启动

（1）执行预启动的程序。

（2）选出维护显示屏幕，选择屏上"未加载停机启动（Fail to Load Shutdown Enable）"按钮，并检查"未加载停机启动"为高亮。

（3）从场站阀门显示屏幕上选定屏上"自动场站阀门"按钮，检查场站阀门系统状态的[Auto]（自动）呈现高亮度。

（4）选压缩机防喘阀控制显示屏，并选定屏上防喘阀"自动"按钮，检查作为防喘阀们状态的[Auto]（自动）为高亮度。

（5）选出过程控制显示屏，并选出所希望的过程控制参数。

（6）选"操作总汇"显示屏去监视机组的启动。

（7）从"操作总汇"显示屏上选择"启动"按钮。

在"操作总汇"显示屏上，[正在启动]呈现高亮度，箱体通风风扇通电，测试运行备用润滑油泵并启动前后润滑油泵的前润滑循环。控制系统开始进行燃料气系统的检查，启动系统通电。

预润滑时间过后，发动机带转开始。

启动机带转发动机到达15%转速之后，清吹定时器提供一个排气系统的预定时间，由发动机气流进行清吹。在"操作总汇"显示屏幕上[PURGE CRANK]（清吹带转）呈现高亮度。

燃气涡轮的清吹定时器到设定的时间之后，燃料气供到燃烧室，在那里与压缩了的空气混合并被点燃；在"操作总汇"显示屏上[LGNITION]（点火）呈现高亮度。

发动机连续加速，发动机T5温度增加到400°F（204℃）时，"操作总汇"显示屏上[LIGHT OFF]（点火器断电）呈现高亮度，点火停止，同时燃料气递增信号生效，发动机累计工作小时数/成功启动次数计数器表（M210）记录成功启动次数。

发动机转速增加到启动机脱开速度，发动机驱动的润滑油泵出口压力增加，超前—置后润滑油泵停机，启动系统脱开启动器离合器超转。发动机转速增加到慢车转速，发动机累计工作小时数/成功启动次数计数器（M210）开始录入发动机工作小时数，正在启动指示灯熄灭，在"操作总汇"显示屏幕上（RUNNING）（正在运转）呈现高亮度。

如果选定自动转速控制，发动机转速将自动地被控制系统控制，如果选定手动转速控制，发动机将保持在慢车转速直到操作员通过按压"INCREASE"（增加）开关（S1054），发动机转速才上升。

(8) 进行运行检查程序，见下文 3. 运行检查。

3. 运行检查

为确保运行安全，每当机组启动后，要进行下列运行检查程序。如果机组是连续运行，则需进行日常的运行检查，以检验其正常运行。

(1) 记录发动机和压缩机的转速、压力、温度和振动读数，与正常的或设计的运行值进行比较，如果差值存在，则停机并寻找原因。

(2) 检查来自空气系统、润滑油系统和燃料气管道和阀门系统的泄漏。

(3) 确保随时安全运行。

4. 停机程序

本部分讲述机组的停机程序，有三种类型的停机程序：正常停机、紧急停机和控制系统停机。

1) 正常停机

正常停机程序包括冷吹时间，正常停机允许发动机停止之前不带载运转一段预定的时间。

在下列程序中，显示屏幕以高亮度黑白画面显示方括弧[　]中内容。

(1) 从主控制柜着手的正常停机，要按压正常停机开关(S1011)或者选择"操作总汇"显示屏幕上"STOP"按钮，下列事件就会发生：

① 冷吹指示灯(DS1013)发亮，防喘控制阀打开，在操作总汇显示屏幕上[Cooldown] (冷吹)呈现高亮度。

② 发动机缓慢降到慢车转速，并以慢车转速保持运转一个预定的冷吹时间。

应注意：在冷吹期间，通过按压确认开关、复位开关和启动开关，或者在操作总汇显示屏幕上先选定屏上复位按钮，然后选定启动按钮，均可使发动机再次启动。

③ 预定的冷吹完成之后，燃料气系统阀门关闭，燃烧停止，发动机开始减速，冷吹指示灯(DS1013)熄灭，屏上[Cooldown]指示回到正常画面，正在停机指示灯(DS1011)发亮，在操作总汇显示屏上[Stopping](正在停机)呈现高亮度。

④ 天然气压缩机的进气阀和排气阀关闭，放空阀保持关闭以保持压缩机和工艺管线在预定的压力保持期间内的压力。

⑤ 屏上[Running]显示回到正常画面，发动机累计工作小时/成功启动次数计数表(M210)停止录入工作时间。

⑥ 发动机惯性下滑到停机且减速定时器定时到时之后，预定的后置润滑时间开始。

⑦ 预定的增压保持时间结束之后，放空阀打开使压缩机和管道系统减压，且使密封系统失效。

(2) 从涡轮控制接线盒进行的正常停机，要按压正常停机开关/指示(S111)，然后下列事件发生：

① 停机/正在停机灯 DS111 亮，同时防喘控制阀打开。

② 发动机缓慢降到慢车转速，并以慢车转速保持运转一个预定的冷吹时间。

应注意：在冷吹期间，通过先按压确认开关、复位开关，然后按压启动开关，可使发动机再次启动。

③ 预定的冷吹时间完成之后，燃料气系统阀门关闭，燃烧停止，发动机开始减速，显示屏上[Cooldown]（冷吹）显示回到正常画面，停机/正在停机指示灯（DS111）发亮。

④ 天然气压缩机的进气阀和排气阀关闭，放空阀保持关闭以保持压缩机和工艺管线在预定的压力保持期间内的压力。

⑤ 发动机累计工作小时/成功启动次数计数表（M210）停止录入工作时间。

⑥ 发动机转速惯性下降到停机且减速定时器定时到时之后，预定的后置润滑时间开始。

⑦ 预定的增压保持时间结束之后，放空阀打开，使压缩机和管道系统减速并使密封系统失效。

（3）要从遥控显示器终端进行正常停机，可选点"操作总汇"显示屏上的"STOP"按钮，下列事件就会发生：

① 在"操作总汇"显示屏幕上，冷停[CoolDown]指示高亮度，同时打开防喘阀。

② 发动机缓慢降到慢车转速，且在预先设定的冷吹时间内持续运转。

应注意：通过选点"操作总汇"显示屏幕上"Reset（复位）"按钮，然后选点"Start（启动）"按钮，则发动机可重新启动起来。

③ 在预定的冷吹时间到了之后，燃料气系统阀门关闭，燃烧终止，同时发动机开始减速，冷吹指示回到正常亮度，在"操作总汇"显示屏幕上，[Stopping]（正常停机）高亮显示。

④ 天然气压缩机的进气阀和排气阀关闭，放空阀保持关闭，以保持压缩机和工艺管线在预定的压力保持期间内的压力。

⑤ 屏上[Running]显示回到正常画面，发动机累计工作小时/成功启动次数计数表（M210）停止录入工作时间。

⑥ 发动机惯性下滑到停机且减速定时器定时到时之后，预定的后置润滑时间开始。

⑦ 预定的增压保持时间结束之后，放空阀打开，使压缩机和管道系统减速并使密封系统失效。

2）紧急停机

紧急停机不包括冷吹时间，紧急停机允许发动机在停止之前的一个预定的时间内空载运转；紧急停机开关只有在设备状态要求立即停机时才使用。

在下列程序中，显示屏幕以高亮度黑白画面显示方括弧[ ]中内容。

不论是按压主控制柜的涡轮控制面板上的紧急停机开关（S1012），还是按压涡轮控制接线盒上的紧急停机开关(S112),或是按压用户提供的紧急停机开关(S512A 或 S512B),紧急停机都会发生,并发生下列事件:

(1) 增压保持程序被旁通(不执行),压缩机进气阀关闭,排气阀关闭,放空阀打开。

(2) 发动机无冷吹时间,立即执行停机程序,正在停机指示灯(DS1011)和停机/正在停机开关/指示灯(S/DS111)发亮,"操作总汇"显示屏上[Stopping](正在停)呈现高亮度。

(3) 发动机累计工作小时数/成功启动次数计数器表(M210)停止录入工作时间。

(4) 发动机转速惯性下降到停机且减速器定时器到期之后,预定的后置润滑时间开始计时。

3) 控制系统停机

控制系统停机有两个类型:冷吹停机和快速停机。如果控制系统认定为不安全的运行状态,则控制系统就发出停机指令。依据停机的快慢程度,控制系统既可启动冷吹停机,也可启动快速停机。如果控制系统停机是由于状态自校正而启动,发动机在状态返回到正常状态后可以再次启动;如果控制系统停机是由于状态非自校正而启动;则联系维修人员进行适当的调整。

(1) 冷吹停机。

如果冷吹停机已启动,则压缩机卸载和发动机停机如同正常停机方式一样停机。有两种类型的冷吹停机:锁定冷停和非锁定冷停。

① 非锁定冷停(CN)。

非锁定冷停是减少发动机的转速到慢车转速,并在启动停机之前保持预先设定的冷吹时间。非锁定冷停包括操作员启动正常停机,运行状态达到停机限制而由于维修没有跟上,瞬间的破坏引起超限状态,以及运行状态超过报警限制线但并没有严重到足以引起任何直接的损坏。当采用不论本地或者是遥控确认和复位开关时,有正确的措施或运行状态返回到正常状态之后,非锁定冷吹停机能够复位。

② 锁定冷停(CL)。

锁定冷吹停机是减少发动机转速到慢车转速并在启动停机之前保持一段预先设定的冷吹时间。锁定冷吹停机典型的原因是元件的故障和不明原因的运行状态超过报警和停机限制线。锁定冷吹停机可以不产生直接的损坏,但正确的动作可避免来自元件故障而导致的损坏。锁定冷吹停机可阻止机组运行,直到采用本地确认和复位开关,确认和复位了停机为止。

应注意:遥控确认和复位开关不能确认和复位锁定冷吹停机。

(2) 快速停机。

如果快速停机被启动,则发动机停机和压缩机卸载与紧急停机同样的方式进行。有两种类型的快速停机:锁定快停和非锁定快停。

警告：当由于探测到火焰而启动快速停机时，后置润滑油泵应保持在设定的减速时间内有效运转，设定的减速时间到点后，后置润滑油泵仍要保持运转20min，20min到期后，润滑油泵仍将在设定的后润滑时间内循环轮流接通和关断。如果危险状态仍存在，操作员必须手动紧急停止后润滑循环时间，接通后置和备用润滑油泵电源。

① 非锁定快停(FN)。

非锁定快速停机启动了发动机立即停机。非锁定快速停机的典型原因是非正常的运行状态和不正确的动作引起运行中的破坏发生。当运行状态恢复到正常状态时，应用不论本地的或者遥控的确认和复位开关，能够使非锁定快速停机复位。

② 锁定快停(FL)。

锁定快速停机启动了发动机的立即停机，锁定快速停机阻止了机组的运行，直到停机用本地确认和复位开关，确认和复位为止。除还采用本地确认和复位开关之外，还有由于微处理器的故障，探测到火焰，备用超速或按压了紧急停机开关而启动了的锁定快速停机，将需要备用继电系统来复位。锁定快速停机是最急剧和严峻的停机类型，在机组重新启动之前，要求正确无误的动作。

应注意：遥控确认和复位开关不能确认或复位锁定快速停机。

(二) 视频显示计算机的操作

采用下列步骤启动和关闭视频显示计算机和TT4000软件和远程显示终端。

1. 计算机的启动

(1) 置计算机电源开关于启动窗口程序；

(2) 当提示开始请求联机时，按压"Ctrl+Alt+Delete"；

(3) 打上用户姓名：操作员；

(4) 打上密码，同时按压"Enter"进入键。

2. TT4000的启动

(1) 从盘顶上双击TT4000设计者肖像；

(2) 从菜单工具条上，点击File(文件)；

(3) 从文件(File)中下拉菜单，点击"Open Project(打开科目)"；

(4) 点击C：/Jobs/76771/76771.ttprj；

(5) 从工具条上，点击绿色"Run"(运行)按钮。

应注意：科目可能几分钟加载。

(6) 如果"Server Busy"(服务忙)弹出，点击"Retry"(再试)按钮。

3. 关闭TT4000

(1) 移动打印机箭头到屏幕上按钮位，从屏上任务条，点击TT4000设计者应用按钮；

(2) 从工具条，点击红色"Stop"(停)按钮(方格)；

应注意：科目要进行几分钟才能停。

(3) 如果"Server Busy"(服务忙)窗口弹出,点击屏上"Retry"(再试)按钮;

(4) 从 File(文件)中下拉菜单,等科目停止之后,点击"Close Project"(关科目);

(5) 当科目关闭时,点击右上角的"Close"(关)按钮(×)。

4. 关闭计算机

(1) 从屏上任务条上点击"Start"(启动)按钮(末端左角);

(2) 从菜单列表中,点击"Shut Down"(停机);

(3) 选"Shut Down to Computer"(关计算机)并按 Enter(进入)键;

(4) 等待出现信息"Now Safe to Turn Off Your Computer"现在可安全关掉你的计算机。

(5) 断开计算机电源。

三、离心压缩机组控制模式选择

离心压缩机控制模式有以下四模式,请据安全、节能的原则选用模式。

(一) 基本控制模式(base)

该控制模式是通过调节放空阀来维持压缩机的额定排气压力。当厂用空气消耗低于设计流量时,放空阀将打开,把过量的空气排放到大气中。只有在进气温度或压力产生变化时,控制系统才调节进气导叶装置,以维持设计电动机电流或进气密度。

(二) 进气节流控制模式(suction throttle)

在满足厂用空气系统需求情况下,通过进气节流以减少电动机电流消耗。除了在当满足厂用空气系统需求情况下节流之外,此种控制模式与基本模式相类似。进气控制阀可以对进气节流直到达到最小电流设定点。假如此时厂用系统需求量继续下降,放空阀将自动调节以保持设定压力。

(三) 空车/重车控制模式(intermittent)

当系统压力低于低压设定值时,进气导叶会全开,放空阀全闭,以充分供应系统用气。如果系统用气量减少而使压力升高至设定值,放空阀即会部分打开以维持系统压力,如果用气量持续减少,放空阀即会继续开大,当放空阀开至某一设定的开度并持续 3min 以上后,空压机就会空车(放空阀全开,进气导叶全关,即空载),空车之后如果系统压力降低至设定值,空压机会再重车(加载)。

(四) 复式控制模式(auto-dual)

复式控制与空车/重车控制大约相同,不过当系统压力升高至设定值时,复式控制会先关小进气阀以减少驱动马力。如因排气压力持续升高,进气导叶会继续关闭至最低电流或吸气密度设定值为止。系统压力如果再升高,放空阀会打开以维持排气压力,直至放空阀开至设定开度值,空压机即会空车。系统压力低至低压设定值之后,空压机即会再重车,然后遵循以上所述的模式运转。

第七节　压缩机组启机

机组启动分盘车/水洗和正常启动两种方式。

一、盘车/水洗模式启动

(1) 选择启动模式为"Mainenance"。

(2) 检查启动允许程序，全部满足要求，启动允许绿灯亮，具体条件为：

① 所有维护/备用设备允许满足。

② 启动模式选择正确，盘车时选取"Mainenance"。

③ 任何紧急停车的原因已消除并复位。

④ 振动检测不在故障状态。

⑤ UCS 无故障信号。

⑥ MARK VIe 系统 Watchdog 工作正常。

⑦ 液压启动系统工作允许满足。

⑧ 盘车/水洗程序没有锁闭。

(3) 上述条件满足后，HMI 显示"Crank selected"，盘车操作被允许。

(4) 运行人员按控制柜上点击 HMI 上的虚拟按钮，开始盘车操作。

(5) 盘车操作的工作步骤如下(逻辑自动执行)：

① 液压调节阀设定转速为 0r/min，并启动液压泵电动机。

② 5s 后，液压调节阀设定转速到 1200r/min，开始增加转速。

③ 如果 90s 内，GG 转速达不到 1200r/min，盘车程序停止。

④ 如果 GG 转速到达 1200r/min 后，转速不能保持，当降低至 1100r/min 后，盘车程序停止。

⑤ 如果任何停机命令发出，盘车程序停止。

(6) 盘车程序停止步骤如下(逻辑自动执行)：

① 液压调节阀设定 GG 转速为 0r/min。

② 10s 后，液压泵电动机停车。

(7) 离线水洗模式的操作。

离线水洗模式可以从主选择器上选择，在这种情况下，相应的启动程序就是操作员在 HMI 上按下"启动"按钮，之后下列动作开始执行：

① 矿物润滑油辅助油泵电动机 88MQA-1 启动，等待矿物润滑油汇管压力恢复。

② 选作"值班"的液压启动器泵的电动机启动。加压于供油管线直到截止阀，截止阀打开，同时四路控制阀运行带转 GG 轴。

③ 一旦 GG 转速大于 110r/min，则离线水洗电磁阀 FY-662(20TW-1)就打开，此时，水洗液向 GT 喷射，进行周期性的清洗；同时 GG 加速到水洗转速。

④ 一旦 GG 转速 ≥1200r/min，离线水洗电磁阀 FY-662(20TW-1)就关断，此时水洗液喷射停止。

GG 转速下降，直到<110r/min，然后 GG 的转速又按前述的步骤再次增加，离线水洗电磁阀 FY-662(20TW-1)再次打开，这个缓上缓下的过程可持续进行最多 40min，之后程序自动停止，在达到最大允许时间之前，操作员也可以通过手动按压位于 HMI 上的启动显示屏的"停止"按钮停止程序。

二、正常启动

（一）正常启动准备工作

（1）选择启动模式为"Normal operation"模式。

（2）检查启动允许程序，全部满足要求，启动允许绿灯亮，具体条件为：

① 没有正在执行的程序或程序被锁定(除箱体风扇冷却程序)。

② 所有 shutdown \ abort to start \ normal stop \ SDML \ STL 停车原因已清除并复位。

③ 启动模式选择正确，选取"Normal operation"模式。

④ GG 转速小于 200r/min。

⑤ GG 排气温度 T48<204℃。

⑥ 机舱门和进气室门关闭。

⑦ 一扇防冰挡板打开。

⑧ 离心压缩机壳体差压不低。

⑨ 机舱防火挡板打开；MCC 电动机控制中心可用，且在自动位置。

⑩ 阀门控制器位置正确；GT 箱体吹扫程序结束；干气密封气压力允许；工艺系统处于启动状态。

（3）以下工艺参数在低限以上：

① 液压启动油箱液位及温度。

② 合成油箱液位及温度。

③ 矿物油箱液位及温度。

（4）矿物油母管阀门确认在打开位置。

（5）本特利报警系统无故障。

（6）来自 FGS ESD、SCS 控制系统的报警和停车信号已清除并复位。

（7）燃料气截至阀在关闭位置。

（8）燃料气计量阀在流量最小位置。

（9）与燃料气有关的其他状态满足启动条件。

（10）系统图要求的其他允许被满足。

上述条件满足后，HMI 显示"GT Start mode active to mark Ⅵ"。

运行人员可以按控制柜上点击 HMI 上的虚拟按钮，开始正常启动操作。

（二）正常启动工作步骤（逻辑自动执行）

（1）Core idle 指示复位。

（2）燃料气程序开始执行，矿物油泵手动停车被禁止。

（3）矿物油系统程序开始执行。

（4）机舱通风系统停车被禁止。

（5）主润滑油 Run down 油箱油位、压力、油温满足。

（6）液压油泵电动机开始工作。

（7）液压油调节阀设定 GG 转速到 2000r/min 开始机组吹扫，同时 HMI 显示"GT is starting"。如果 90s 内清吹转速达不到，启动程序失败。

（8）GG 清吹 3min（热启动清吹 8min），清吹结束后 GG 转速下降至 1700r/min，准备点火。如果清吹速度低于 1900r/min，启动程序失败。

（9）确认燃料气压力达到设定值。如果燃料气压力低于 26bar，启动程序失败。

（10）点火装置带电，机组开始点火。如果 5s 内，点火成功反馈信号没有到达 MARK Ⅵe 控制器，启动程序失败。

（11）GG 排气温度开始快速升高。如果从燃料气切断阀打开开始 20s 内或点火开始 25s 内，T48 温度达不到 204℃，启动程序失败。

（12）MARKVI-FLAMON（flame detected by at least one flame detector）指示灯亮，液压泵调节阀设定 GG 转速到 4500r/min，帮助 GG 提高转速，当 GG 转速到达后，点火系统失电、清吹程序复位、10s 后点火程序复位。如果从点火开始 25s 内，MARKVI-FLAMON 指示灯不亮，启动程序失败；如果 90s 内，GG 转速达不到 4500r/min，紧急停车程序将触发。

（13）GG 加速到怠速（GG 6800r/min）。如果 120s 内，GG 转速达不到 6800r/min，紧急停车程序将触发。

（14）启动计数器开始计数，运行时间计时器开始工作。

（15）怠速暖机计时器开始工作。

（16）暖机 5min 后，动力涡轮转速将大于 3500r/min，合成油温将达到 33℃以上，GG 转速继续增加（最大到 10200r/min），直到动力涡轮/压缩机最低运行速度到达（4543r/min）。

（17）准备带负荷信号出现（MarkVI-RTL），速度符合控制程序开始工作。

（18）系统进入符合控制状态，启动程序结束。

三、热态重启动

（1）机组从高负荷状态下停机，在 2h 以内需要重新启动且 T48 排气温度超过 620℃的情况属于热态重启动。

(2) 从 HMI 选取"Hot Restart"开关。

(3) 在机组停机过程中,当 GG 转速低于 200r/min 后,2h 的高速盘车计时器开始工作,机组保持高速盘车状态(防止转子热态变形)。

(4) 在需要启动时,按动控制盘启动按钮或 HMI 启动按钮,开始热态重启动。

(5) GG 转速在 2000r/min 保持 8min 进行吹扫(正常启动为 3min)。

(6) 其他启动步骤与正常启动一致。

(7) 尽量避免热态重启动,必须停车原因彻底查清后,才能进行。

第八节 压缩机组停机

在控制系统中具有下列五种停车功能:

(1) NS:Normal Stop,停车(允许燃气轮机启动);

(2) ESN:Emergency shutdown with no motoring,紧急停车(不允许燃气轮机启动);

(3) SI:Stop To Idle,一步减速到急速/停车;

(4) DM:Deceleration To Minimum Load,低速减速到急速/停车;

(5) ESD:Emergency Stop De-pressurized,中止启动/停车。

这些功能都是先发出警报然后停车,但是功能按照停车顺序进行变更。

一、正常停车(NS)

(1) 当 PT 速度大于最低运转速度(PT 4543r/min)的情况下正常停车,PT 将减速到最低运转速度。

(2) 机组最低运转速度达到后,继续减速到急速(GG 6800r/min)。

(3) 机组急速达到后,机组启动命令失能,机组开始 5min 的冷却。在这 5min 内,如果停机原因已消除并且复位后,运行人员可以重新启动机组。

(4) 机组冷却程序结束后,开始执行停车程序,从这一点开始与带压紧急停车程序(ESP)一致:

① 停止除冷却程序外的所有其他程序运行。

② 燃料气供应切断。

③ 点火程序失能(只在启动期间)。

④ 液压启动器流量设定为 0%(只在启动期间)。

⑤ 点火器线圈失能(只在点火期间)。

⑥ 一台机舱风扇继续运行。

⑦ 确认是否有热启动命令。

⑧ 发送停车命令到 MARK Ⅵe、SCS 系统、备份逻辑。
⑨ 快速发出命令打开压缩机工艺气体防喘阀。
以上程序同步执行。
⑩ 确认燃料气切断阀关闭，打开燃料气暖机阀进行排空。

二、压缩机组紧急停机

压缩机组紧急停机包括：紧急停车(不允许燃气轮机启动)、一步减速到怠速/停车、低速减速到怠速/停车、中止启动/停车。这些功能都是先发出警报然后停车，但是功能是按照停车顺序进行变更。

(一) 带压紧急停车(ESP)

带压紧急停车信号可以有控制按钮直接触发也可以由控制逻辑自动触发，停车步骤如下：

(1) 停止除冷却程序外的所有其他程序运行。
(2) 燃料气供应切断。
(3) 点火程序失能(只在启动期间)。
(4) 液压启动器流量设定为 0%(只在启动期间)。
(5) 点火器点火线圈失能(只在点火期间)。
(6) 一台机舱风扇继续运行。
(7) 确认是否有热启动命令。
(8) 发送停车命令到 MARK Ⅵe、SCS 系统、备份逻辑。
(9) 快速发出命令打开压缩机工艺气体防喘阀。
以上程序同步执行。
(10) 确认燃料气切断阀关闭，打开燃料气暖机阀进行排空。

(二) 泄压紧急停车(ESD)

泄压紧急停车信号可以由控制按钮直接触发，也可以由控制逻辑自动触发，停车步骤如下：

(1) 停止除冷却程序外的所有其他程序运行。
(2) 燃料气供应切断。
(3) 点火程序失能(只在启动期间)。
(4) 液压启动器流量设定为 0%(只在启动期间)。
(5) 点火器点火线圈失能(只在点火期间)。
(6) 一台机舱风扇继续运行。
(7) 确认是否有热启动命令。
(8) 发送停车命令到 MARK Ⅵe、SCS 系统、备份逻辑。
(9) 快速发出命令打开压缩机工艺气体防喘阀。

以上程序同步执行。

(10) 确认燃料气切断阀关闭,打开燃料气暖机阀进行排空。

(11) 关闭压缩机进出口阀门。

(12) 打开工艺系统放空阀,进行放空操作。

(三) 减速到最小负荷(DM)

减速到最小负荷信号由逻辑自动触发,也可以由 HMI 人工发出指令,停机步骤如下:

(1) 机组加载命令失能,防喘阀全开,防喘控制器失能。

(2) 机组在 5min 内降低转速到最小负载,PT/COMP 转速 4543r/min。否则机组紧急停车 ESP。

(3) 如果在机组达到最小负载 30min 内,减速原因已清除并复位,机组可以恢复到带负荷状态,机组正常运行。否则机组正常停车功能触发,机组正常停车。

(4) 如果在机组合成润滑油温度达到正常运行温度前 DM 命令触发,机组直接紧急停车 ESP。

(四) 减速到怠速(SI)

减速到怠速信号由逻辑自动触发,停机步骤如下:

(1) 机组加载命令失能,防喘阀全开,防喘控制器失能。

(2) 动力涡轮外部速度设置命令被禁止。

(3) GG 转速直接降速到怠速(GG 6800r/min)。

(4) 到达怠速后,如果正常停车命令锁定并且 5min 内没有复位,机组直接紧急停车 ESP,否则正常停车。

第九节　压缩机组运行中检查

一、启动后慢车状态的检查

(1) 压缩机、动力涡轮润滑油供应正常。

(2) 检查燃气发生器润滑油供应温度正常。

(3) 检查燃气发生器润滑油回油温度正常。

(4) 检查燃气发生器润滑油系统的过滤器压降,在过滤器压降超过规定值时,把备用过滤器切换到运行状态。

(5) 检查主润滑油系统的过滤器压降,在过滤器压降超过规定值时,把备用过滤器切换到运行状态。

(6) 检查报警菜单,做到及时发现报警,及时分析报警原因并及时处理报警。

(7) 监视燃气发生器及主润滑油系统油气分离器的状态。

（8）监视振动参数，应在正常范围内。

（9）报警解锁，进入箱体内检查箱体内部各管道密封性，检查箱体外管道密封性。

（10）机组运行应无异常声音。

二、正常运行检查

（1）环绕站场及机组四周的徒步检查，检查管路有无泄漏，以及机组运行有无异常，根据巡检路线目视检查，发现异常及时汇报并采取相应措施。

（2）检查燃气轮机空气入口过滤器上是否有杂物（在雪天、雾天、风沙天气要增加巡检次数）。

（3）检查所有系统应无泄漏，在运行过程中要特别注意安全阀及阀门密封件应无泄漏，若有泄漏，及时汇报，根据情况进行紧固处理。

（4）检查所有工作液的液位，保证在正常工作液位，巡检时，观察所有润滑油管路的油窗，检查有无异常。

（5）在运行过程中注意通过站控室监视器监测各运行参数，注意观察机组的振动、温度、转速、压力等参数的显示与正常值进行比较，出现异常情况应及时分析处理，根据要求定期采集并保存。

第十节 机组停机后检查

停机后应到机组箱体内外目视检查管路有无泄漏，有关仪表指示是否正常，有无异常声音和气味，压缩机的润滑油窗口内有无润滑油流动，各阀门是否在正确位置等。用监视器通过菜单调出机组停机前的振动参数及历史趋势图、润滑油压差、排气温度、压力参数等，综合分析判断，确认机组的完好状态和机组的寿命状态。

机组在停机备用状态下，定期进行冷转或启动运行（具体规定待查）。长期备用的机组要求采用防腐（具体规定待查）。备用机组的状态，可分为热备用和冷备用。

一、热备用

MCC柜各开关位置不变，仪表用风供应正常，控制柜处于通电待机状态，润滑油温度在允许启动温度以上，整个机组处于启动状态，可以随时投入运行。

二、冷备用

主断路器保持闭合状态。MCC柜带电，但开关位置置于OFF和AUTO位置（电机防潮加热器带电）；控制柜停电；仪表用空气停止；润滑油加热器停用（但在环境温度很低时，应考虑加热器投用，润滑油温度不应低于5℃，预防排污阀冰堵）。

第六章　压缩机组辅助系统的操作

学习范围	考核内容
知识要点	压缩机组辅助系统概述
	干气密封系统
	燃机燃料气系统
	火气系统
	空气系统
操作项目	润滑油系统运行操作
	干气密封系统运行操作
	燃机燃料气系统运行操作
	燃料气橇系统运行操作
	仪表风系统运行操作
	MCC 系统运行操作
	冷却水系统运行操作
	机组电气设备的安全操作
	在线/离线水洗系统运行操作

本章以 GE/NP 公司生产的 PGT25 PLUS SAC/PCL803 燃气轮机/压缩机组的辅助系统的操作为例。

第一节　压缩机组辅助系统概述

一、液压启动系统

（一）参数

启动机最大工作油压 450bar。

工作方式：1 台液压泵与 1 台燃气轮机配套。

机组清吹转速：2200r/min。

机组点火转速：1700r/min。

液压启动机系统的作用是以可变流量和压力，使燃气发生器上安装的液压启动电动机运转，并通过齿轮传动装置带动压气机转动，达到启动目的。

高压液压油由1台三相电动机带动的柱塞式液压泵产生。

流速是由一个安装在泵上的比例控制阀调节，而液压油压力则由安装在环路里的系列最大压力阀控制。液压油的清洁则由微纤维滤芯过滤器进行。

最后，系统根据基本的参数通过安装的一系列适合操作环境的模拟仪器得到监控。

（二）液压启动机启动需满足的条件

（1）泵电动机得电；

（2）手动阀打开。

上述条件满足后，柱塞式液压泵斜盘角度为零，即流量为零的情况下进行泵预热并随时可以启动。

（三）液压启动系统启动

（1）当液压启动机被启动后，UCP就会按顺序启动泵电动机。

（2）当油箱达到了规定的温度值，安装在HP管线上的自动隔离阀上的启动机将在电动机启动后打开最少15s，因为HP隔离阀由弹簧关闭并需要70bar(g)的油压进入才能打开。

（3）2s后，由于电磁阀得电，泵斜盘被信号瞬变移动到伺服阀门驱动器处；一个较慢的信号使发动机以0.5%~1%的增速到达300r/min；再以一个较快的信号使发动机以2%~3%的增速到冷拖转速。

（4）当达到冷拖转速后，发动机转速将保持一段时间，以对发动机通道进行清吹，启动机对发动机的转速反馈进行调节，以使发动机保持这个清吹转速。

（5）清吹阶段结束后，通过一个缓慢的瞬变信号使液压泵斜盘角度缓慢减小，以0.5%~1%的速率将发动机降速。在降速过程中，启动机降速比发动机快，因此离合器脱开，然后又重新加速等发动机降速到达点火转速，发动机点火成功后转速增加，直到发动机转速到达4300r/min，启动机脱开，在发动机到达4600r/min时启动马达切断。

（四）液压启动系统空挡位置

液压启动系统在上述的极限条件下出现空挡位置这时，斜盘停留在空挡位置，斜盘位置不会继续减小。

隔离阀在液压启动位置时最少关闭15s。

（五）液压启动系统的监控

液压启动系统配置有以下监控和保护仪器。

1. 启动机超速

当启动机转速探头监测到启动机转速高于 5400r/min（高于启动机设计转速 4500r/min 的 120%），启动机切断。

为了最大限度地降低由于离合器故障而重新啮合造成启动机的损坏，逻辑会在启动机脱开后，启动顺序结束时进行检查，当离合器脱开后，启动机的转速将降到零。

在启动机空挡后 20s，如由转速探头探测到的启动机的转速大于 900r/min（启动机最高设计转速 4500r/min 的 20%），则离合器会重新啮合并造成停机。

2. 过滤器检测

如压力变送器检测到过滤器压差达到报警值就会发出报警。

3. 仪器故障逻辑

如离合器润滑油温度传感器检测出超出逻辑范围外的故障，将会发生一个报警。

如负责启动机速度探头测出故障会产生报警，故障条件是当离合器重新啮合时，启动机速度与燃气发生器速度之间有超过 50r/min 的差别时（如当发动机由启动机驱动时），离合器与燃气发生器之间的辅助齿轮的换算系数为 1。

二、燃料系统

燃料气温度：比燃料气露点高 28℃。

燃料气橇进口压力：最低压力 3~27bar。

燃料气系统分成两大部分。燃料气辅助系统；在基板上的燃料气系统。

燃料气需要进行处理，才能达到正确运行所需要的压力和温度的条件，并消除或降低气体中的固相及液相物。为了达到上述要求，在箱体的燃料气系统之前安装了一套燃料气辅助系统。在燃料气辅助系统上安装有传送器的双级旋风分离器。分离器具有控制排放的功能。燃气旋风分离器分成上下两部分。首先，燃气被导入下部的离心分离器，气体切向进入，气体在离心力作用下，任何固态或液态物质在气旋的作用下都能将大于一定临界直径的杂质从气体中分离出去。从气体中被分离出来的液体受油位指示器的连续不断的监控，如液位过高或过低，该指示器都可控制排放阀打开和关闭。燃气经过第一级旋风分离后进入第二级处理，即进入上部的过滤器，过滤器可将更小的固态物质处理掉。

为了使燃料气达到最佳温度条件，安装有一台电加热器。燃气被导入电加热器内，在燃气温度高于 35℃时加热器将切断。

燃料气在辅助系统处理完成后进入在基板上的燃料气系统。基板上的燃料气系统由以下部件组成：(1) 燃料气切断阀；(2) 燃料气计量阀；(3) 放空阀；(4) 温升阀。

燃气经过 30 个单一的燃料气喷嘴喷入一个单一的环形燃烧室，在燃烧室头部由旋流器所形成的燃气涡流杯中混合并燃烧。

计量阀的阀位由伺服阀和电动机控制器控制。

燃料气切断阀依靠自身的燃料气开启和关闭。

三位电磁阀通过来自控制面板的信号控制,当它工作时燃气流从燃气母管到截止阀,操作活塞打开截止阀;当它不工作时,任何可能集聚在燃气管中的燃气都会通过放空管道排放到大气中去。

三、主润滑油(矿物油)系统

(一) 系统组成

本系统提供经过冷却、过滤后的有合适的压力和温度的矿物润滑油为动力涡轮的前、后轴承和止推轴承提供润滑油,为压缩机的前、后轴承和止推轴承提供润滑油,为压缩机主润滑油泵传动齿轮箱提供润滑油。

主润滑油:矿物油 PRESLIA32。

辅助油泵:交流电动机驱动油泵。

紧急油泵:直流电动机驱动油泵。

当机组符合启动条件,并收到启动指令后,启动程序被执行,在 0~10s 内辅助润滑油泵启动,矿物油辅助泵电动机启动,润滑油被吸入油泵并通过管路经过孔板,单向阀及手阀到达润滑油温度控制阀进口。在辅助润滑油泵出口管路上安装有辅助油泵出口压力表,以测量辅助润滑油泵出口压力。在辅助润滑油泵出口管路上安装有一旁通管路,旁通管路上安装有一孔板,孔板直径为 2mm,在孔板下游安装有观察窗,润滑油经观察窗流回油箱。此旁通管路的作用为通过观察窗检查辅助润滑油泵的工作情况。

在辅助润滑油泵出口至润滑油温度控制阀进口还安装有孔板,孔板直径为 28mm。

在辅助润滑油泵出口管路上还安装有压力控制阀,压力控制阀 PCV112 感受双联润滑油滤后的压力,当压力达到 175kPa 时压力控制阀工作,将多余润滑油泄放回油箱,以保证双联润滑油滤后压力。

润滑油温度控制阀接受润滑油冷却器出口润滑油及主润滑油泵/辅助润滑油泵出口润滑油,通过调节,温度控制阀设定出口温度为 55℃,两路润滑油在温度控制阀中被按一定比例混合,以达到出口温度控制在 55℃。润滑油温度控制阀为一气动控制阀,控制动力为仪表气。

润滑油经润滑油温度控制阀出口到达双联润滑油滤,润滑油经过双联润滑油滤中的任意一个油滤过滤,当油滤两端压差达到 170kPa 时会发出一个报警,运行人员可以就地切换滤芯,并可在任何运行状态下更换滤芯。该双联润滑油滤的切换把柄在任何位置,润滑油的流量都在 100%。双联润滑油滤出口管路上安装有润滑油温度传感器,当润滑油温度低于 35℃时会发出一个低报警。当润滑油温度达到 72℃时会发出一个高报警,矿物油冷却器辅助风扇电动机启动。

当润滑油温度达到 79℃时机组执行紧急停机。

在双联润滑油滤上还安装¾in 管，该管从正在运行的滤中引出润滑油，通过直径为 3mm 的孔板再流经观察窗后直接返回油箱，此观察窗的作用为检查油滤工作情况。

当动力涡轮转速达到最小运行转速，也就是说当机组准备加负荷条件时，辅助润滑油泵停止。这时被压缩机驱动的主润滑油泵已经达到供油能力，接替辅助润滑油泵工作。

主润滑油泵从油箱吸入润滑油，出口润滑油经单向阀、一手阀到达温度控制阀入口，以后流经路线同辅助润滑油泵流经路线。

在主润滑油泵出口安装旁通单向阀及主泵旁通孔板，孔板直径为 2mm。通过孔板的润滑油流经观察窗后回油箱。此观察窗目的为检查主润滑油泵工作情况。

在主润滑油泵出口还安装有主泵出口润滑油压力表，压力表安装于现场；还安装有主泵出口安全阀，该阀为机械控制阀，设定压力为 1200kPa(g)。当主泵出口压力达到 1200kPa(g) 时压力阀泄压通过观察窗回油箱，此安全阀为保护系统安全设计。

在此系统中还安装有应急润滑油系统。应急润滑油系统是在被交流电驱动的电动机失败的情况下启动，应急润滑油泵电动机使用 110V 直流电驱动，功率为 5kW，用于机组的冷停机。被直流电驱动的电动机带动应急润滑油泵旋转，润滑油被吸入油泵，出口润滑油到达单独的润滑油滤，经过滤后的润滑油经一带孔单向阀及一手阀供应到动力涡轮/压缩机润滑油系统。在润滑油滤两端安装有压差变送器，当油滤压差达到 170kPa 时会发出一个高报警，当压差处于高报警状态时启动程序被隔离。

在润滑油滤上有一引管，在引管上安装有一直径为 3mm 的孔板及观察窗以观察应急润滑油滤的工作情况。

在油箱顶部还安装有润滑油加油口及油箱检查盖，通过检查盖能观察到油箱内部状况及通过检查盖清理油箱。

（二）矿物油泵的逻辑描述

1. 油箱运行

（1）润滑油箱加满符合等级的油；

（2）检查液位；

（3）检查油箱的加热器油箱温度在 25~40℃；

（4）辅助油泵出口阀打开；

（5）检查辅助油泵电源，应急泵、分离器冷却器电源；

（6）检查燃机、压缩机驱动是准备好的；

（7）检查润滑油滤滤芯；

（8）检查润滑油滤的出口及排污口；

（9）检查油冷器的排污阀关；

（10）检查压力表、压差和变送器开。

2. 油泵和运行

系统供应主润滑油(经过冷却和过滤的)，温度和压力合适的润滑油到设备各个润滑点。

系统包括被离心式压缩机驱动的主润滑油泵，被交流电动机驱动的辅助润滑油泵。

当润滑油泵完全不工作时，应急润滑油泵被直流电动机驱动。

同样，当压缩机冷停，交流泵失败的情况下，直流泵启动。

矿物油泵是被设计用于连续运行的，但是机组停机及冷停计时器走完后不运行。

矿物油箱液位和温度要在运行范围之内，如果液位和温度不正常，启动将被隔离并报警。

装置启动，矿物油系统自动启动，当液位和压力被恢复到允许范围之内，启动程序继续。

在正常运行期间，如果主机械泵出口压力低，辅助泵自动启动，如果正常条件被恢复，辅助泵能够在 HMI 上用手停止。

在正常运行期间，如果矿物油泵出口压力被探测到低，应急泵启动，机组跳机。

如果矿物油泵出口压力恢复，应急泵自动停止。

当 PT 程序走完，和冷停周期结束，辅助润滑油泵自动停止。

润滑油从油滤出口进入润滑油分配总管，经总管分别进入动力涡轮前、后及止推轴承，压缩机前、后及止推轴承，减速齿轮箱。

润滑后的润滑油经各自的回油管路自流回油箱。所有回油箱的管路都不可以存留润滑油，并且所有的管路保持一定的倾斜度。

四、燃气发生器润滑油系统(合成油系统)

合成油系统用于润滑和冷却燃气发生器转子轴承以及附属齿轮箱，一部分润滑油被用于可调导叶执行机构作动筒。

合成油控制板安装在燃气发生器箱体右侧的基座上。在控制板上安装有以下部件：

(1) 双联过滤器安装在燃气发生器的润滑油供应管线上；
(2) 另外两个过滤器安装在通往油箱的管线上；
(3) 润滑油温度控制阀；
(4) 减压阀安装在回油管线上；
(5) 电加热器；
(6) 压力变送器。

合成油箱上安装有液位传送器，当油箱内液位到达 430mm 时发出一个高油位报警，油位达到 220mm 时发出一个低报警，当油位达到 220mm 时燃气发生器将被禁止启动。

油箱中的油通过一个由附件齿轮箱驱动的泵吸出，一个安全阀设定压力为1370kPa(g)，以控制泵的出口压力。油流通过一个双重过滤器，在过滤器两侧安装有压差变送器，当压差达到135kPa(g)时会发出一个高报警信号，当压差达到>150kPa(g)时就需关闭过滤器，并一定要更换成新滤芯。供油压力在<172kPa(g)会发出一个低报警，在压力<103kPa(g)时会发出一个低报警。

压力变送器在压力达到760kPa(g)时提供一个高报警。

燃气发生器前、中、后轴承的回油通过三台回油泵被抽回油箱，齿轮箱的回油通过回油泵抽回到油箱。安全阀用于控制回油泵出口压力，设定值为5200kPa(g)。

温度控制阀设定温度为55℃，低于此温度，油直接抽回油箱；否则通过向冷却器提供润滑油来控制出口油温。

合成油油气分离器接受来自安装在燃气发生器上的离心式油气分离器出口油气，分离器中有凝聚式过滤器，外壳由不锈钢制成，内部安装有一个可更换的滤芯，滤芯为无机微纤维材料，用来分离油雾气。

五、冷却及空气密封系统

冷却及空气密封系统向燃气轮机内部提供冷却空气以冷却动力盘，防冰系统从燃气发生器压缩机第16级抽气向防冰系统提供热空气。

空气从第9级被送入进气系统的通道中冷却，将温度降低，部分空气被送至动力涡轮的主管道，通过30根支管将空气送入第1级叶轮空间，从那里再进入转子的其他部分，再被送入6个排出器，通过与周围空气混合用于冷却燃气轮机排气舱。来自第16级的空气被送往燃气发生器进气通道中。

六、涡轮控制及其他

燃气轮机上安装有多个控制装置，使用这些装置对机组实现正确的控制。其中一些仅仅用于控制，其他是用于保护使用者及燃气轮机本身。

燃气发生器的振动探头安装在燃气发生器压气机后机匣的下部。当探头探测到的振动值超出临界值0.1mm/s时会发出一个报警，当超出0.17mm/s时，机组恢复到空转速度。

安装在燃气发生器上的两个速度探头，用于探测燃气发生器的转速，如果速度探头探到转速超过10100r/min，机组将报警；如果转速超过10200r/min，机组将紧急停机。

安装在燃气发生器附件齿轮箱上的启动离合器，用于探测离合器转速，当转速大于5400r/min时机组紧急停机。

离合器上安装有两个温度探头，控制离合器温度，当在高温时会发出一个高报警，当温度过高时会发出一个高高报警，机组停机。

用火焰探头来探测燃气发生器中火焰的存在。如果两个中有一个没有探到火焰，则机组的启动将被禁止。如果在正常运行中两个探头都没有探到火焰，机组将被停机。

有8个电偶来检测燃气发生器的排气温度，当温度超过855℃时会发出一个高报警，当温度超出860℃时会发出一个高高报警，机组将停机。

动力温度的排气温度由6个电偶探测，当温度超过600℃时发出一个高报警，当温度超过615℃时机组将受控停机。

动力涡轮的每个支承轴承都有4个温度探头，分别在1号轴承和2号轴承上安装2个，其中2个工作2个备用。当温度超过110℃时发生一个高报警，当温度超过120℃时机组降转到慢车转速。

动力涡轮轴上的止推轴承由8个温度探头来控制。其中4个工作，4个备用。当温度超过115℃时会发出一个高报警，当温度超过130℃时机组降转到慢车转速。

3个转速探头安装在动力涡轮轴上用于探测动力涡轮转速，当转速超过6405r/min时将会发出一个高报警，当转速超过6710r/min时机组将受控停机。

动力涡轮的涡轮盘之间的空间温度由8个热电偶来控制。当第一级盘前温度被探测到超过350℃时会发出一个高报警，当温度超过365℃时会发出一个高高报警，机组停机。一级盘后的温度400℃高报警，415℃高高报警机组停机。第二级涡轮盘前、后温度超过450℃时高报警，超过465℃时机组停机。

七、燃气发生器的水洗系统

机组安装有离线/在线水清洗系统，用于燃气发生器的压缩机清洗，清洗时供水软管需要操作员手动接到清洗水箱上。清洗设备包括以下装置：

（1）清洗用水箱；

（2）清洗用泵；

（3）泵用电动机；

（4）电磁阀。

清洗水箱容积为400L，水箱上安装有过滤器、通风孔、液位指示器、压力表和阀门。在水箱内还安装有一台电加热器，带有温度控制开关，可保持水温在60~65℃之间。

在燃气发生器箱体外前部安装有两个常闭的电磁阀。当采用在线清洗时其中一个电磁阀工作，当采用离线清洗时另一个电磁阀工作，清洗液在清洗时通过打开的电磁阀到过燃气发生器上的清洗总管上，再经过支管到达喷水嘴，将清洗液喷入进气道内。清洗液是由电动机驱动的泵从水箱中抽取的。

离线清洗

离线清洗是在燃气发生器停止运行后，由启动系统将燃气发生器带转到一定转速的清洗。

离线清洗时，动力涡轮盘之间的温度必须小于150℃。

将清洗水箱上的清洗水管连接到清洗电磁阀上即可进行离线清洗。

清洗者在控制面板上选择水洗程序，机组将会自动执行以下程序：

（1）启动液压启动泵；

（2）清洗控制逻辑控制启动电动机将燃气发生器转速升起 0~1200r/min；

（3）离线清洗电磁阀被 MARK Ⅵe 控制并打开；

（4）在燃气发生器转速降到 200r/min 时，离线水洗电磁阀关闭，液压启动器停止；

（5）当燃气发生器转速降到 120r/min 时，启动系统再次接通，重复上述过程；

（6）当水箱中的清洗液抽完后，手动停止清洗程序，然后至少停留 10min；

（7）在水箱中加入冲洗水，以上述同样的程序进行漂洗程序；

（8）利用手工操作停止按钮停止程序或取消水洗选定，机组没有自动停止程序或定时器；

（9）当水洗完成后，将水洗软管从电磁阀上拆下，并清理现场；

（10）启动机组到过慢车转速并运行 5min 使其得到干燥。

在线清洗为燃气轮机在正常运行状态下的清洗，一般情况下不建议使用。对于燃机/压缩机组来说基本上不采用这种方法，所以在这里就不再介绍。

八、箱体的通风系统

箱体通风系统用于箱体的通风与冷却，在箱体的入口安装有两个双速风扇，这两个风扇在逻辑上是一用一备。操作员可以通过 HMI 上的手动按钮来进行选择。

启动机一经开启就有 UCS 启动主风扇，当冷却程序一停止，主风扇就停止运行。

在正常的操作中，在箱体加压完成后，可检测到两个非正常的通风条件：

（1）由压力传感器测出箱体压差偏低。

如果箱体门是打开的，并且已经按压了在 HMI 上的一个允许操作的按钮，会响起一个报警。如果没有按压允许操作按钮，那么正常的停机顺序破坏。

如果箱体门是关闭的，且备用风机已经运行，那么正常的停机程序启动。如果备用风扇停止，在备用风扇停止时主风扇将启动，并且在主风扇运行后的 10s 检测。

（2）由温度传感器测出燃气发生器箱体内部的温度偏高。

如果备用风扇停止，那么主风扇将在备用风扇停止后运行，并且在运行 10s 后检测。如果温度传感器检测到的温度仍然偏高，箱体超高温计时器启动，等一段时间再次检测箱体温度，如果仍超出最高温度设定，则增压紧急停机动。

九、二氧化碳消防系统

消防系统是一个低压双出口二氧化碳系统，用于保护箱体内安装的装有各种附件的燃气发出器和动力涡轮后舱中的设备。

消防系统是完全的自反馈型，当机箱内着火时，二氧化碳的排放能使起火区域周围快速形成惰性气体，使火焰和氧气隔离，而能使火焰在短时间内迅速扑灭。

（一）消防系统装置组成

(1) 火焰检测探头，安装在燃气发生器箱体内；

(2) 温度探头，安装在燃气发生器箱体内；

(3) 温度探头，安装在动力涡轮后舱内；

(4) 二氧化碳瓶；

(5) 头阀；

(6) 止回阀；

(7) 安全阀；

(8) 电磁头阀；

(9) 重力开关；

(10) 隔离开关；

(11) 报警灯及报警声。

本系统备有两套二氧化碳瓶，一套用于快喷，一套用于慢喷。

二氧化碳是由两个安装在瓶头的电磁阀，打开时进行排放的，在正常运行时这两个阀是关闭的。

二氧化碳喷嘴隔离阀是带有位置开关的手阀，当机组启动时隔离阀位置应处于打开。

二氧化碳喷嘴压力是由压力变送器来测检。

最初的排放是快速的，目的是快速降低箱体内的氧气含量低于15%，当氧气含量低于15%时火焰会快速熄灭。

慢速排放的目的为使箱体内继续保持无氧状态，保证有足够的时间将金属表面与空气隔离开来，避免因金属表面的高温而再一次复燃。

（二）运行模式

二氧化碳灭火系统有两种运行模式：隔离和监控。如当手动隔离阀处于关闭状态时，系统被隔离，二氧化碳无法排放，同时启动被隔离。当手动隔离阀打开位置时，系统处于监控状态。

隔离开关的打开与关闭，在箱体上的二氧化碳系统状态板上有指示。如系统处于隔离状态，则黄色信号灯亮。如系统处于监控状态，则绿色信号灯亮；如二氧化碳喷射，则红色信号灯亮。系统处于隔离状态时二氧化碳不能喷射，系统处于监控状态时二氧化碳可以喷射。

当探头检测到着火条件后，激活二氧化碳瓶上的排放电磁阀，则灭火程序自动进行。

运行人员也可利用箱体门侧的手动灭火按钮进行手动操作，以使灭火系统喷放。

运行人员也可使用二氧化碳橇上的手动装置，使二氧化碳系统喷射。

（三）火焰探头逻辑

三个火焰探头安装在燃气发生器箱体内：

(1) 一个探头报警：报警；

(2) 二个探头报警：机组紧急停机，二氧化碳喷射；

(3) 一个探头失败：报警；

(4) 二个探头失败：报警；

(5) 一个探头失败，一个报警：报警+故障报警；

(6) 二个探头报警，一个失败：机组紧急停机，二氧化喷喷射；

(7) 二个探头失败，一个探头报警：机组紧急停机，二氧化喷喷射；

(8) 三个探头失败：报警。

（四）温升探头逻辑

二个温升探头安装在后舱内：

(1) 一个探头报警：报警；

(2) 二个探头报警：机组紧急停机，二氧化喷喷射；

(3) 一个探头失败：报警；

(4) 二个探头失败：报警。

（五）二氧化碳喷射程序

当温度探头或 UV 探头检测到火灾已经发生时，则二氧化碳灭火系统开始喷射，程序如下：

(1) 机组不增压停机执行，并被锁定 4h；

(2) 箱体通风电动机切断；

(3) 箱体上的报警喇叭响；

(4) 箱体上的二氧化碳状态板上的红色信号灯亮；

(5) 箱体上的红色信号灯亮；

(6) 30s 延迟后，灭火剂就会喷射到箱体内；

(7) 灭火剂排放后，控制面板上会有一个已经喷射的信号。

（六）压力排放探头

灭火剂排放压力由压力开关检测，如测出排放高压力，则下列程序被执行：

(1) 机组紧急停机，箱体通风电机切断；

(2) 箱体上的报警喇叭响；

(3) 箱体上的二氧化碳状态板上的红色信号灯亮；

(4) 箱体上的红色信号灯亮；

(5) 30s 延迟后，灭火剂就会喷射到箱体内；

(6) 灭火剂排放后，控制面板上会有一个已经喷射的信号。

十、空气入口过滤器

过滤器过滤进入燃气发生器和箱体的空气。

在过滤器入口处安装有 6 个可燃气体探头用于探测进口处的可燃气体含量。

如果它们通过三分之一表决逻辑探测到有可燃气体的存在，那么就会发出报警，如果有三分之二表决逻辑，机组停机。只有在没有检测出可燃气体的情况下机组才允许启动。

在过滤器下游安装防冰管，它是由来自燃气发生器的第十六级空气通过安装在防冰管道上的温度控制阀控制的。

该阀是由防冰控制系统进行控制。

第二节 干气密封系统

本系统向压缩机两端的封严机构提供过滤后的密封缓冲气体，以防工艺气体从设备逸出。

一、干气密封工作原理

干气密封系统于 20 世纪 70 年代中期由美国的克兰密封公司研制开发，是一种新型的非接触轴封。与其他密封相比，干气密封具有泄漏量少，摩擦损失少，寿命长，能耗低，操作简单可靠，维修量低，被密封的流体不受油污染的特点。此外，干气密封可以实现密封介质的零逸出，从而避免对环境和工艺产品的污染。干气密封利用流体动压效应，使旋转的两个密封端面之间不接触，而被密封介质泄漏量很少，从而实现了既可以密封气体又能进行干运转操作，因此广泛使用于离心压缩机、轴流式压缩机。干气密封装置在压缩机上的安装位置如图 6-1 所示。干气密封零件如图 6-2 至图 6-4 所示。

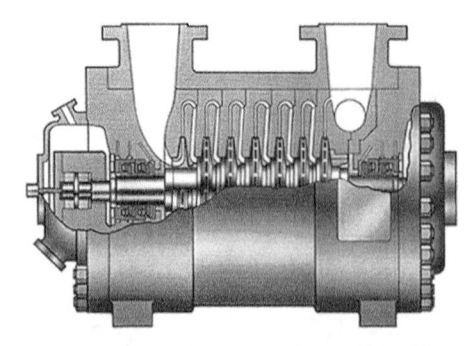

图 6-1 干气密封装置在压缩机上的安装位置

图 6-2 动环密封端面结构

图 6-3 静止状态下的密封动环和静环　　图 6-4 工作状态下的密封动环和静环

干气密封动环端面开有气体槽，气体槽深度仅有几微米，端面间必须有洁净的气体，以保证在两个端面之间形成一个稳定的气膜使密封端面完全分离。气膜厚度一般为几微米，这个稳定的气膜可以使密封端面间保持一定的密封间隙。间隙太大，密封效果差，而间隙太小会使密封面发生接触，产生的摩擦热能使密封面烧坏而失效。气体介质通过密封间隙时靠节流和阻塞的作用而被减压，从而实现气体介质的密封。几微米的密封间隙会使气体的泄漏率保持最小，动环密封面分为外区域和内区域，气体进入密封间隙的外区域有空气动压槽，这些槽压缩进来的气体，密封间隙内的压力增加将形成一个不被破坏的稳定气膜，稳定的气膜是由密封墙的节流效应和所开动压槽的泵效应得到的，密封面的内区域是平面，靠它的节流效应限制了泄漏量。干气密封的弹簧力很小，主要是为了当密封不受压时确保密封面的闭合。

二、PCL800 压缩机封严气系统装置的组件

（一）压缩机出口端干气密封第一级封严气出口压力传感器

压缩机出口端干气密封第一级出口压力传感器测量密封气第一级出口压力。压力信号由就地传输至 PLC 并有现场指示表，共两个测压点，当压力达到 400kPa(g) 时发出一个高高报警，则不增压紧急停机 ESN 执行，机组放空并锁定 4h。

当两个测点中的任一个测点失败，则有一报警在 HMI 上显示，当两个测点失败，则增压紧急停机 ESD 执行。

（二）压缩机出口端干气密封第一级封严气出口流量计

压缩机出口端干气密封第一级封严气出口流量计安装于密封气出口端最后。测量出口封严气排出流量，是一块流量指示传送表。流量信号由就地传输到 MARK Ⅵe，当出口流量小于 10% 时发出一个低报警，并在 HMI 上显示。当出口流量大于 90% 时发出一个高报警，并在 HMI 上显示。

(三) 第三封严气空气进口压力计

测量用于干气密封系统的空气封严气进口压力,封严气空气来自厂房的仪表气系统。压力信号由就地传输到 MARK Ⅵe。

当进口压力低于 250kPa(g) 时,发出一个低报警,启动程序隔离,并在 HMI 上显示。当进口压力低于 LL 值时则紧急停机 ES 执行。

(四) 封严气过滤器压差计

测量过滤器两端压差,压差信号由就地传输至 MARK Ⅵe,当压差达到 100kPa 或失败时发出一个报警。

(五) 进口封严气平衡管压差计

测量平衡管两端差压,信号由就地传输至 MARK Ⅵe。当压差低于 30kPa 时发出一个低报警,机组降速至慢速。当指示失败则发出一个报警并在 HMI 上显示。

(六) 启动升速阀

从站封严气压系统出口总管来的工艺气通过由电磁阀控制的气动操纵阀打开启动升速阀,阀上带有阀位开关,当阀在关闭位置时会发出一个低报警 L,位置信号由现场传送至 PLC。

(七) 双联气滤

过滤器为双联过滤器,如图 6-5 所示。双联过滤器安装有切换手柄,以让气体通过过滤器之一进入密封气体线路中。在运行过程中可以有任一过滤器停用,以进行维护而不影响流入压缩机的气体。

用途:过滤进入密封系统的燃料气。

设计压力/温度:12000kPa(g)/-40~150℃。

图 6-5 双联气滤

(八) 过滤器压差变送器

过滤器上安装有压差变送器,当压差达到 100kPa(g) 就发出一个高报警,则过滤器必须切换,该滤芯更换。或者,每过一年,不论压力差是多少都必须更换。本过滤器安装于就地控制柜上,信号由就地传输至 PLC,且仪表支架在标准板上,当压力达到 0.1kPa 时发出一个高报警在 HMI 上显示。

(九) 压差控制阀

压差控制阀控制干气密封气压力,控制阀安装于密封气体线路和平衡气气体管线之间,控制阀开度受平衡管压差控制。压差控制阀出口压力始终被控制在大于平衡管压差 100kPa。这样,从压缩机从外向内通过内迷宫型密封产生一个止动流体,从而防止工艺气体从内压缩机外壳漏出。控制阀带有旁通管，旁通管安装有孔板，压差信号通过转换器计算后，控制压差控制阀开度。

（十）压缩机第一出口安全阀

当压缩机第一出口压力达到6500kPa(g)，干气密封盒损坏时打开，释放气体到安全区域。

（十一）背压控制阀

背压控制阀控制第一出口压力，为最后控制压力，当第一出口压力达到150kPa(g)时，阀打开，出口气体排放至安全区，该阀安装于就地控制架上。

（十二）压差变送器

测量封严气泄漏压力与供应气压力之差，当压力低报时，机组降转到怠速。

（十三）密封气体加热器

(1) 设计压力：15000kPa(g)。
(2) 功率：15kW。
(3) 动力：380V/50Hz。

（十四）反冷凝加热器

(1) 功率：0.8kW。
(2) 动力：220V/50Hz。
(3) 作用：当密封气体加热器停止工作时，加热密封气体加热器防止产生冷凝水。
(4) 过滤器。
(5) 设计压力/温度：12MPa(g)/-40~150℃。

第三节　燃机燃料气系统

一、燃料系统

用来处理、储存燃料的设备、管路和附件以及将燃料供入燃烧室的设备、仪表和控制元件等构成一个完整的燃料系统。

本节以GE公司生产的LM2500+SAC型号的燃气发生器为例，以天然气作为燃料，为单燃料系统。

按燃气发生器制造厂要求，对天然气为燃料的LM2500燃气发生器的燃料气供应作了规定：燃料气总管(2in)供气压力为2413kPa，天然气温度必须在-54~+66℃之间，如天然气温度有变化，则必须调整初始燃料使进入发动机的燃料在所要求供应的压力下保持单位容积燃料有恒定的热量。供气温度最低应在对应于供气压力下的饱和温度以上11℃左右,最高为177℃,但基于对控制系统部件的可靠长期工作考虑,建议供气的最高温度限制在66℃以下。一旦启动以后,供气温度允许变化上下11℃。

燃料气系统由燃料气辅助系统及进入燃烧室前的控制调节系统两部分组成,第一部分对燃料气进行净化,调温。第二部分为燃料气流量调节装置及燃料总管和燃料喷嘴。

燃料控制系统不包含在燃料系统部分里。燃料控制系统调节燃料流量到燃气发生器的燃烧部件,控制燃气发生器的转速。

二、燃料辅助系统

燃料气辅助橇如图6-6所示。燃料气辅助系统作为一个独立的橇体安装在燃气发生器箱体右侧。

本系统包括有旋风分离器,燃料气加热器,燃料气切断阀,旋风分离器安全放空阀,旋风分离器排污阀,另外在燃料气加热器出口管线上安装有安全阀,燃料气流量变送器及自动隔离放空阀。自动隔离放空阀组件包括通/断阀。

(一) 旋风分离器

旋风分离器如图6-7所示。其为二级燃料气清洁器(旋风式)。

图6-6 燃料气辅助橇

功能:通过离心分离作用,清除进入分离器中燃料气的液相物及固相物。这是一种离心式分离器,气流从一侧径向引入,进入筒体后气体扩散,并呈旋风状流动,在旋转流动的过程中分离出燃料气中的液相物及固相物,经一小段流程后,经分离器顶部的出口管流出,分离器的进出口管径均为3in。

设计压力/温度:4600kPa/149℃。运行压力为最小3500kPa(g),材料为AISI316。

(二) 燃料气滤清器液位传送器

功能:检测滤清器液位,具有低、低低、高、高高报警功能。液位信号由就地传输至PLC。安装于旋风滤清器上。当液位达到低报警液位时会发生一个低报警,排污阀关闭。当液位达到低低报警液位时,增压紧急停机ESP执行,燃料气切断阀关,燃料气出口开,燃料气自动隔离阀关。当液位达到高报警液位时,会发生一个高报警信号,排污阀打开。当液位达到高高报警液位时,增压紧急停机ESP执行,燃料气切断阀关,燃料气出口阀开,燃料气自动隔离阀关,并在HMI上显示。

当两个液位变送器中任意一个失败时,则发出一个报警,并在HMI上显示。当两个失败时则正常停机NS执行并显示在HMI上。

排污阀为一个由电磁阀控制的气动阀,当气动阀打开时仪表气进入排污阀,控制作动筒克服弹簧力打开排污阀。图6-8为排污阀。

（三）自动隔离阀位置开关

自动隔离阀位置开关安装于流量传送器后部管路上。通断阀的位置开关由以仪表气为动力的空气作动筒操纵的阀，仪表气由电磁阀操纵，电磁阀由涡轮控制系统控制，当机组启动程序开始后，控制系统给电磁阀供电，电磁阀开启，仪表气从机房仪表气管路经过电磁阀到达通断阀操纵作动筒，克服作动筒内弹簧力打开通断阀。位置开关在运行时处于全开位置，位置信号由就地传输至PLC。

（四）自动隔离阀位置开关

自动隔离阀开关关闭位置信号，信号由就地传输至PLC。当位置开关处于关闭位置时启动被隔离，并在HMI上显示。

图6-7 旋风分离器

（五）流量计

流量计安装于安全阀后部管线上，当燃气发生器运行时测量燃料气即时消耗量。流量信号由就地传输至MARK Ⅵe。当流量计失败时会发出一个报警并在HMI上显示。流量传送单位为kg/h。

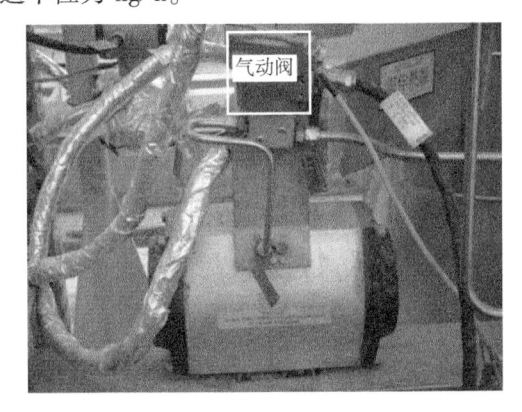

图6-8 排污阀

（六）燃料气滤清器液位变送器

滤清器液位指示，带有现场指示，当液体达到高液位时会发出一个高报警。当变送器失败时发出一个高报警并在HMI上显示。

（七）燃料气滤清器压差变送器

检测滤清器压差，信号由就地传输至MARK Ⅵe。有现场压差指示表，当压差达到100kPa时发出一个高报警，当变送器失败时会发出一个高报警且在HMI上显示。

（八）燃料气滤清器进口切断阀位置

切断阀位置为燃料气切断阀的一个打开位置开关。燃料气切断阀，为一球阀，由一电磁阀控制的仪表气通/断阀，当电磁阀由涡轮控制下通电时，仪表气通/断阀打开，仪表气进入通/断阀控制作动筒，仪表气克服作动筒内弹簧压力打开球阀。在燃料气切断阀上装有位置传感器，此传感器感受阀位并与启动控制系统串联。当切断阀在位置传感器位置时启动被隔离，并在 HMI 上显示。

（九）燃料气加热器出口温度

检测燃料气加热器出口燃料气温度，温度信号由就地传输至 MARK Ⅵe，有现场指示表。当燃料气出口温度达到 90℃ 时会发出一个高报警，并在 HMI 上显示。当燃料气出口温度达到 100℃ 时燃料气加热器切断，并在 HMI 上显示。当出口温度失败时会发出一个报警在 HMI 上显示。

（十）燃料气电加热器

燃料气电加热器如图 6-9 所示。

作用：燃料气加温。型号：燃料气电加热器。设计运行压力/温度：3500kPa(g)/35℃ 最小。设计压力/温度：4600kPa(g)/149℃。功率：168kW。

动力：380V/50Hz。

加热器控制设定为 35℃，加热器上安装有温度变送器，当加热器内燃料气温度达到 100℃ 时会发出一个高高停机报警并同时切断加热器电源。

（十一）压力控制阀

压力控制阀安装于温度指示变送器后部管路上，此阀为一机械式阀，当加温器后管路达到设定压力 4600kPa(g) 时，此阀打开，将天然气放空至安全区，此阀作用为保护管路安全。

图 6-9　燃料气电加热器

第四节　火气系统

安全生产要求及时、可靠、可用的控制系统进行监测和保护，将可能的事故及早消除或将已经发生的事故造成的影响最小化。火气系统是对整个生产安全最直接的保证。

火气系统（F&GS）是指由火焰检测、可燃和有毒气体检测、烟和热检测、各种现场的报警输入（手报）输出（灯、喇叭、释放按钮灯）等子系统所集成的完整系统，可以对工厂内的工艺设置、公用工程、油品储运及操作和办公场所进行综合的监控和消防联动。

火气系统主要由火焰检测、气体检测、火灾盘、声光报警、手动按钮、防火门控制、通风管控制、二氧化碳释放及消防喷淋控制组成。

相比传统报警方式，火气系统的可靠性高、实时性快、兼容性好、可用性强、扩容性好，如表 6-1 所示。

表 6-1　F&GS 与传统报警方式的比较

方式	火气系统	传统报警方式（盘柜）
特点	冗余可靠性高	无冗余，可靠性差
	有容错能力，误动作少	无容错能力，误动作多
	安装简单	安装复杂，工作量大
	可以和 DCS 或其他系统通信，上传数据速度快	通常不能和 DCS 等系统通信，即使可以通信，速度慢
	柜间线少	需要大量的柜间硬接线
	可在计算机画面显示，弹出式显示，观察方便	多个盘面显示方式，观察不方便
	有安全认证	无安全认证
	自诊断功能，维修方便	需要频繁维护
	一次性投入高，扩容和维护费用低	一次性投入高，扩容和维护费用高

第五节　空气系统

空气系统也称进排气系统。

一、进气系统

燃气轮机是一个空气消耗量非常大的一种热力发动机，从大气中吸入的空气，进入压气机加压，送到燃烧室与燃料混合燃烧产生高温燃气，而这种高温燃气就是燃气轮机做功用的工质。空气进气系统的目的有两个：提供燃烧空气至燃气发生器；提供通风空气到箱体，以冷却燃气发生器和动力涡轮。燃气轮机做功能力的大小与吸入空气量的多少成正比。进气流动阻力会影响机组的出力和效率。吸入压气机的空气必须是相当干净，否则会损坏机件和降低机组寿命。

进气系统就是要在低的阻力下为压气机提供清洁的空气。要保证进入压气机的空气平均年残尘含量不超过 $0.3mg/m^3$ 的要求，因此进入压气机的空气必须进行过滤。

大空气量、低阻力，使进气系统不得不做得相当大，它就成为燃气轮机装置的一个庞大的头部。

进气系统的阻力损失对机组性能有明显的影响，一般认为进气损失增加 1%，机组出力下降 2.2%，热耗增加 1.2%，对于轻型（航空改装）燃气轮机，进气损失每 $100mmH_2O$ 功率下降 1.6%，热耗增加 0.7%。

根据机组所在地区的实际情况来考虑进气系统，如寒冷地区要防冰霜，沿海地区要防盐雾，多风沙地区要除沙等。另外进气系统必须考虑消音措施，防止压气机运转时高频噪声的气播扩散。

进气系统安装有脉冲自清理空气过滤器装置。此系统可用于不同工质，高效过滤滤筒在正常运行时可以用压缩空气按顺序脉冲吹扫进行清理。这种方案可用于特殊的工质制作系统，可延长无停机而清洗或过滤元件长周期的高效过滤。

二、排气系统

燃气轮机的排气系统接受从动力涡轮做完功后排出的高温燃气（废气）。这股废气仍有相当高的温度，本机为500℃左右，且流量相当大。

在简单循环装置中，废气便直接排入大气，为了提高装置效率，利用废气余热，配置余热锅炉，可以不再消耗能量而获得适当参数的蒸汽或热水，用于发电或生活或生产用热水，霍尔果斯站安装了两台余热锅炉用于生活用热水及取暖。

排气的压力损失对机组的性能亦有一定影响，但比进气损失的影响要小一些。通常认为排气损失增加1%，功率下降1%，热耗增加0.5%；亦可这样估算：排气损失100mm H_2O，功率下降0.7%，热耗增加0.7%。因此降低排气系统的压力损失仍是一个基本要求，同时亦要考虑消音的适当措施。排气系统消音对象基本是低频，它技术难度要大一些。

燃气轮机的排出物含有正常的燃烧产物，包括氮、氧、二氧化碳和水蒸气等，这些均不是空气污染物。然而在排烟中还有少量的污染物，它包括氧化氮、氧化硫、一氧化碳和未燃尽的碳氢化合物、微粒和可见烟，这些都会污染环境。

氧化氮（NO_x）是指一氧化氮和二氧化氮的总和。NO_x是由在燃烧室中空气中的氧和氮氧化，以及由燃料中的氮的化合物氧化而成的。NO_x的浓度随燃烧室温度的增加而增加。为增加机组的功率和提高效率，NO_x的排放量非常大。为此在大功率机组中NO_x的排放成为环境保护必须注意的课题。抑制NO_x量的措施有：采用混合型喷嘴，注水或水蒸气。

可见烟是由燃烧室富油区中产生的亚微型碳粒组成，它与燃料性质和燃烧室等结构有关。此外排烟还受外界条件如大气压、湿度等影响。烟的可见度与许多因素有关，它受下列因素的影响：烟粒的尺寸和数量；其他可见成分的存在；排烟的数量和速度；烟囱的高矮；大气条件和背景；烟柱、观察者和阳光间的视角等。

排气系统由动力涡轮排气蜗壳、排气管道、消音器等组成。

排气蜗壳是由发动机制造厂负责生产的，由于排气蜗壳中的气流流动现象十分复杂，至今尚未有一种可靠的理论设计方法，基本依靠空气动力学的实验研究方法，它由扩压器和集气壳组成。

扩压器是主要元件，其作用是将动能尽可能多地恢复成压力能，并使进出口有均匀的流动。通常燃气轮机使用的是轴—径向混合式扩压器。轴向段实现压力恢复和均匀气流，径向实现气流90°转向，为集气壳汇集创造条件。集气蜗壳将扩压器环形面出来的气流汇集到一个或两个方向，将气流排向预定的方向。

排气蜗壳在有限的尺寸内要有良好的气动性能。对排气蜗壳来说最大的制约是轴向长度和径向宽度。排气管往往成为燃气轮机庞大的尾部，其轴向长度常达燃气轮机全长的三分之一以上，而宽度又比燃气轮机其他部位大一倍以上。

在简单循环中，排气蜗壳出来的废气经排气烟道直接排入大气。要求排出的废气不会再被进气系统所采集而吸入；烟气的热辐射不影响其他建筑物；烟道要求足够的尺寸以减少流动损失。

在有余热锅炉的联合循环中，排气蜗壳出来的气流被引入余热锅炉，要求气流能均匀进入锅炉内，使炉膛内有均匀的温度场。为了减少流动阻力，不致严重地影响燃机的效率和出力，因此炉内气流速度亦不得不取得低一些，所以余热锅炉的尺寸往往就很大。在进、出余热锅炉时，配有扩张段和收缩段，使之能与排气蜗壳和烟囱合理配合，当使用余热锅炉时由于其中管排的作用，可不再配置消音器，但最好配置防雨帽。

第六节　润滑油系统运行操作

一、基板上的合成润滑油系统

燃气发生器的润滑油系统将润滑油供给压气机前、后轴承，高压涡轮轴承及输入齿轮箱和垂直传动轴的轴承；还为压气机转子前、后传动花键提供润滑油；为附件齿轮箱和传动齿轮等摩擦、啮合发热的地方发挥润滑和散热的作用，另外也为可调导叶作动筒提供动力油。本润滑油系统使用航空涡轮发动机合成润滑油 MIL-L-23699E。

合成润滑油橇的作用是给燃气发生器润滑油系统提供符合要求的润滑油。

燃气轮机的箱体底板在最外，里面为合成润滑油支架。油箱、进口油滤、回油滤、润滑油温度控制阀及连接管路全部安装在润滑油支架上，所有的压力变送器、压差变送器、温度变送器全部安装在就地的标准仪表支架上。

(一) 合成润滑油橇

合成润滑油橇如图 6-10 所示。

合成润滑油油箱参数：

(1) 总容量：640L；

(2) 标准的运行范围：125L；

(3) 设计压力/温度：atm/180℃；

(4) 运行压力/温度：atm/71℃；

(5) 最小/最大运行液位：440/565L。

润滑油箱安装在箱体前部右上方，材料为不锈钢制造，油箱上安装有 2 个检查孔，平时用盲堵封住，检查油箱内部时可以打开。油箱上还安装有润滑油加温器、液位观察窗

(该观察窗便于油箱加油时和巡检时直观了解油箱液位)、液位变送器、润滑油温度电偶,油箱底部安装有润滑油加油管。油箱的停车油位 420mm,高报警油位 423mm,低报警位 210mm,当油位低报警时,加热器切断。正常运行油位在 260~420mm 之间。

图 6-10 合成油润滑油橇

1. 合成油箱液位

具有现场液位指示并提供不同的油箱液位高、低报警。信号由就地传输至 MARK Ⅵe。当油箱内液位低到报警值 220mm 时,会发出一个低报警 LAL;当油箱内液位低于报警值 220mm 时会发生一个低低报警 LALL,同时启动程序被隔离。如果机组已经开始启动则点火被隔离,合成油箱加热器电源切断,显示在 HMI 上。

当油箱内液位达到 430mm 时会发出一高报警 LAH,并在 HMI 上显示。当液位 LT125 失败时启动被隔离。

2. 合成油箱温度

图 6-11 为燃气发生器润滑油箱侧面,安装有玻璃液位计和油箱温度变送器。

测量传送油箱油温并有现场指示,并具有高、低温报警,信号由就地传输至 MARK Ⅵe。当油温达到 36℃时会发出一个高报警,同时合成油箱加热器电源切断,并在 HMI 上显示。

当油温下降至 33℃时会发出一个低报警 TAL,合成油箱加热器接通,并在 HMI 上显示。

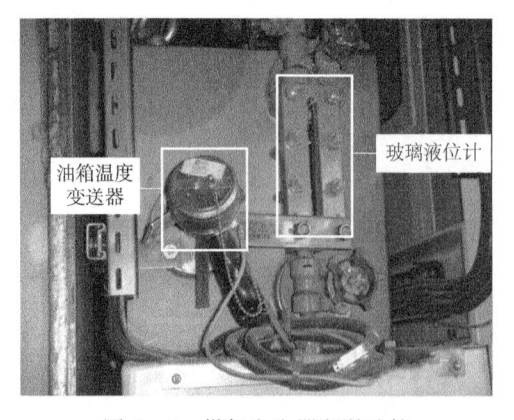

图 6-11 燃气发生器润滑油箱

当油温下降至 33℃时会发出一个低报警 TAL,启动被隔离,并在 HMI 上显示。

3. 合成油回油滤压差

测量润滑油回油滤压差，安装于润滑油滤两端。压差信号由就地传输至 MARK Ⅵe。当压差达到高报警值 135kPa 时会发出一个高报警并在 HMI 上显示。当压差达到高报警值 150kPa 时，必须立即切换过滤器，否则被污染的过滤器继续运行，会严重影响燃气发生器寿命。

当失败时会发出一个报警并在 HMI 上显示。

4. 合成油进油滤压差

测量润滑油进油滤压差，安装于润滑油进油滤两端。压差信号由就地传输至 MARK Ⅵe。当压差达到高报警值 135kPa 时会发出一个高报警并在 HMI 上显示。当压差达到高报警值 150kPa 时，必须立即切换过滤器，否则被污染的过滤器继续运行，会严重影响燃气发生器寿命。

当失败时会发出一个报警并在 HMI 上显示。

5. 合成油供应管路完全打开位置开关

位置开关安装于油箱出口总管上，当开关完全打开时 ZSH 容许启动，否则启动被隔离，位置信号由就地传输至 MARK Ⅵe，并在 HMI 上显示。

6. 合成油回油总管压力

测量燃气发生器回油总管压力，安装于合成油基板的就地支架上，具有现场显示功能，压力信号由就地传输至 MARK Ⅵe。当回油压力达到 760kPa(g) 时会发出一个高报警并在 HMI 上显示。

当失败时会发出一个报警并在 HMI 上显示。

7. 合成油供油总管压力

测量润滑油总管压力，压力信号由就地传输至 PLC。安装于合成油基板的就地支架上，当总管压力低于 172kPa(g) 时会发出一个低报警 PAL，并在 HMI 上显示；当总管压力低于 103kPa(g) 时会发出一个低低报警 PALL，如果再启动则会被终止。如果机组正在运行则机组执行增压紧急停机 ESN 并被锁定 4h，燃料气切断阀 XY224 关，燃料气放空阀 XY222 开，燃料气自动隔离阀关，并在 HMI 上显示。

当失败时，机组执行增压紧急停机 ESP，燃料气切断阀关，燃料气放空阀开，燃料气自动隔离阀关，并在 HMI 上显示。

8. 燃气发生器高压液压油滤压差

测量高压油滤压差，安装于就地支架上，信号由就地传输至 MARK Ⅵe。安装有就地指示表，当高压油滤压差达到 207kPa 时发出一个高报警并在 HMI 上显示，当压差 PDIT139 失败时启动被隔离。

9. 合成油箱加热器

作用：用于给合成润滑油箱润滑油加温。额定功率：3.6kW。动力：380V/50Hz/

3PH，由 MCC 供电。加热器温度开关启动及切断受 TE127 控制，当油温达到 36℃ 时会发出一个高报警，同时合成油箱加热器电源切断，并在 HMI 上显示。

当油温下降至 33℃ 时会发出一个低报警 TAL，启动合成油箱加热器接通，并在 HMI 上显示。

当油温下降至 33℃ 时会发出一个低报警 TAL，启动被隔离，并在 HMI 上显示。

10. 合成润滑油回油双联油滤

（1）油滤等级：10μm；

（2）流量：最大 80L/min；

（3）设计压力/温度：6500kPa(g)/175℃；

（4）运行压力/温度：200kPa(g)/45℃；

（5）最大压差：2000kPa 自然环境下解体。

油滤为双联油滤，运行时一个油滤工作另一个备用，当运行油滤压差报警时可用切换手柄，切换到备用油滤。油滤滤芯可以在任何情况下更换（在线及离线）。压差达到 135kPa(g) 报警，150kPa(g) 必须切换。合成油系统进出口双联油滤如图 6-12 所示。

图 6-12 合成油系统进出口双联油滤

11. 合成油系统进口双联油滤

（1）油滤等级：10μm；

（2）流量：最大 80L/min；

（3）设计压力/温度：6500kPa(g)/175℃；

（4）运行压力/温度：200kPa(g)/45℃；

（5）最大压差：2000kPa 自然环境下解体。

油滤为双联油滤，运行时一个油滤工作另一个备用，当运行油滤压差报警时可用切换手柄切换到备用油滤。油滤滤芯可以在任何情况下更换。（在线及离线）压差达到 135kPa(g) 报警，150kPa(g) 必须切换。

12. 油箱液位压差

利用油箱液位与大气压的压差测量油箱液位变化，压差变送器低压端为大气压力 101.3kPa(a)，高压端为润滑油产生的油压，利用压差的变化来检测液位的变化。油箱液位压差计具有现场显示及高油位报警功能。

（二）系统的技术条件

（1）当 GG 转速为 4500r/min<NGG<8000r/min 时低压报警设为 40kPa(g)。

（2）油箱注油需要一个专用的泵。不可和矿物油注油泵混用，且不可从油箱顶部直接注油。润滑油箱内的 L 形电加热器,要放在最小操作液位 B 以下,THSS 包含在加热区内。润滑油箱温度探头要置于润滑油泵吸油口附近,并低于液位 C。回油管线每分钟处理 68L 油和 $0.102m^3$ 空气,极限温度值为 171℃。

(3) 相连管路均用不锈钢制成。

(4) 温度变送器的 HH 表示加热器切断,不是表示燃机停机。

(5) 油箱和泵吸油管线必须保证:油泵吸油时被油浸没;油泵吸油压力不超过 1.25bar(a);冷启动期间油泵吸油压力不低于 35kPa;热启动期间油泵吸油压力不低于 85kPa。

(6) 吸油口保护罩要离开油滤 3mm。

(7) 油箱内的除气网必须安装在 B 液位以上。

(8) 燃气发生器离心油气分离器出口管 A12 到高点的管路应阻力最小。

(9) 当油位在正常工作范围(液位 B 与 C 之间),油箱内压力(液位以上)是一个标准大气压(101.3kPa)。

(10) 96SQV-1(+)= 779mm 油柱 = 750mmH_2O(当平均油密度为 0.962kg/L 时)。

(11) 96SQV-1(-)= 0mm 油柱 = 0mmH_2O。

(12) 压差标定为 0。

(13) 油箱内压力高报警的门限值为 900mmH_2O。

二、发动机合成润滑油系统

燃气发生器润滑油系统是一个正排量再循环型,油流量是随发动机转速直接变化的,油从一个油箱供到润滑油和回油泵。润滑油单元泵将油经管道分配油到在轴承和齿轮区的油喷头,油喷到轴承和齿轮后,在回油池中被收集。从回油池流到回油泵单元,并重新回到油箱。润滑油系统提供给轴承、齿轮和花键防止过热。泵的供应经油管到元件和要求润滑的地方。油嘴将油直注入轴承、齿条和花键。

润滑油的规格:MIL-L-23699。

燃气发生器润滑油系统为压气机前、后轴承,高压涡轮轴承及输入齿轮箱轴承和垂直传动轴的轴承提供润滑油,并可为可调导叶片提供控制油,还为压气机转子前、后传动花键提供润滑油,供应到启动机的离合装置,为附件齿轮箱的传动齿轮提供润滑油,它要保证燃气发生器的正常运行和调节控制。

(一) 发动机合成润滑油系统组成

发动机合成润滑油系统的组成如图 6-13 和图 6-14 所示。

1. 辅助齿轮箱磁性检屑器

辅助齿轮箱磁性检屑器如图 6-15 所示。检测辅助齿轮箱中润滑油回油中的金属含量,以分析齿轮箱内轴承及齿轮磨损情况,检屑器安装于润滑油回油泵进口处。信号为电阻信号，由就地传输至MARK Ⅵe。当电阻达到100Ω或失败时会发出一个高报警，并在HMI上显示。

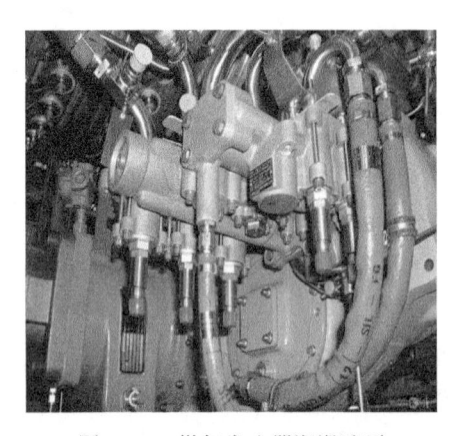

图6-13　燃气发生器润滑油泵

图6-14　润滑油接头位置

2."A"收油池磁性检屑器

检测燃气发生器"A"收油池内及传输齿轮箱内润滑油回油内的金属含量，以分析前轴承及传输齿轮箱的运行及磨损情况。检屑器安装于润滑油回油泵进口处，信号为电阻信号，由就地传输至MARK Ⅵe。当电阻达到100Ω或失败时会发出一个高报警，并在HMI上显示。

3."B"收油池磁性检屑器

"B"收油池磁性检屑器如图6-16所示。检测燃气发生器"B"收油池内的金属含量，以分析中轴承的运行及磨损情况。检屑器安装于润滑油回油泵PS-4进口处，信号为电阻信号，由就地传输至MARK Ⅵe。当电阻达到100Ω或失败时会发出一个高报警，并在HMI上显示。

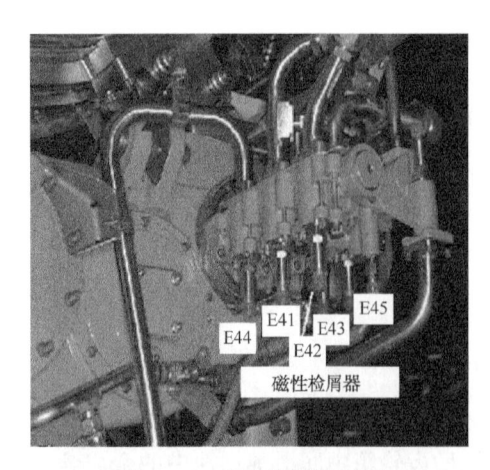

图6-15　磁性检屑器位置

图6-16　磁性检屑器

4. "C"收油池磁性检屑器

检测燃气发生器"C"收油池内的金属含量,以分析后轴承的运行及磨损情况。检屑器安装于润滑油回油泵进口处,信号为电阻信号,由就地传输至 MARK Ⅵe。当电阻达到 100Ω 或失败时会发出一个高报警,并在 HMI 上显示。

5. 可调进口导向叶片位置

可调进口导向叶片位置安装于可调导叶作动筒上,检测导向叶片位置,位置信号由就地传输至 MARK Ⅵe。当任一个失败时会发出一个报警信号,并在 HMI 上显示。

6. 合成润滑油供应温度

合成润滑油供应温度计测量供应到各润滑点润滑油的温度,温度信号由就地传输至 MARK Ⅵe。当测量的润滑油温度达到 93.3℃时会发出一个高报警,并在 HMI 上显示。当温度降到 6.7℃时负荷被隔离(ITL),并在 HMI 上显示。当两个温度电偶指示有差异时会在 HMI 上发出一个报警。

当两个电偶任一个失败时会发出报警并在 HMI 上显示。

当两个电偶都失败时机组执行正常停机 NS。

7. 辅助齿轮箱(AGB)回油温度

辅助齿轮箱回油温度电偶安装于辅助齿轮箱至回油泵之间的管路上,温度信号由就地传输至 MARK Ⅵe。当润滑油回油温度达到 149℃时会发生一个高报警并显示在 HMI 上。当润滑油回油温度达到 171℃时会发出一个高高报警,机组执行 DM 程序,机组缓慢地降低到最小负荷,并在 HMI 上显示。

8. A、B、C 收油池回油温度探头

A、B、C 收油池回油温度探头位置如图 6-17 所示。

"A"收油池及传输齿轮箱润滑油回油温度电偶安装于传输齿轮箱至回油泵之间的管路上,测量"A"收油池的润滑油回油温度,温度信号由就地传输至 MARK Ⅵe。当润滑油回油温度达到 149℃时会发出一个高报警并显示在 HMI 上。当润滑油回油温度达到 171℃时会发出一个高高报警,机组执行 DM 程序,机组缓慢地降低到最小负荷,并在 HMI 上显示。

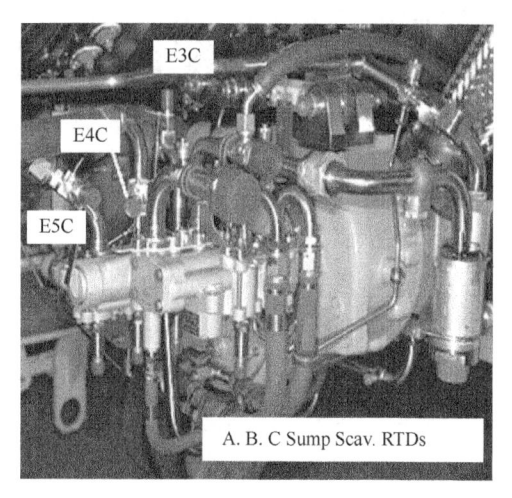

图 6-17 A、B、C 收油池回油温度探头位置

"B"收油池润滑油回油温度 TE161A/B 电偶安装于"B"收油池至润滑油回油泵之间的管路上,测量 B 收油池的润滑油回油温度,温度信号由就地传输至 MARK Ⅵe。当润滑油回油温度达到 149℃时会发出一个高报警并显示在 HMI 上。当润滑油回油温度达到 171℃

时会发出一个高高报警，机组执行 DM 程序，机组缓慢地降低到最小负荷，并在 HMI 上显示。

"C"收油池润滑油回油温度电偶安装于"C"收油池至润滑油回油泵之间的管路上，测量"C"收油池的润滑油回油温度，温度信号由就地传输至 MARK Ⅵe。当润滑油回油温度达到 149℃时会发生一个高报警并显示在 HMI 上。当润滑油回油温度达到 171℃时会发出一个高高报警，机组执行 DM 程序，机组缓慢地降低到最小负荷，并在 HMI 上显示。

9. 液压油滤

液压泵和液压油滤如图 6-18 所示。其中液压油滤的滤网、流量、设计压力/温度、运行压力/温度、最大压差如下：滤网：5μm；流量：22L/min（最大）；设计压力/温度：6500kPa(g)/120℃；运行压力/温度：5200kPa(g)/50℃；最大压差：21000kPa(崩溃)。

液压油泵与伺服阀如图 6-19 所示，其中液压油泵的转速、出口压力、功率、运行压力/温度如下：转速：6894r/min；出口压力：5200kPa(g)；功率：3.7kW；运行压力/温度：5200kPa(g)/60～70℃。

图 6-18 液压泵和液压油滤

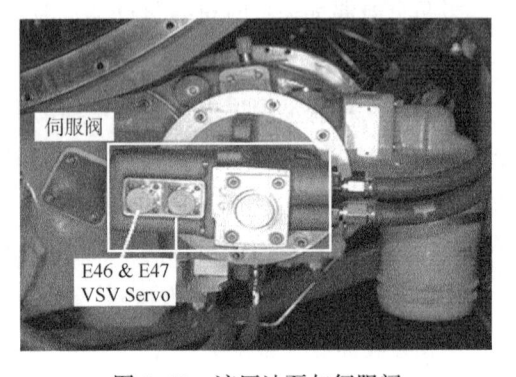

图 6-19 液压油泵与伺服阀

合成润滑油供油泵的参数如下：

（1）流量：68L/min；

（2）出口压力：1370kPa(g)；

（3）运行压力/温度：620kPa(g)/60～70℃。

合成润滑油回油泵 PS-1/2/3/4/5 的参数如下：

（1）出口压力：760kPa(g)；

（2）运行压力/温度：400kPa(g)/71～135℃；

（二）发动机合成润滑油系统的技术条件

压力安全阀与供油泵是集成在一起的，安全阀打开的初始压力为 680kPa，全开压力为 1380kPa。

安全阀与液压油泵是集成在一起的。

所有的排污管线都要与大气相通，并且均可可视，以便于泄漏量的观察和监视。

安全阀与油泵输送压力的差压设为5200kPa(g)，最大液压泵输送压力在5800kPa(g)左右。

L4上可允许的总管最大静压力为125kPa(a)，为了避免发动机浸油，上述压力应控制在110kPa以下。

急速时，A12发动机接口的背压须在0.5kPa以下；满负荷时，A12处最大允许背压为9kPa。

A10、A11、A20、A21、A22的出口通风管下的虹吸管在最初启动时必须吸满合成油，且须250mm。

(三) 合成润滑油橇与发动机上的合成润滑油流程

当燃气发生器被驱动，合成润滑油系统便开始运行。

装在附件齿轮箱(AGB)后端面上的油泵组件上的供油泵，从油箱吸油增压，润滑油从一个容量为640L的油箱(用不锈钢制造)的离箱底1.5in(38mm)的吸入口吸入。润滑油经过1.5in的管路经过润滑油供应总阀，该阀带有位置开关，运行时开关应在全开位置。然后通过进口油滤到达安装在附件齿轮箱上的组合润滑油泵上的供应润滑油泵入口，被附件齿轮箱(AGB)驱动的供油泵将润滑油供应到合成油系统进口双联油滤进口。在供应泵两端安装有压力安全阀，该阀设定回油压力为1370kPa(g)，当供油泵出口压力大于1370kPa(g)时安全阀将多余润滑油泄放至供油泵进口，以保护供油泵。

双联润滑油滤两端安装有压差变送器，当压差达到135kPa时会发出一个压差高报警，运行人员应及时将油滤切换至备用油滤。油滤出口管路上还安装有一个设定压力为27kPa(g)打开的单向阀。

润滑油从单向阀出口通过一根1in管道进入在燃气发生器上的润滑油系统。然后分成两路。

第一路流程：部分润滑油进入液压泵，润滑油在由附件齿轮箱(AGB)驱动的液压泵的作用下压力进一步提高，出口油压约为5200kPa(g)。再经25μm的出口油滤到达可调导叶伺服阀，伺服阀进口有油滤，有涡轮控制的四路伺服阀按照转速变化的要求改变伺服阀出口开度以控制作动筒打开/关闭位置及打开/关闭速度，在作动筒外套上安装有可调静叶位置传感器，以反馈可调导叶实际工作位置。伺服阀有四路，一路为高压润滑油进口，一路为工作过后的润滑油出口，一路为到达作动筒活塞上部，一路为到达作动筒活塞下部。工作过后的润滑油由伺服阀出口到达润滑油供应泵出口管路，与供应泵出口润滑油汇合。

第二路流程：通过设定压力为27kPa(g)的单向阀到达燃气发生器润滑油分配总管，在分配总管上安装有合成润滑油供应温度热电偶，当测量的润滑油温度达到93.3℃时会发出一个高报警，并在HMI上显示。当温度降到−6.7℃时负荷被隔离(ITL)，并在HMI上显示。润滑油总管被分成五路，分别到达相应的工作点。下面分别介绍每一路的流程。

第一路：从润滑油总管到油气分离器，以润滑油气分离器轴承，轴承回油至附件齿轮箱(AGB)内,在总管至油气分离器上还分出一根1/4in细管,将部分润滑油引到液压启动机上的启动离合器内,以润滑和冷却离合器,离合器回油通过1/2in管又返回燃气发生器上的附件齿轮箱(AGB)内,附件齿轮箱的回油由回油泵共同承担。回油抽至回油总管,在回油管路上安装有润滑油回油温度传感器,测量附件齿轮箱回油温度,当润滑油回油温度达到149℃时会发生一个高报警并显示在HMI上。当润滑油回油温度达到171℃时会发出一个高高报警,机组缓慢降低到最小负荷。

第二路:从润滑油总管到传输齿轮箱(TGB),以润滑及冷却齿轮箱内轴承及齿轮。回油由回油泵抽回至回油总管,在传输齿轮箱(TGB)至回油泵的管路上安装有润滑油回油温度传感器,当润滑油回油温度达到149℃时会发生一个高报警并显示在HMI上。当润滑油回油温度达到171℃时会发出一个高高报警,机组缓慢降低到最小负荷。

第三路:从润滑油总管到燃气发生器前轴承,润滑冷却前轴承,回油由前轴承的"A"收油池先返回传输齿轮箱,再和第二路使用共同的回油管路。

第四路:从润滑油总管到燃气发生器中央轴承,润滑中央轴承的支承轴承和止推轴承。回油通过中央轴承的"B"收油池经润滑油回油泵PS-4抽回至润滑油总管。在"B"收油池至回油泵的管路中装有"B"收油池回油温度电偶TE161A/B。当润滑油回油温度达到149℃时会发生一个高报警并显示在HMI上。当润滑油回油温度达到171℃时会发出一个高高报警,机组缓慢降低到最小负荷。

第五路:从润滑油总管到燃气发生器后轴承,润滑和冷却后轴承,回油通过后轴承的"C"收油池经润滑油回油泵抽回至润滑油总管。在"C"收油池至回油泵的管路中装有"C"收油池回油温度电偶。当润滑油回油温度达到149℃时会发生一个高报警并显示在HMI上。当润滑油回油温度达到171℃时会发出一个高高报警,机组缓慢降低到最小负荷。

(四) 总润滑油回油管的流程

润滑油回油泵五个回油泵把各自的回油抽至汇合到一根1in的回油管。然后再分成两路。一路经手阀到达润滑油温度自我控制阀进口,控制阀为三通阀,接口"C"为来自合成油冷却器经过冷却的润滑油,"A"接口为控制阀出口,"B"接口为润滑油泵回油。从冷却器来的冷润滑油和从回油泵来的热润滑油经控制阀调节至出口温度为49℃,控制阀为一机械调节阀,根据来油温度自动调节开度,以达到恒定的出口温度的要求,另外与温度控制阀并列安装有一旁通球阀,运行时该阀需关闭。

在温度控制阀进口安装有一压力安全阀。当压力超过设定压力1200kPa(g)时,阀打开多余润滑油经阀直接返回油箱。

从温度控制阀出口的润滑油再经过润滑油回油滤过滤后回油箱。在回油滤上安装有压差变送器。

另一路从润滑油回油泵出口经1in导管到达箱体通风通道内的合成油冷却器,经冷却器冷却后再回到润滑油温度控制阀进口。

(五) 合成润滑油油雾气的流程

润滑油在前、中、后轴承的润滑和冷却过程中，由于轴承的工况会将热量传递给润滑油，使润滑油产生大量的油雾气，这些油雾气不能用润滑油回油管道排出，这样会使油雾气占满回油管道而使回油变得困难。为此专门设计了油雾气回路，油雾气总管位置如图6-20所示。

图 6-20 油雾气总管位置

本机组的油雾气回路如下：从"A""B""C"轴承机匣的上部有一根机匣油雾气出口管，它们从各自的机匣引出后在燃气发生器外部汇合成同一管路，然后引到安装于附件传动齿轮箱(AGB)上的油气分离器进口，油雾在分离器中被分离。被分离后产生的润滑油回到附件齿轮箱内，剩余气体通过一根3in管路到达在箱体外的合成油油气分离罐内，油气在那里进一步被分离，剩余空气排到安全区域。

第七节　干气密封系统运行操作

一、系统的技术条件

空气压力：650~800kPa(g)。
压缩机壳体下部有三个壳体排污阀。
大部分封严气流量将被控制到最大：8L/min。
终端点TP611、TP612、TP609 A/B可以连在一起，终端点TP610必须分隔开。
封严气条件加热器被就地板(可控硅)控制。
最大可接受压差为20kPa。
如非特殊说明，燃气、润滑油或水的排污/放空不能相连。

二、PCL800第一封严气系统流程

当一个正常的启动程序开始，升速阀打开，来自站升压橇出口总管的工艺气经电磁阀

控制地、由仪表气操纵地到达密封气体加热器。加热器设定温度为25℃。加热器上有温度探头。当加热温度达到高高报警值时，加热器切断。加热器出口管线上安装有温度探头，测量加热器出口温度，有指示及高报、高高报功能。当高报时加热气切断。

工艺气再经1in管到达双联封严气过滤器。该过滤器在正常运行时只有一个过滤器参与工作，另一个过滤器备用。过滤器两端装有压差变送器，该压差变送器安装于就地仪表支架板上，并有现场指示表，当过滤器滤芯进出口压差达到100kPa时会发出一个高报警，并在HMI上显示。运行人员可以及时到达现场，将正在运行的高报警的滤芯切换到备用滤芯，滤芯可以在任何运行转速下在线更换，也可以离线更换。每过一年不论差压是否达到报警值都必须更换。

经过滤后的封严气到达压差控制阀，该阀安装于就地仪表支架上，压差控制阀阀的开度受平衡管压差的控制，平衡管压差信号从就地传输至MARK Ⅵe，信号经MARK Ⅵe计算，并控制封严气压力转换阀，控制进入压差控制阀调节器膜腔的仪表气压力，从而改变压差控制阀开度，最后达到压差控制阀出口压力始终大于平衡管压差100kPa。这是一个动态的调节过程，运行转速的变化会引起压差的变化，压差控制阀的输出压力随着变化。封严气出口气体分成两路，再经过两个孔板，这两个孔板的作用为控制进入干气密封盒第一封严气的流量。封严气随后到达压缩机转子高低压端干气密封盒。非驱端干气封严气进入处如图6-21所示。

图6-21 非驱端干气封严气进入处

图6-22为密封气在压缩机内部流程。

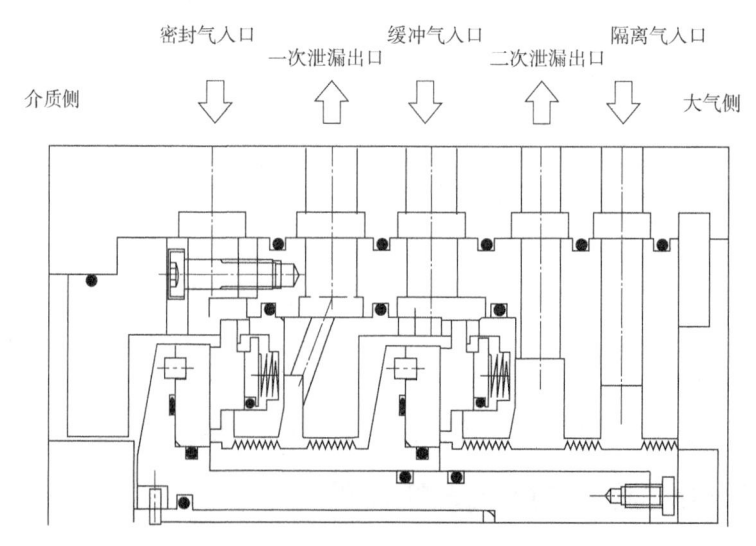

图6-22 压缩机内部流程图

正常运行时采用机组新鲜气出口气作为一级密封气的气源,进入密封系统后,经过两道过滤器,达到 1μm 的清洁度,分别经过低压端流量计、节流阀和高压端流量计、节流阀,调整流量后进入高低压端一级密封腔体。

当开停车时,使用备用气源压力较低,无法满足一级进气流量需要,可用增压装置将一级密封气气源压力升高,即一级密封气通过阀进入增压泵,被压缩的气体通过缓冲罐稳压后,经过过滤器,回到一级密封气进气管线止回阀下游。低压氮气作为增压泵的驱动气,保证增压泵活塞密封,然后去火炬。另外,开车时可以用氮气代替还没有产生的工艺气作为一级密封气,直到产生工艺气,并且压力高于氮气的压力,即可切换成工艺气。在该项目中,开车时的一级密封氮气还可以在停车时用来吹扫干气密封系统。一级密封气的主要作用是防止压缩机内不洁净气体污染一级密封端面,同时伴随着压缩机高速旋转,通过一级密封端面螺旋槽泵送至一级密封放火炬腔体,并在密封端面形成气膜,对端面起润滑冷却作用。该气体绝大部分通过压缩机轴端迷宫进入机内,极少部分通过一级密封端面进入一次泄漏去火炬腔体。

排出的气体管路上安装有压缩机第一出口安全阀,当从 C 室排出的气体压力达到 6500kPa(g)时安全阀打开释放压力。出口气体再经过压缩机出口端干气密封第一级封严气出口压力计,测量密封气第一级出口压力,压力信号由就地传输至 PLC 并有现场指示表,共两个测压点。当压力达到 400kPa(g)时发出一个高高报警,则不增压紧急停机 ESD 执行,机组放空。

当两个测点中的任意一个测点失败,则有一报警在 HMI 上显示。当两个测点失败则不增压紧急停机 ESD 执行,机组放空。

气体再经过第一出口的最后控制压力阀——背压控制阀。当压力达到 150kPa(g)时,该阀打开多余压力从该阀排放到安全区域。然后气体再经流量指示变送器后从出口管道排放到安全区域。

三、第三封严气体流程

由用户提供的仪表气用于第三级封严,气体经一球阀再经一单向阀后分成两路,每路经空气流量调节孔板后分别进入空气密封盒,用户提供的封严气防止腔室气逸出,也防止轴颈轴承排出的油雾通过迷宫与腔室排出气体接触,起到隔离的作用,从空气密封盒排出的气体经第三封严气出口孔板到矿物油系统油箱。

四、第二级气体出口流程

在压缩机外壳下部安装有第二空气出口排污观察窗,以观察第二空气封严出口是否有污物及润滑油,以判断密封可靠性。

当启动程序结束,启动升速阀关闭,封严气由压缩机出口管路经 1in 管路到达加热气，再进入双联过滤器进口，以后流程同上。

第八节　燃机燃料气系统运行操作

一、系统的技术条件

燃料气辅助系统尽可能安装在与燃机箱体接近的地方，自动隔离放空阀 XV159 与燃料气隔离阀间最大允许距离为 10m。

两级燃料气清洁器（液体型加固体型）。

燃料气条件加热器由可控硅就地/在橇上控制。

所有管线需隔离且有伴热，须保持管线温度在 35℃。

气体放空不能相互连接或和系统中任何放空相连，它们直接排向大气，且要防止水、脏物及其他东西进入。

所有管段均为不锈钢。

二、燃料气辅助系统的流程

燃料气辅助系统如图 6-23 所示。由站内天然气总管上引出的高压天然气经过 RMG 调压橇调压、过滤，加温后再通过 3in 管道，通过切断阀到达旋风式分离器进入分离器，在分离器内部天然气通过离心分离作用，将天然气中的液相物、固相物分离，被分离的液相物在分离器内到达一定位置后，排污阀会自动打开排污。

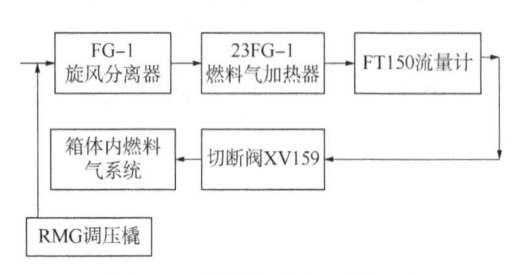

图 6-23　燃料气辅助系统框图

在旋风分离器上部安装有安全放空阀，当分离器内压力达到 4600kPa(g) 时安全阀打开，多余气体排放到安全区。

达到清洁标准的燃料气通过分离器上部 3in 管道进入燃料气加温器加温。经过加温的燃料气通过燃料气流量计计量后再经过切断阀到达在箱体内的燃料气系统。在燃料气加热器后安装有安全放空阀，设定压力为 4600kPa(g)，当压力达到此值时安全阀打开，多余气体排放至安全区域。

第九节　燃料气橇系统运行操作

（1）将增压橇进气高压软管与气瓶车出气口快装接头连接好，换热器内注满水。

（2）天然气减压橇内各阀门处于关闭，检查是否漏气、漏水。

(3) 将天然气减压橇控制电源合上，紧急切断阀按钮打在自动状态，启动电加热器。

(4) 将天然气减压橇内所有压力表、压力变送器的底阀打开，气动切断阀应在开启状态。

(5) 当换热器中的水温升到65℃左右时，打开增压橇通减压橇的高压总球阀，使压缩天然气进入减压橇入口处。

(6) 缓慢打开天然气减压橇内天然气入口处其中一路的高压进气球阀，另一路的球阀处于关闭状态，观察压力表的读数，此时压力表上的读数应与气瓶车上的压力一致。

(7) 压缩天然气经减压阀高压进气球阀、气动紧急切断阀、高压过滤器过滤后进入一级换热器中。在一级换热器中，压缩天然气流经管盘时吸收换热器中热水的热量而升温，升温后的压缩天然气进入一级调压器的上游。

(8) 调节一级调压器的出口压力，观察压力表的读数，调整一级调压器的出口压力至0.5~1.6MPa，减压后的天然气进入二级换热器中。

(9) 在二级换热器中，天然气再次被升温，升温后的天然气从二级换热器中出来后进入二级调压器上游。

(10) 打开二级调压器入口处阀门，调节二级调压器的出口压力到0.2~0.35MPa，打开二级调压器后的法兰球阀，调整出口压力。经两次减压的天然气进入流量计量系统中。

(11) 打开流量计出入口阀门，经出口管段进入外管网进行燃气输送。

(12) 短时间停用时，应关闭。

第十节　仪表风系统运行操作

一、开机步骤

(1) 检查地脚螺栓是否牢靠，周边环境是否有大量灰尘，油气分离器油位是否正常，通知电工送电；

(2) 打开空压机出口阀门，确认其余阀门是否处于正常开启状态，确认设定参数是否正常；

(3) 启动空压机，并注意空压机声音振动及各项运行参数是否在正常范围内；

(4) 待压缩机压力上升到3.5bar以上后开启干燥器，观察干燥器各参数及程控阀是否在正确位置；

(5) 启动冷干机，确认冷干机参数在正常范围内。

二、停机步骤

（1）点击操作面板停止按钮，等待压缩机自动卸载负荷停止；
（2）观察参数变化情况；
（3）压缩机停止后关闭压缩机出口阀门，打开压缩机排水阀门，给压缩机排水放空后关闭；
（4）点击干燥器停止按钮；
（5）停止冷干机运行。

三、巡检注意事项

（1）检查排气压力、排气温度是否在正常范围之内；
（2）检查干燥器运行是否正常；
（3）检查油位是否正常；
（4）检查有无跑冒滴漏现象，空压机声音是否异常；
（5）仪表风空压机排水。

第十一节　MCC系统运行操作

MCC房设计制造为和发电房一体，分两个隔间分别放置，交流进线为400V、3相、50Hz电源，由房子另一端的柴油发电机为MCC柜提供电源。MCC柜设有主电源进线断路器，为框架式800A，具备手动和电动储能功能。在本套系统中设定为手动储能方式。室内除MCC柜之外，还安装了电磁涡流刹车控制柜，与MCC柜并排放置。断路器供电单元为抽屉模式，相同容量之间的抽屉柜可以实现互换。软启动器设计为"一拖二工作"方式，除满足正常三台45kW正常使用外，还预备一路备用。

MCC系统软启动操作

（一）启动

（1）为安全起见，电动机控制中心的所有控制开关都置于断开位置。
（2）启动时，首先合上每个MCC1-3柜中的软启动断路器。
（3）启动某一路电动机时参照原理图在柜内合上该路的断路器。
（4）正常情况时，应将"软启动/停/远控软启"开关置于"远控软启"位。由泥浆人员进行现场操作，在现场操作站，将合闸按钮按下，相应的回路通电，电动机运转。

（二）停机

在现场操作站，将分闸按钮按下，相应的回路断电，电动机停止运转。

(三) 保护

(1) 各组负荷线路中的断路器为整个电路提供短路保护及过负荷保护。

(2) 热继电器提供过载保护。过载时，过大的电流使热继电器动作，将控制线路切断，电动机失电停转（在热元件冷却之前，继电器不能复位）。

(3) 控制线路本身具有失压保护功能。当电源电压偏低或停电时，接触器失电释放，电动机停转。当电源恢复时，必须经过操作人员重新启动，电动机才能运转。

(四) GCS 柜操作

GCS 型抽屉柜，当某一路需要供电时，只需将相应抽屉的旋转手柄向右旋转 90°达到合闸位置即可使抽屉内开关合闸。

第十二节　冷却水系统运行操作

一、操作要求

(1) 操作者必须熟悉本设备的结构、性能、传动系统、润滑部位及电气等基本知识和使用维护方法，操作者必须经考核合格后，方可进行操作。

(2) 系统设备处于故障状态严禁启动。

二、注意事项

(1) 检查系统各设备是否满足开车条件；

(2) 检查吸水池液位是否符合正常运行条件；

(3) 地脚螺栓紧固，接地线应完好，设备周围无杂物及人；

(4) 检查阀门是否完好，电动阀手柄位置要准确；

(5) 换泵前，应按开车前准备工作进行全面检查；

(6) 机组长期停用或检修后，必须经检修人员检查，合格后方可送电开车。

三、应急处置

(1) 突然停电，关闭各水泵出口阀，按停车按钮，通知值班长。单机突然停电，按开车步骤先开启备用泵，再按停机的停车电钮，关闭出口阀。

(2) 发现补充水断水，首先通知班长，征得同意，适当关闭泵的出口阀，降低总管压力，维持生产；维持不了生产时，经班长同意，停止机泵运行。

(3) 着火电机着火或电缆头处打火，立即按停车电钮，切断电源，关闭出口阀。用二氧化碳、干粉灭火器灭火。

(4) 设备紧急事故：电动机电流突然升高或降低（超定额值）、电动机水泵有明显的异常声音或振动大、断轴、水泵出水管线断裂及大量漏水等应立即停止运行。关闭出口阀、开启备用泵。若风机停机后、立即按停车电钮。

第十三节　机组电气设备的安全操作

一、高压配电室

(1) 电气操作人员必须持证上岗，应在电工证有效期前一个月提前上报生产安全部进行复审，严禁无证从事电工作业。

(2) 打扫卫生、擦拭设备时，严禁用水或湿布擦拭设备或电气元件，以防发生短路或触电事故。

(3) 在电气设备上工作时，应采取停电、验电、悬挂接地线悬挂警告标识牌和装设护栏等安全技术措施。

(4) 低压带电工作，应设专人监护；使用有绝缘柄的工具工作时要站在干燥的绝缘物上进行，并戴绝缘手套，穿绝缘鞋。

(5) 凡易于被触碰到的带电设备应设围栏，并挂警告标志。

(6) 配电室高压设备的任何操作，必须戴绝缘手套，穿绝缘靴并站在绝缘垫上，操作人员与带电体间的最小距离要符合安全规程规定(10kV，0.7m)。

(7) 在一般情况下不许带电作业，必须带电作业时，要做好可靠的安全保护措施，有二人进行(一人操作一人监护)。

二、UPS

(1) 打扫设备时，严禁用水擦拭设备。

(2) 定期对模块进行清理，防止粉尘导致静电，引起短路。

(3) 触摸显示屏时，必须手指干燥。

三、直流柜

(1) 打扫设备时，严禁用水擦拭设备。

(2) 定期对模块进行清理，防止粉尘导致静电，引起短路。

(3) 触摸显示屏时，必须手指干燥。

四、电池

(1) 禁止用手触摸接线柱，以防触电。

(2) 清理电池卫生时，禁止使用干或者太湿的抹布清理，以防引起静电或者短路。

(3) 如果安装电池信号线,需断开电池空开,切勿正反连在一起,安装好后螺丝一定要固定住。

五、空调

(1) 清洗空调外机时,需断电清理。

(2) 定期查看空开下的接线柱有无虚接。

(3) 定期检查维修工具,保证压力表清洁完好,加氟管路完好无泄漏;氟罐存放整齐有序,禁止和其他物品混放。

(4) 维修工充氟操作时,不允许和其他工种交叉作业,工作场所禁止吸烟。

(5) 高空作业必需两人以上,登高时检查梯具是否稳固牢靠,必要时系好安全带;登高作业时要有防止物品坠落砸伤行人的安全措施。

(6) 设备的启动、停止应及时转换运行状态牌,尤其是接到维修人员停机维修通知后,立即张挂检修牌。

(7) 做好空调机及控制柜的清洁工作,做到无污迹、无灰尘、无垃圾。

六、环境监控

定期查看采集箱里,并清理采集箱,切记切断电源。

七、软化水设备

(1) 更换树脂时,一定要切断电源。

(2) 添加软化水盐时,一定要低,防止溅出的水到电源上导致触电。

八、冷风机

(1) 冷风机后门打开时,及时断开电源,防止风机转动挤压手。

(2) 更换上水泵时,接头一定要高,防止水渗进接头,导致短路。

(3) 清洗冷风机时,一定要远离风机,防止水进入线圈导致短路。

(4) 当风机出现异响、轴承温度过高、转速不正常、焦味或冒烟、电流过大等异常情况时,应立即停机,查明原因,待故障排除后,方可重新启动。

九、发电机

(1) 操作人员,上岗前应着装整齐,工作服要三紧(领口、袖口和衣服下摆束紧),不得穿拖鞋,女工发辫必须盘起,并戴好工作帽。

(2) 发电机启动前须认真检查机油油位、水箱水量、柴油存量及油路系统是否正常。

(3) 发电机启动后应首先观察机油压力是否正常,在空负荷试运转 10min 后方可合闸送电。运行中要注意观察电流表、电压表和周波表，保证供电质量。如发现水温过高、机组有异响、异味、机油压力下降等情况，应作出认真判断，必要时应及时停机检查。

（4）开关的切换必须十分谨慎、细致，严防误操作，不得带负荷送电。

（5）运行中注意不要触及机组旋转部位，同时与柴油机排气管等发热部位保持一定距离，以免烫伤。易燃物品要远离排气管。开启水箱盖时要防止被高温蒸汽烫伤。

（6）运行中如遇柴油机发生"飞车"事故，在按下供油手柄后而无法降低转速时，应果断切断柴油机供油油路或堵塞进气口迫使柴油机立即熄火。

（7）在运行中如遇柴油机因冷却系统和润滑系统故障，造成机器高温高热而停机后，不得马上向水箱内添加冷水，应缓慢盘机，防止柴油机烧瓦、抱轴、拉缸，尽可能减少损失。

（8）机组及机房应保持进出风道畅通。机组长期停机应对空气滤清器进气口、排气管出气口做防潮、防水保护。停机期间，每周应启动一次，做空负荷运转10min；潮湿天气和长期停机，应注意检查电机相间和对地绝缘。

（9）蓄电池应轻拿轻放，防止腐蚀性液体溢出伤人，同时保持电瓶线紧固无松动；不得将工具等物放在蓄电池上，以防止极间短路，造成人身伤害和损坏蓄电池。

（10）机器运行中，不得进行维修作业或拆卸电气连线。

（11）应按说明书要求定期维护、保养机器，做好各种螺栓的紧固和转动部位的润滑工作；及时清洁空气滤清器；保持柴油管路不松动、不漏油，防止混入空气，造成启动困难。

第十四节　在线/离线水洗系统运行操作

一、清洗的目的

燃气轮机所吸入的空气虽然已经经过过滤处理，但总避免不了有除不掉的细粉尘随空气一起进入燃气发生器压气机。这些细粉尘会在压气机叶片表面上贴附、积聚，在工作一段时间以后，叶片表面上会积聚相当可观的粉尘，如图6-24所示，从而使叶片流通面积减少，吸入的空气量亦会减少，出现动力涡轮发出的有用功率降低、涡轮排气温度升高、压气机喘振、加速缓慢、不能加速到满速。为了使压气机的性能得到恢复，采取清洗的方法将叶片表面的积垢清除掉。

图6-24　受污染的压缩机进口

性能衰减可以分为两种，如图 6-25 所示：可恢复衰减和永久衰减。可恢复衰减是一种通过清洗可恢复性能的衰减，永久衰减是只有发动机返回工厂大修后方可恢复的衰减。

发动机进行清洗的周期决定有以下两个因素：第一可以根据机组现场的周边环境特点来决定对发动机进行清洗的时间。第二可以根据对先使用建立起来的各种参数对发动机的性能进行评估，然后再决定是否对压气机进行拖动清洗。如果变化趋势接近 5%，以原始参数或最近清洗时的最后一次读数为基准进行估算。

在进行性能评估中最关键的参数有：

(1) 燃气发生器转速；
(2) 压气机入口温度；
(3) 大气压力；
(4) 涡轮燃气温度；
(5) 压气机出口压力；
(6) 输出功率(如能获得)。

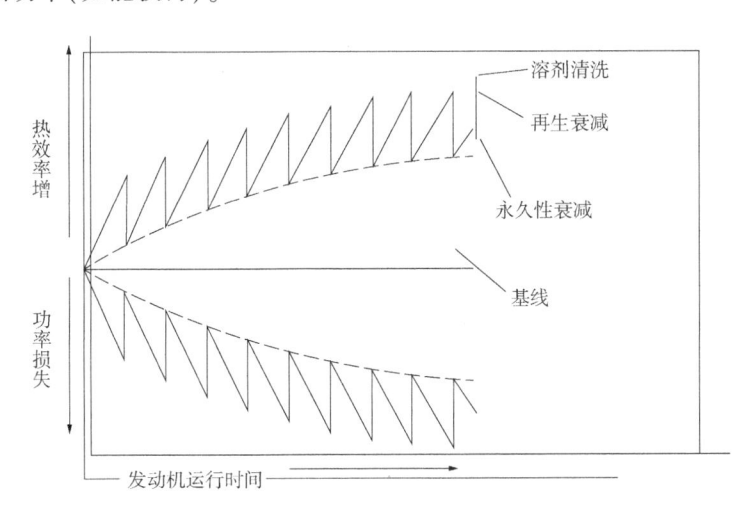

图 6-25　性能衰减图

为了精确估算压气机清洗系统的性能，确定是否有必要更改清洗的频率和溶剂量大小，要记录发动机在清洗前和清洗后的基本运行参数。如每次清洗时都详细记录这些参数，则会很快建立一个性能趋势，以决定何时及怎样对压气机进行清洗。

在清洗时，要清洗到发动机的性能不再进一步改善并且排出的废清洗液很干净时为止，否则要重复进行清洗。对于压气机的出口压力而言，最佳恢复参考点应是新机组在现场第一次启动时的值。

二、清洗方法

压气机的清洗方法有两种：

(1) 压气机的在线清洗：发动机可以在任何运行转速下进行的清洗。在线清洗一般适用于因为各种原因机组不能停运的情况下的清洗。在线清洗的效果较差，一般建议尽可能不使用在线清洗。

（2）压气机的离线清洗：发动机在停运情况下，由启动机将压气机转子带转至一定转速下对发动机进行的清洗。建议尽可能采用离线清洗。

在线清洗和离线清洗都是为了维护压气机，使用的效果好坏取决于清洗措施是否得当、是否有规律对发动机的性能参数实施监控。如能对发动机的所有运行参数都实施了监控，就能从这些数据中看出实施了在线及离线清洗的效果。然而发动机输出功率的减小不仅仅与叶片的污染有关，还与其他一些因素有关。因此不能把压气机性能作为评估在线或离线清洗效果好坏的唯一标准。

离线清洗亦称为带转/浸泡清洗。发动机在启动机所能带转的最大转速下运行，此时无燃料气供应，并且点火系统也不工作。

环境温度对于在线或离线清洗都有极大的影响，要保证发动机入口流通温度高于4℃，如不容易保证入口温度，建议只有在环境温度高于15℃的情况下进行清洗。

在不能保证发动机入口流通温度高于4℃的情况下，如需要对发动机进行在线或离线清洗，则需要在清洗溶液中加入一定比例的防冻液，添加防冻液的比例要根据大气温度及使用不同牌号的清洗液来配制。在低温情况下不使用防冻液清洗发动机将可能产生严重的后果。

三、清洗装置

清洗装置是指压气机的清洗装置，不包括涡轮清洗装置，因为两者的积垢性质不一样，因此必须采用不同的方法清洗。而涡轮的清洗仅在以原油或渣油为燃料时才必须配置，通常是没有的。用于压气机清洗的方式都是湿式，以水为主要工质，所以通常称为水清洗系统。清洗小车如图6-26所示。

用来清洗的水必须满足下列要求：
（1）总的固体物小于100ppm；
（2）最大粒子尺寸149μm；
（3）pH值在6.0~8.0之间；
（4）含碱金属量（K、Na）少于25ppm；
（5）此水质要求并不十分高，接近中性。

图6-26 清洗小车

清洗装置有一个水箱TW-1，容积为400L，箱子有盖。盖上有充水口，用来注入清洗液和冲洗水，还有检查盖及通气孔。箱上有液位计并配有液位开关，当液位低于低水位时报警。另配有液位观察窗口，水箱内还有一个电加热器23TW-1，它能将水加温到80℃时断开加热器。

水箱装在小车底板上，在小车上还装有清洗泵和电动机。清洗泵为齿轮泵，在小车的就地控制板上安装有加热器关/开信号灯、低水位报警灯、电动机保护灯，安装有电动机启、停开关及加热器开/关按钮。

四、清洗过程

在进行清洗前，将 200L 的清洗水加入箱内，并按一定比例加入化学清洗液。

清洗装置是人工操作的，因此要求一个运行人员站在水箱旁，操纵手动阀和选择器开关，而另一个运行人员在主控室控制手动盘车开关。

清洗工作开始，运行人员在小车旁来直接操纵在控制板上的开关，启动手动盘车，打开手动阀，然后将开关放在清洗位置。接着启动电机/泵，近 200L 的清洗溶液送到燃气发生器进口进气道上的水管，经小孔喷入压气机。

允许清洗液留在机内 10~20min 浸泡叶片。在浸泡结束时，运行人员可开始冲洗。冲洗程序同前，可以多次冲洗直到流出的水干净为止，如认为还没有达到清洗效果，则可以重复上述过程，直到认为洗净。

清洗后，基本能恢复到发动机最初性能。但是运行时间长后，清洗往往不会达到原先效果，这是因为叶片表面本身会有损伤。

五、离线水清洗模式

遥控模式关闭，在 HMI 上选择离线水清洗模式。在此状态下，有关的程序被启动，按压在 HMI 上的启动按钮，下面的动作开始执行：

(1) 矿物油辅助泵电动机启动，等待矿物油主压力恢复。

(2) 液压启动机泵电动机选择被启动，驱动 GG 轴。

(3) GG 转速大于 110r/min，离心水洗电磁阀开，在这时间，水清洗溶液被喷在 GT 到实行清洗周期，GG 加速到清洗转速。

(4) GG 转速大于或等于 1200r/min，离线水清洗电磁阀关闭，在这时间，水清洗溶液不喷水。

(5) GG 转速被降低直到小于 110r/min，GG 转速再一次被增加到原来状态，离线水清洗电磁阀再一次打开。斜坡向上和斜坡停程序能够执行最长时间 40min。然后此程序自动停止，达到最大容许时间以前，操作员能够按压在 HMI 上的停车按钮，手动停止此程序。

(6) 带有清洗液的溶剂喷到叶片表面后，浸泡 20min，然后在水箱内加入 200L 的冲洗水，按上述操作运行燃气发生器，直到将带有清洗液的溶液冲净为止。

(7) 冲洗次数由现场决定，可以根据需要多次重复清洗程序，直到认为清洗干净。

(8) 当水洗程序全部完成，水清洗车被隔离，启动 GT 和运行，在急速运行 5min 以干燥机组。

六、系统的技术条件

（1）选择在线和离线模式，通过将弹性软管和合适的 TP 接口相接来手动选择。

（2）如果清洗轴流压缩机，总的可用水量大约为 400L。

（3）若机组满负荷运行时阀门误开，则会释放炙热的燃烧排气。

（4）机组运行时不要打开排污口，防止热空气释放。

（5）用户排污管线下游的 TP 口必须缓慢下降到敞口的排污系统中，不要和其他排污管相连。不允许有背压，若有背压，则可能引起回流，发动机被水淹没。

（6）水 75%，化学清洗液 25%，若大气温度低至 5℃，则需按比例配制防冻液。

（7）水洗箱须隔离保温。

（8）水洗传送压力用手动调节阀调节。

（9）清洗水箱内加热器应浸没在液体下，功率为 4kW，控制设置在 60℃，100℃时切断。

（10）如非特殊说明，所有的排污管线不能互连。

（11）自动排污阀如在开启状态时启动隔离。

第七章 压缩机组的维护保养

本章主要介绍压缩机组各部分的维护保养操作规程以及压缩机组的检修周期与检修流程规范。

学习范围	考核内容
知识要点	压缩机组仪表维护要求
操作项目	压缩机组一般维护保养作业
	压缩机组内窥孔探检查
	燃气发生器、动力涡轮运行72h的运行测试
	燃气发生器、动力涡轮运行500h的维护检修
	压缩机组4000h保养
	压缩机组8000h及以上保养

第一节 压缩机组仪表维护要求

仪表检定、更换作业要求及周期

仪表检定、更换作业要求及更换周期见表7-1。

表7-1 仪表检定、更换作业要求及更换周期

序号	名称	检查时间	检查内容	维修时间	检修状态	检修内容
1	过滤器	每天	压差是否过高	每月	停机	检查或更换
2	温度自身调节阀	每天	检查泄漏	半年	停机	排除故障和更换
3	温度控制阀	每天	检查泄漏	半年	停机	排除故障和更换
4	开/关阀门	月检	检查动作自如和泄漏	半年	停机	排除故障和更换
5	弹簧管压力表	每天	是否损坏或显示错误	半年	停机	校验误差和是否可用
6	压力/差压变送器	每天	是否损坏或显示错误	年检	停机	校验误差和是否可用
7	控制阀	月检	振动和泄漏	年检	停机	排除故障和更换
8	火焰探测器	月检	是否准确报警	年检	停机	清洁度和功能检查

续表

序号	名称	检查时间	检查内容	维修时间	检修状态	检修内容
9	温度探测器	月检	是否准确报警	年检	停机	清洁度和功能检查
10	气体探测器	月检	是否准确报警	年检	停机	清洁度和功能检查
11	行程开关	月检	动作是否真确	年检	停机	功能检查
12	LVDT	每天	反馈是否准确	年检	停机	校正检查
13	温度开关	半年	定值是否准确	年检	停机	校正检查
14	金属屑探测器	每天	金属含量	年检	停机	校验误差和是否可用
15	双金属温度表	每天	是否损坏或显示错误	年检	停机	校验误差和是否可用
16	温度变送器	每天	是否损坏或显示错误	年检	停机	校验误差和是否可用
17	加速度计	半年	安装是否可靠	热通道检查时	停机	校正检查
18	振动前置器	半年	安装是否可靠	热通道检查时	停机	校正检查
19	振动探头	半年	安装间隙是否准确	热通道检查时	停机	校正检查
20	位移探头	半年	安装间隙是否准确	热通道检查时	停机	校正检查
21	电加热器	半年	安装牢固/绝缘性能	热通道检查时	停机	功能检查
22	流量检测元件	半年	安装是否可靠	热通道检查时	停机	校正检查
23	速度传感器	半年	安装间隙是否准确	热通道检查时	停机	校正检查
24	热电阻	半年	是否松动或损坏	热通道检查时	停机	校验误差和是否可用
25	热电偶	半年	是否松动或损坏	热通道检查时	停机	校验误差和是否可用
26	压力释放阀	月检	振动和泄漏	热通道检查时	停机	排除故障和更换
27	液位显示器	每天	显示是否准确	大修	停机	校正检查
28	伺服阀	半年	是否动作灵活	大修	停机	功能检查
29	电磁阀	半年	是否准确动作	大修	停机	功能检查

第二节 压缩机组一般维护保养作业

一、压缩机组一般维护保养范围及周期

（一）日常检查

（1）检查所有管线法兰、软管连接、密封点有无泄漏。

（2）检查燃气轮机和压缩机运行是否存在异常声响。

（3）监控控制面板上的各监控参数是否处于正常工作范围。

（4）检查备用机组各加热器是否处于正确状态。

（5）检查消防系统是否已处于投用状态。

(6) 检查现场控制盘是否存在报警信息。

(二) 周度检查

(1) 对天然气管线的各引压管、法兰进行检漏。

(2) 根据运行情况，检查各参数是否在正常范围。

(3) 检查箱体通风系统是否工作正常。

(4) 检查可转导叶系统。

(5) 检查防喘阀位置指示与控制器是否一致。

(6) 检查加载阀、气动放空阀动力气源压力是否正常，是否有漏气现象。

(7) 检查润滑油油箱液位，并查看历史趋势，确认是否存在泄漏点。

(8) 检查油冷器外罩是否存在杂物。

(9) 检查备用机组的润滑油温度，检查油箱加热器是否处于投运状态。

(10) 检查各润滑油管路是否存在漏油现象。

(11) 检查干气密封加热器是否工作正常。

(12) 检查燃料气处理橇过滤器液位是否正常，加热器是否处于正确状态。

(13) 检查燃料气进气压力是否存在较大波动，是否处于正常的工作范围。

(14) 检查各过滤器的差压是否正常，如果差压呈上升的趋势，需切换机组，对滤芯进行吹扫处理或更换滤芯，各站场根据实际情况，可按照运行 8000h 更换一次全部滤芯考虑。

(15) 检查燃气轮机进气滤芯外表是否有损坏。

(16) 定期提取润滑油油样进行化验一次。

(三) 维护检修

本部分内容适用于中亚管道工程中的 PGT25+SAC/PCL803 型燃气轮机/压缩机机组。GE/NP 公司 PGT25+SAC/PCL803 型燃气轮机/压缩机机组的维护检修包括：

(1) 运行中及日常维护检查(按照机组运行操作规程的要求进行)。

(2) 周期性的维护检修。

① Ⅰa 级(机组每累计运行 4000h)维护检修。

② Ⅰb 级(机组每累计运行 8000h)维护检修。

③ Ⅱ级(机组每累计运行 25000h)维护检修。

④ Ⅲ级(机组每累计运行 50000h)维护检修。

本书引用了以下文件，其中的数据只能作为参考，正确的数据要以最后调定的数据为准。具体的引用文件包括：

(1) PGT25+SAC/燃气发生器运行维护手册。

(2) HSPT 动力透平运行维护手册。

(3) PCL803 离心压缩机运行维护手册。

(4) PGT25+SAC/PCL803 的 MARK Ⅵe 控制系统说明书。

二、润滑油取样作业操作规程及标准

(一) 取样原则

正确和有效的润滑油/液体分析需要正确的取样程序。以下是取油样时需要遵守的一般原则：

(1) 进行油/液体取样时，总是遵照车间程序和实践守则。

(2) 油处于压力下或油温很高时，采集油样要十分小心。

(3) 要有一致性，要以同样的方式在同一样本点取样。

(4) 必须清洁取样设备。使用实验室提供的干净、干燥的新取样容器，直到准备装油样才能取下取样容器帽。

(5) 要在机器正常运作温度下采集油样，除非温度要求已经给定。

(6) 取样完毕，检查设备的用油是否足量，是否要添加新油(注意：在取样前不要往设备中添加新油)。

采集油样应在设备运转时进行或在机器刚停机、仍保持运作温度时进行。被取样的设备在较长的一段停工期后，污染物(乳化水、污垢和金属粒子)会沉淀下来使油品变得清晰干净。经过沉淀后的取样几乎能代表润滑油的质量；而设备运转时的取样，润滑油在机器和部件中循环，实际上并不能代表润滑油的质量。而且，取样部位也不应选在吸入管道和回流管路附近。因为润滑油在这些区域流动太频繁，容易在样品中产生不正常数量的杂质。只有使用干净的取样设备和新的取样容器，才能防止外来污染源的进入。

(二) 取样方法

安装油道阀(施压阀)法：要想取得最均衡和最准确的样品，可以在通路上安装压力进样阀，使润滑油不断循环从而不会进入"死区"，即避免润滑油因受杂质的累积而变质。

(三) 取样程序

(1) 把干净的新探针(针/管/盖)集中安装在干净的新收集容器上。

(2) 打开施压阀的保护盖前需把它及其周围清洗干净。

(3) 把探针底端推进施压阀或按下阀门的按钮。这会把内部阀打开，让油流入取样容器。

(4) 允许至少 59.15mL 的液体进入以清洗容器。把滞留在施压阀和油道内的废油和杂质清走。

(5) 移开施压阀上的探针或按起阀门按钮以停止润滑油取样。拿走容器。

(6) 把干净的新取样容器安装在探针集中的地方。

(7) 把针推进施压阀或按下施压阀上的按钮。

(8) 装满取样容器的约四分之三后,可以移开施压阀上的探针或按起阀门按钮,以停止润滑油取样。

(9) 移走取样容器上的探针。取样完毕应立即盖上取样瓶盖子。确保盖子已盖紧,但又不能太紧。集中扔掉探针,不要循环再用。

(10) 使用自带的干净毛巾擦掉施压阀外残留的油品,将保护盖旋紧。

三、润滑油添加作业操作规程及标准

(一) 目的

规范作业程序,提高摩擦副使用寿命。

(二) 操作规程

1. 加油润滑作业前

(1) 进入工作岗位必须按规定穿戴好劳保、防护用品。

(2) 检查加油润滑所使用设备、工具是否存在问题,如需使用手电钻或其他电动设备时,应接有漏电保护器。

(3) 作业场地严禁存放易燃物品,工作场地严禁吸烟,还必须备有消防用具并使用防爆照明,不准进行焊接和一切明火作业。

2. 加油润滑作业过程中

(1) 认真检查加油润滑部位周围环境是否安全、可靠,设备是否完全停止运行并断电挂牌。

(2) 在离地 2m 以上高处作业时,应系好安全带,并须把安全绳拴在可靠的安全地点,按照高空作业规定执行。

(3) 设备运转状态下严禁接触运转部位(如连杆、曲柄、齿轮、接头等),禁止加油。

(4) 润滑油脂凝结时,严禁使用火烘烤。

(5) 在润滑过程中滴落的油脂应及时清理,防止滑倒。

3. 加油润滑作业完毕后

(1) 加油润滑完毕后应及时对现场进行清理,润滑油放置统一仓库管理,严禁与汽油、稀料等易燃品共同存放,并配备消防设备。

(2) 搬运、运输润滑油时应稳妥,堆放应平稳,且堆放高度不应过高。

(3) 擦拭油污使用的棉纱、破布等物一定要放在桶内,不得乱抛,存放不能超过 3 天。

四、润滑油过滤器更换作业操作规程及标准

(一) 目的

在整个润滑油的生产过程中,润滑油过滤器的维护和保养至关重要,要考虑多种因

素,因地制宜,采取对应的措施,还要严格地定期检测,这样才有利于保持其持久高效性,提高润滑油的高清洁度。

润滑油过滤器的正常工作需要维护保养。因其是过滤颗粒杂质的,故首先要定期查看滤芯,消除滤芯饱和度,如果查看到杂质增多,过滤器的纳污能力减弱,则需清洗或是更换滤芯。其次可选择定量查看,定期是在一定的周期内清洗或是更换,而定量则比较便于管理,就是按照最大污染介质的承受量情况,确定清洗和更换量。最后一种是定压差清洗或是更换,相对定期和定量来说,定压差则是比较准确的控制方法。

一般,到达设定的压差值时,压差发信器就会发出信号警报,这样就可以知道需要更换滤芯了。

(二) 操作规程

润滑油过滤器更换滤芯作业流程:

(1) 停止压缩机运行,等内压下降再进行下一步操作。

(2) 当油气桶内压力很小时,接上接油装置,打开放油阀。放油阀应慢慢打开,以免带压带温的润滑油溅出伤人、污物。

(3) 确认过滤器内部已排净、泄压至零后关闭放油阀。

(4) 打开盖板。

(5) 用棉纱将过滤器周围清理干净。

(6) 用专用扳手反旋油滤芯,取下油滤芯,把各管路里的润滑油同时放净。

(7) 对设备内的杂物进行清理,并进行验收。

(8) 将新滤芯重新装入设备内,并进行检查验收。

(9) 验收合格后恢复拆除的盖板。

(10) 恢复前需更换完好的垫片并检查各法兰密封面是否完好,检查有无渗漏现象。

(11) 在更换油过滤器之后,确保周围无各种杂物。

五、空气过滤器反吹作业操作规程及标准

(1) 当空气被过滤后,尘埃被吸附在元件上,用定时的方式,由电脑按顺序控制采用引流爆发式,进行反吹自洁过程。

(2) 当过滤元件阻损超过过滤阻损指标时,由电脑用定压差方式进行连续反吹自洁。

(3) 用手动自洁方式,直到阻损保持在阻损指标内而恢复原来的定时反吹自洁的方式进行工作,反吹自洁将沉降的颗粒尘埃吹落(仅为一组过滤元件处于自洁,反吹时间为 0.1~0.2s),其他过滤元件照常工作。

六、空气过滤器滤芯更换作业操作规程及标准

(1) 关闭分离器进出口球阀及差压表。

(2) 检查支路进出口球阀的内漏情况，打开两球阀的阀腔放空口，确认阀腔气体可以排净，如出现排放不净的情况，对球阀进行维护。

(3) 先打开放空管线球阀再打开节流截止阀，放空分离器内天然气直至压力表读数为零。

(4) 对分离器进行注氮置换，达到要求后方可进行检修作业。

(5) 松开锁紧盘，手握盲板提手，打开分离器盲板，使盲板在分离器侧面位置。

(6) 拆卸滤芯挡板，注意标好安装位置，以便恢复安装。

(7) 抽查分离器滤芯，如果确实较脏，那么全部拆下进行清洗或更换。

(8) 清洗筒内、快开盲板内表面及螺纹处脏物，涂抹黄油。

(9) 将快开盲板密封圈从凹槽处取出，确认密封凹槽没有受到损坏，如破损应进行更换。

(10) 检查密封面、密封圈以及密封凹槽是否保持干净并且没有残留渣滓。

(11) 装好滤芯，然后按顺序上好挡板、拧紧螺丝。

(12) 仔细检查分离器的内部组件，确保组件齐全、安装正确。

(13) 旋转盲板使盲板与筒体螺纹吻合，然后顺时针旋转将盲板锁紧盘拧紧，关闭快开盲板。

(14) 按投用操作投用过滤分离器，检查是否漏气，如果漏气则重新进行检修操作，查看密封圈的状态，漏气严重应进行更换；如正常无泄漏，则检修完毕。

七、燃气轮机在线清洗作业操作规程及标准

(一) 目的

燃气轮机所吸入的空气虽然已经经过过滤处理，但总避免不了有细粉尘随空气一起进入燃气发生器压气机。这些细粉尘会在压气机叶片表面上贴附、积聚，在工作一段时间以后，叶片表面上会积聚相当可观的粉尘，从而使叶片流通面积减少，吸入的空气量亦会减少，导致动力涡轮发出的有用功率减低，涡轮排气温度升高，压气机喘振、加速缓慢、不能加速到满速等现象出现。为了使压气机的性能得到恢复，采取清洗的方法将叶片表面的积垢清除。

(二) 操作规程

在线清洗是指发动机可以在任何运行转速下进行的清洗，一般适用于因为各种原因机组不能停运的情况下的清洗。

(1) 在进行清洗前将 200L 的清洗水加入箱内，并按一定比例加入化学清洗液。

(2) 清洗装置是人工操作的，因此要求一个运行人员站在水箱旁，操纵手动阀和选择器开关，而另一个运行人员在主控室控制手动盘车开关。

(3) 清洗工作开始，运行人员在小车旁操纵在控制板上的开关，启动手动盘车，打开

手动阀，然后将开关放在清洗位置。接着启动电机/泵。近 200L 的清洗溶液被送到燃气发生器进口进气道上的水管，经小孔喷入压气机。

（4）允许清洗液留在机内 10~20min，浸泡叶片。在浸泡结束时，运行人员可开始冲洗。冲洗程序同前，可以多次冲洗直到流出的水干净为止，如认为还没有达到清洗效果，则可以重复上述过程，直到认为洗净。

（5）清洗后，基本能恢复到发动机最初性能。但是运行时间长后，清洗往往不会达到原先效果，这是因为叶片表面本身会有损伤。

八、燃气轮机离线清洗及保护作业操作规程及标准

（一）目的

离线清洗是发动机在停运情况下，由启动机将压气机转子带转至一定转速下对发动机进行的清洗。离线清洗亦称为带转/浸泡清洗。发动机在启动机所能带转的最大转速下运行，此时无燃料气供应，并且点火系统也不工作。

（二）操作规程

（1）遥控模式关闭，在 HMI 上选择离线水清洗模式。在此状态下，有关的程序被启动，按压在 HMI 上的启动按钮，下面的动作开始执行。

（2）矿物油辅助泵马达启动，等待矿物油主压力恢复。

（3）液压启动机泵马达选择被启动，驱动 GG 轴。

（4）GG 转速大于 110r/min，离心水洗电磁阀打开，在这期间，水清洗溶液喷洒在 GT 上，进入清洗周期，GG 加速到清洗转速。

（5）GG 转速大于或等于 1200r/min，离线水清洗电磁阀关闭，在这期间，水清洗溶液不喷水。

（6）GG 转速被降低直到小于 110r/min，GG 转速再一次被增加到原来状态，离线水清洗电磁阀再一次打开。斜坡向上和斜坡停程序能够执行最长时间 40min。然后此程序自动停止，达到最大容许时间以前，操作员通过 HMI 上的停车按钮，手动停止此程序。

（7）带有清洗液的溶剂喷到叶片表面后，浸泡 20min，然后在水箱内加入 200L 的冲洗水，按上述操作运行燃气发生器，直到将带有清洗液的溶液冲净为止。

（8）冲洗次数由现场决定，可以根据需要多次重复清洗程序，直到认为清洗干净。

（9）当水洗程序全部完成，水清洗车被隔离，启动 GT 和运行，再急速运行 5min 以干燥机组。

九、机组排污作业规程及标准

（一）目的

压气机排污系统正常工作是保证该系统稳定工作的前提，因此在压气机的设计中排污

系统的设计占有重要的位置。如果排污系统不能够及时排污,压缩空气中含有的油或杂质会使气阀产生积炭,严重时甚至产生液击现象,最终导致压缩机故障,有着火或爆炸的危险,因此,针对高压空气压缩机排污系统的研究和分析尤为重要。

高压空气压缩机常规的排污控制单元主要分为两类:一类是利用手动方式进行排污的结构,这种结构操作简单,且性能可靠,但通常会涉及多级压缩,各级排污较繁琐,特别是高压下手动排污时不可避免地存在一定风险,并且常常伴随有较大的劳动强度;另一类是利用自动方式进行排污的结构,电磁阀或气动阀在这类结构中的应用一定程度上提高了排污系统的安全性和自动化水平。目前,高压空气压缩机排污系统多采用前述两类控制单元通过不同组合实现排污,以保证高压空气压缩机的稳定运行。

压气站的排污系统由分离器、汇管、清管收发装置等设备上的单条排污管道汇总到总排污管道,直至排污池或排污罐。

(二)排污准备

(1)用便携式可燃气体检测仪检测排污池周围2m内的可燃气体含量,应控制在天然气爆炸极限下限,监视管制周围行人和火源,避免挥发气体遇火爆燃。

(2)观察排污时风向,宜使工艺站场处于上风口。

(3)对于排污场所为排污池的站场,排污前,应向排污池内注入清水,使水面保持在排污管口以上10cm。对于排污场所为排污罐的站场,根据排污罐的设计工艺流程分别执行相应的作业指导书或规定。

(4)排污前应记录排污罐、排污池的液位数据。

(三)排污操作

(1)应将需排污的工艺设备从工作流程中退出运行,然后放空降压至不高于1.0MPa(表压),对于有排污罐的站场降压到不高于0.5MPa(表压),再进行排污。

(2)对并联运行的站场工艺设备的排污需逐路进行,在操作过程中缓慢操作,细致观察避免大量天然气排出冲击池内或罐内液体。

(四)排污分析

(1)排出污液的物理特性(油水比例)分析。

(2)排污作业中要根据要求进行取样。待取出液样的油水界面完全分离后,人工评测油水所占的比例,应及时对采样瓶进行密封,防止挥发,原则上液样保留时间为半个月。

(五)化学组分分析

(1)污液采样完成,进行液样检测工作,统一送检,在运输过程中避免日照、泄漏、碰撞,严防取样瓶燃烧、爆炸。

(2)送检工作根据需要按照生产运行处临时通知进行,并请管理处将检测结果及时报送生产运行处。

(六) 污液清理

(1) 在环境温度低于 0℃时，入冬前应对排污池进行清理。

(2) 按公司规定，管理处联系具有相关资质的单位签订协议处理污液。

(3) 排污池清出的污液要用车运走，由污液处理单位负责处理，不得就地倾倒，以防止污染环境。

(4) 在每次清运污液时站场应记录清理日期及污液量，并对清运的污液进行油水比例分析。

十、轴承及润滑注脂操作业规程及标准

(一) 目的

油脂在轴承中起着非常重要的作用，正确的油脂注入量和注入方法能更好地提高轴承的使用寿命，防尘性能与注脂量也有密切关系。润滑脂泄漏多，导致吸附在轴承密封唇部的灰尘急剧增加，导入轴承内的灰尘量上升，油脂注入过多对防尘不利。注脂量对摩擦力矩的影响也是随注脂量的上升而上升。大量的试验证明，当注脂量是轴承内部腔体容积的 30%以下时，由于轴承内部脂没有达到饱和状态，所以润滑脂漏失很少。注脂量超过 30%时，轴承内部局部产生饱和状态，当注脂量达到 50%时，轴承内润滑脂达到完全饱和状态，多余的脂被"挤"出。

(二) 操作规程

(1) 在领取和加注润滑脂前，要严格注意容器和工具的清洁，设备上的供脂口应事先擦拭干净，严防机械杂质、尘埃和砂粒的混入。

(2) 将油桶、气动泵吊至加注工位(注意：根据主轴承油脂牌号选用对应气动泵)。

(3) 打开油桶盖(注意：油桶盖打开后避免异物落入)，将气动泵伸入油桶，并确保气动泵插至油桶桶底；注油接头插入主轴承注油孔。

(4) 启动气动泵(依据气动泵使用规范)开始注油，依据装配工艺加注定量规定油脂。

(5) 安装油桶盖，并将油桶及气动泵放至规定位置。

(6) 油脂注完后，应尽快装配好其他部件，要防止进入轴承中的油脂夹带灰尘杂物，特别是砂粒和铁屑等。

十一、干气密封过滤器更换作业规程及标准

(1) 打开过滤器旁路阀向备用过滤器存压。

(2) 操控手柄使指针由运行指向备用。

(3) 操控手柄要缓慢，保证密封气流量稳定，不使气流波动。

(4) 关闭旁路阀，对待检修过滤器进行泄压，交付检修。

(5) 打开盖板。

(6) 将过滤器周围清理干净。

(7) 检查过滤器滤芯，如果确实较脏，全部拆下进行清洗或更换。

(8) 对设备内的杂物进行清理，并进行验收。

(9) 将新滤芯重新装入设备内，并进行检查验收。

(10) 验收合格后按顺序恢复拆卸下的组件。

(11) 仔细检查分离器的内部组件，确保组件齐全、安装正确，检查有无渗漏现象。

十二、燃料气过滤器更换作业规程及标准

(一) 准备工作

(1) 清洗维护前向调控中心或有关领导申请，批准后方可实施清洗维护操作。

(2) 准备安全警示牌、可燃气体检测仪、隔离警示带等。

(3) 检查过滤器和排污罐区周围情况，杜绝一切火种火源。

(4) 检查、核实排污罐液面高度。

(5) 准备相关工具。

(二) 检修维护操作

(1) 关闭过滤器进出口球阀及差压表。

(2) 打开过滤器放空阀将压力降至 0.2MPa 左右，按照排污操作规程将过滤器内的污物排净，然后放净过滤器内的压力直至压力表读数为零。

(3) 拧松过滤器快开盲板螺母查看是否漏气，如果不漏气则打开快开盲板，除掉周边 O 形圈。

(4) 抓住滤芯扭转，从管板上拔除滤芯，清除滤芯上的脏物，用清洁的布擦净壳体内表面污物，检查滤壳中的各部件，特别是壳体 O 形圈和滤芯 O 形圈，看是否有损坏或过度磨损、腐蚀的现象，更换已破坏或磨损的部件。

(5) 装好滤芯及其他组件，特别要注意检查过滤器滤芯的密封圈是否与滤芯密封面紧贴，保证滤芯的内端密封可靠，不出现气体短路现象。

(6) 仔细检查过滤器的内部组件，确保组件齐全、安装正确。

(7) 盖好快开盲板盖子，上好螺栓和拧紧螺母，关闭排污阀。

(8) 打开过滤器上游阀门对过滤器进行置换，将空气置换干净，检查是否漏气，如果漏气，则进行紧固。

(9) 关闭过滤器上游阀门及排污阀，作为备用，或恢复过滤器生产工艺流程。

(10) 整理工具、收拾现场。

(11) 向调控中心汇报清洗维护操作的具体时间和清洗维护情况。

十三、安全阀检定、更换作业要求及周期

安全阀是一种自动阀门，它不借助任何外力而利用介质本身的力来排出额定数量的流体，以防止压力超过额定的安全值。当压力恢复正常后，阀门再行关闭并阻止介质继续流出。

（一）拆卸安全阀

（1）关闭安全泄放阀临近的阀门，完成能量隔离。

（2）通过打开安全泄放阀自身的放空阀或缓慢打开安全泄放阀上游法兰螺丝的方式对安全泄放阀及其临近阀门间的管道进行放空，确认放空后拆下连接安全泄放阀的所有螺丝。

（3）拆下安全泄放阀；检查确认临近阀门有无内漏；如果安全泄放阀在一天内无法回装，必须用盲板隔离，否则用胶带临时封口。

（二）安全阀的安装

（1）确认安全阀压力等级选型正确并在有效期内，铅封完好。

（2）缓慢打开上游阀门，用管道内的天然气吹扫短节，关闭上游阀门。

（3）将安全阀进口与管道出口对应连接好，打开上游阀门，确认安全阀出口不漏气。

（4）将安全阀出口与下游管线相连，确保无泄漏后，安全阀安装作业完成。

（三）安全阀的日常检查和检定

（1）每日巡视、检查安全阀是否异常，铅封完好。

（2）安全阀检定周期一年（必须由取得当地检定资质的部门进行检定），必须要有备用安全阀，分批校验。

（3）安全阀出现异常或动作，必须立即校验。

第三节 压缩机组内窥孔探检查

一、内窥镜检查的目的和周期

（一）目的

内窥镜检查作为燃气轮机定期检查和故障检查的一项新技术，在各型燃气轮机上得到了广泛的应用。内窥镜检查也是一门新兴的技术，在燃气轮机的内部检查监控中起到了非常重要的作用。

内窥手段几乎是唯一一种可直观地获得发动机内部情况的图像技术。

通过内窥镜检查，可以对发动机的压气机，燃烧室和涡轮进行检查，以了解这些部位

的状况是否有缺陷、损伤或缺陷损伤的发展趋势以决定是否需要维修及维修等级，减少维修成本，提高燃气轮机可用性及可靠性。

内窥镜检查作为对发动机内部检查的一种手段，已经是必不可少的。

(二) 周期

（1）按照 GE/NP 公司对 PGT25+SHPT 燃气轮机维护保养的规定，机组每运行 4000h 必须对燃气发生器的压气机、燃烧室及涡轮进行内窥镜检查，对燃气发生器与动力涡轮的过渡段及动力涡轮的第一级及第二级转子叶片进行检查。

（2）安装了新的或大修过的燃气发生器在第一次运行之前，需进行内窥镜检查，以便确定燃气发生器在制造工厂试验运行时可能对燃气发生器内部造成的损伤，应将可能的损伤记录在案，以便确认可能的损伤在经长期运行后的损伤状况。

（3）可以根据实际情况确定内窥镜检查的周期。例如在例行检查中发现某处损伤已经接近返修标准时，可以自定检查周期，以便确定损伤发展趋势，以避免事故发生。

二、燃气轮机内窥检查

内窥镜也称孔探仪，是对内部检验所有仪器的通称。

(一) 检查设备

1. 内窥镜检查需要的设备

（1）液压制动装置组件。

（2）手动或前传动垫适配器花键。

（3）电机 2C14764G05（自选）。

（4）电机 2C14764G06（自选）。

（5）内窥镜。

2. 两种类型探头

1）挠性孔探仪或纤维镜

借助于孔探仪或纤维镜，可以对空腔和沿直线无法触及的零部件进行观察。孔探仪或纤维镜有良好的光学特性，可用于拍摄高质量的照片或录像。

2）刚性孔探仪

灵活性差一点，但能对被观察物体提供较好的观察效果，因为光线通过透镜系统而不是光学纤维传输到眼睛。

两种类型的孔探仪均可以用固定焦距或可变焦距形式提供。固定焦距使用更简单，但可变焦距在检验过程中可提供更高的精确度。

照片是一种很方便的，用来记录孔探仪观察到的特征的手段。现在摄像技术可以通过一个适当的转接器将一个单镜头反射自动照相机装到一个挠性或刚性孔探仪上。为了进一步方便燃气发生器检验,用适当的转接器即时播放录像机装到孔探仪上,从而可以对燃气发生器的状态进行比较性评估。

(二) 消耗器材

(1) 润滑油:所有压缩机探孔堵头(0~16级)在安装时,堵头螺纹上必须涂上润滑油,以方便下次检查时拆卸。

(2) 二硫化钼:所有燃烧室、涡轮及动力涡轮的探孔堵头在安装时,堵头螺纹上必须涂上二硫化钼,以防止螺纹在高温下粘结,以方便下次检查时拆卸。

(3) 保险丝:用于探孔堵头的锁紧。

(三) 检查要求

(1) 燃气轮机必须处于静止状态,且轮间温度不许超过80℃。暴露在高温环境下的内窥镜将会受到永久的损坏。

(2) 内窥镜检查的所有孔口都是有堵头封堵的,在检查完成后一定要立即完整复位。

(3) 当检查燃气轮机时,必须慢慢地把每一个叶片转到内窥镜的视野里。

(4) 用安装在离心压缩机主轴上的手动盘车装置来转动动力涡轮。

(5) 禁止直接查看内窥镜光线出口。高强度的光线会造成视力暂时受损,并且可能导致眼睛出现永久性伤害。

(四) 检查前的准备

在进行内窥镜检查之前应完成下列准备。

1. 压缩机叶片的清洗

在进行内窥镜检查之前,一定要对压缩机进行离线清洗,通过清洗将沉积在叶片表面的污垢去除,以便观察到叶片真实的状态。

2. 隔离燃气发生器

在完成压缩机叶片的清洗后,隔离与燃气发生器相关的电源、气源及油路。

3. 液压制动装置组件的安装

液压制动装置组件是一个将压气机静子上的可变定子叶片(VSV)设置到全开位置上的装置,只有将可变定子叶片(VSV)处于全开位置时,才能够更好地观察到相邻叶片的状态。将可变定子叶片(VSV)打开到全开位置的操作如下:

(1) 液压制动装置组件使用的液压油应与所检查的燃气发生器所使用的润滑油为同一牌号,一定不能和其他牌号的润滑油混用。另外润滑油对人体皮肤、眼睛以及呼吸道都会产生毒害作用,因此要对皮肤和眼睛采取保护措施,一定要避免重复接触或者长期接触。使用现场应当保持良好通风。

(2) 断开可变定子叶片伺服阀处的塞子杆端和首端软管,将残余油液排入安全废物容器内。

(3)将压力源连接到可变定子叶片传动装置塞子杆端软管上。

(4)将安全废物容器放置在首端软管下面,用来承接残余机油。

(5)在应用压力的时候可能会造成严重伤亡,因此必须对眼睛采取保护措施,在断开线路和管件之前一定要释放系统压力。

(6)向可变定子叶片制动器提供压力,最大使用压力值为200lbf/in² 或者1378kPa(g)。

(7)将可变定子叶片设置在全开位置上。

4. 手动适配器花键的安装

用内窥镜检查发动机内部时,需要手动摇转发动机转子。在发动机附件齿轮箱后侧,润滑油泵和离合器安装座中间位置有一专用安装座。在检查之前首先将此安装座堵盖卸下,然后将此用螺帽固定于附件齿轮箱上。内窥镜检查时用摇把插进手动适配器后端的方孔内,轻轻逆时针摇转高压压气机转子。

5. 内窥镜装置的准备

(1)可以使用硬式内窥镜或者软式内窥镜。选择适当的探头。

(2)将电缆连接到探头和光源上。在将光源连接到电源之前,一定要使开关置于关闭的位置上。

(3)将光源连接到接地电源上。

(4)如果有必要的话,则将放大适配器连接到探测目镜上。在连接之前要对探头进行调焦处理。

(5)如果有必要进行胶片记录,需要按照以下内容连接可选记录设备:如果需要拍照,则将照相机适配器连接到35mm的摄像机上,将摄像机和适配器连接到探头的目镜上。如果需要拍摄电影/录像,则将电视适配器连接到电视/录像摄像机上,将适配器和摄像机连接到目镜上。

(6)如果需要,可以将角度为60°或者90°的适配器连接到探测目镜上。

6. 通过探头调整光强度

(1)将光源的电路开关置于打开的位置上。照相弧光电路具有热延迟电路断开装置,即如果其太热,应避免打开光源。

(2)在将探头插入电机内窥镜口之后,调整光强度从而获得适当的照明。

7. 拆下组件

(1)T5.4探头:检查高压涡轮二级转子叶片和导向器叶片,涡轮中间匣。

(2)内衬,动力涡轮一级导向器以及一级转子叶片。

(3)P2/T2探头:检查进口导叶(IGV)。

(4)P5.4探头:与T5.4探头相同。

(5)点火器:检查燃烧室,燃料喷嘴,以及高压涡轮一级导向器。

(6)火焰探测器观察孔:检查燃烧室,燃料喷嘴,以及高压涡轮一级导向器。

以上组件在不使用的时候，用适当的材料将口盖上。

（五）检查方法

1. 用内窥镜检查燃气发生器内部

（1）检查时燃气轮机必须处于静态且燃气轮机间温度不超过80℃。

（2）用摇把插进安装在附件齿轮箱上的手动适配器后端的方孔内，轻轻逆时针摇转高压压气机转子。

（3）将内窥镜探进压气机静子机匣上的探孔内，依次从第一级至第十七级。

（4）检查所有能见的压气机转子叶片、静子叶片、静子机匣内壁是否有损伤及缺陷。

（5）检查燃烧室内所有能见的燃烧室内壁、外壁喷嘴是否有损伤及缺陷。

（6）检查高压涡轮所有能见的静子叶片、动叶、机匣内壁有否损伤及缺隔。

2. 用内窥镜检查动力涡轮内部

（1）检查时应使转子轴承处于供油的润滑状态。

（2）用安装在离心压缩机主轴上的手动盘车装置来转动高速动力涡轮。

（3）检查动力透平的叶片时，必须慢慢地转动转子并逐步地把每一个叶片转到内窥镜的视野内。

（4）在联轴器上标记一个转子转动的参考"零"点，以便提供一转或中间角度的参照。

（5）检查1、2级喷嘴及1、2级叶片的可见区域的外观。

（6）每一片叶片都要从头到尾，包括平台和端面密封仔细地进行检查，完成后把所有检查口回装到原状态并锁紧。

（7）检查动力涡轮过渡段是否有裂纹，隔热罩是否有损坏，外部衬里是否有变形、烧坏等。

（8）检查动力涡轮本体是否有异物造成损坏，是否有腐蚀。

（9）检查动力涡轮叶片是否有异物造成损坏，是否有腐蚀、坑蚀、磨蚀、裂纹等，顶部间隙是否正常。

以上所有检查必须详细记录，所有缺陷须照相存录。对于缺陷程度超过有关规定的应告知有关技术部门处理。孔探是一项技术要求高的工作，要求操作者熟悉机组内部结构相互关系，了解机组运行时内部状态变化，以及各种缺陷所产生的原因。孔探还是一项要求操作者有极多耐心、极高责任感的工作，对每一处可疑点都要仔细研究分析并对可能的发展作出判断。

第四节　燃气发生器、动力涡轮运行72h的运行测试

运行测试的目的是确认燃气发生器、动力涡轮的运行稳定性，以证明达到了72h不间断运行的要求。此测试证明在正常现场条件下，系统在整个约定的运行范围内至少可连续

运行72h。如果在警报范围内,则所有参数均被视为可接受。

在整个测试过程中,控制系统应以每分钟1次采集的采样率自动记录数据,并在最终报告中附上趋势图。如果没有自动采样系统,则应每2h手动记录一次所有数据,所有其他数据(本地仪器/量具等)也应每2h手动记录一次。必须在72h的运行测试期间记录控制系统警报和跳闸日志,将其存档并附加到最终报告中。

运行测试的顺序如下(图7-1):

(1) 在最小设定点启动。
(2) 耐久性测试。
(3) 正常停止。

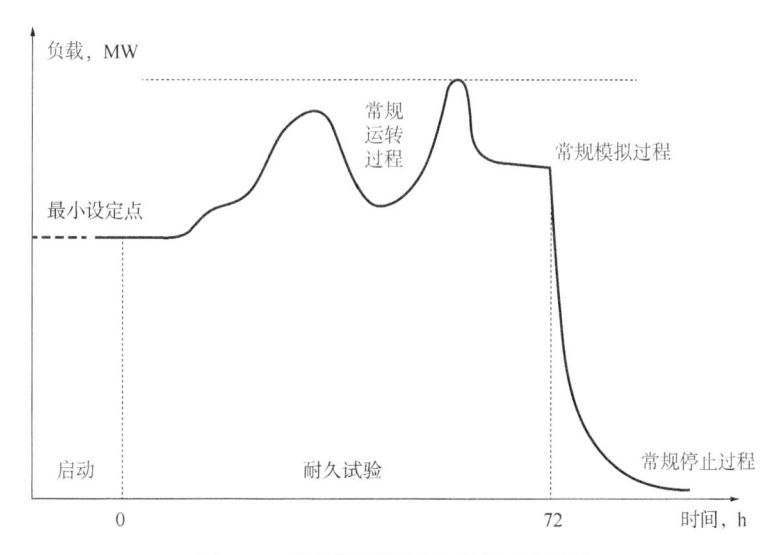

图 7-1 运行测试期间负载变化的示例

第五节 燃气发生器、动力涡轮运行500h的维护检修

一、燃气发生器维护检修内容

对燃气发生器进行外观检查:是否有磨损、变形、破裂、腐蚀、螺栓松动等现象。查阅运行记录进行数据分析,及时发现和消除故障隐患。

检查润滑油温度控制阀的管路是否完好。对于全新的或从最后一次更换或检修高温段之后运转500h以下的发动机,在100h(高达500h)运转期间,要监测高压(HP)补偿压力,并且根据需要调整孔板尺寸。

二、动力涡轮维护检修内容

对于全新的或从最后一次更换之后运转 500h 以下的动力涡轮，在 100h（高达 500h）运转期间，要进行轴向平衡空腔压力的检查。

第六节　压缩机组 4000h 保养

一、燃气发生器维护保养内容

（一）外观检查

停机后对燃气发生器进行外观检查：是否有磨损、裂纹、变形、破损、漏气、腐蚀，并检查导线连接锁紧装置螺栓松动等现象。

（1）目视检查有无裂纹、凹痕、变形、热斑、空气和排气泄漏。

（2）外部管路、导管和电气引线：检查所有可触及的导管、接头、卡箍、支架和电气引线的牢固性，确定有无擦伤或磨损迹象，及有无燃料、空气或润滑油泄漏迹象。

（3）润滑油管：检查有无凹痕、刻痕、微量磨损和划伤迹象。

其中，润滑油供油管验收标准：

① 凹痕：在管端头配件 12.70mm 范围内不允许有凹痕。在弯曲部位外表面上，凹痕深度应不超过 0.38mm。其他区域，凹痕深度应不超过 0.63mm。

② 刻痕：弯曲部位外表面上光滑刻痕深度应不超过 0.13mm，其他区域内刻痕深度应不超过 0.25mm。

③ 微量磨损：最大磨损深度应不超过 0.102mm。

④ 划伤：弯曲部位外表面上划伤深度应不超过 0.13mm，其他区域内划伤深度应不超过 0.25mm。

润滑油回油和通风润滑油管验收标准：

① 凹痕：在管端头配件 12.70mm 范围内不允许有凹痕。在弯曲部位外表面上，凹痕深度应不超过 0.38mm。其他区域，凹痕深度应不超过 0.63mm。

② 刻痕：弯曲部位外表面上刻痕深度应不超过 0.13mm，其他区域内刻痕深度应不超过 0.25mm。

③ 微量磨损：弯曲部位外圆弧上最大磨损深度应不超过 0.178mm，其他部位上最大磨损深度应不超过 0.254mm。

④ 划伤：弯曲部位外表面上划伤深度应不超过 0.13mm，其他区域内划伤深度应不超过 0.25mm。

第七章 压缩机组的维护保养

(二) 入口滤网和磁性碎屑检测器检查

对润滑油、回油泵入口滤网和磁性碎屑检测器进行检查和清洗。

(三) 滤清器检查

对润滑油供给和回油滤清器进行检查(GE/NP 运行维护手册)。

(四) 发动机入口检查

发动机入口检查(编号 WP401 00)。

(五) 进口滤网检查

(1) 滤网上是否有杂物;
(2) 滤网是否断丝,脱落;
(3) 滤网架安装是否牢靠,固定是否锁紧。

(六) 进气道检查

(1) 是否有裂纹,裂痕及刻痕;
(2) 是否有凹痕,是否有油漆缺损;
(3) 清洗排放孔是否堵塞;
(4) 表面是否有脏污;
(5) 进气道安装是否牢固。

(七) 中心锥体检查

(1) 是否有裂纹;
(2) 表面是否有脏污;
(3) 固定是否牢固。

(八) 外部发动机清洗(编号 WP40200)

(1) 应该使用便携式蒸气清洁设备;
(2) 如果没有便携式蒸气清洁设备,则可用带可调喷嘴的软管和清水清洗;
(3) 如果水不能除去污物则需用异丙醇浸泡清洗。

(九) 外部发动机检查(编号 WP40300)

(1) 检查所有的软管,导管和管件;
(2) 检查电缆和电接头;
(3) 检查进气道和中心锥体;
(4) 检查压气机前机匣;
(5) 检查附件齿轮箱和油气分离器;
(6) 检查高压压气机静子外壳;
(7) 检查可变定子叶片动作机构;

（8）检查压气机后机匣；

（9）检查涡轮中机匣；

（10）检查动力涡轮外部软管，导管和管件；

（11）检查动力涡轮外部电缆和电接头；

（12）检查动力涡轮静子机匣以及涡轮中机匣。

（十）机组排气系统的检查（编号 WP40400）

（1）检查排气扩压器是否有裂纹、鼓包及掉块；

（2）检查排气道是否有裂纹、鼓包及掉块；

（3）检查排气蜗壳保温层。

（十一）压气机清洗（编号 WP40500）

（1）做好清洗前准备；

（2）按清洗程序运转发动机；

（3）当高压压气机转子转速达到 1200r/min 时断开启动机，停止水溶液供应；

（4）当压气机转子转速降到 100r/min 时重新接通启动机并供应水溶液，直到水溶液用完；

（5）如果没有清洗干净可以重复清洗；

（6）全部清洗工作完成后，启动并在怠速运转 5min。

（十二）内窥镜检查（编号 WP40600）

用内窥镜检查燃气发生器内部：

（1）检查时燃气轮机必须处于静态且燃气轮机间温度不超过 80℃；

（2）用摇把插进安装在附件齿轮箱上的齿槽内，轻轻逆时针摇转高压压气机转子；

（3）将内窥镜探进压气机静子机匣上的探孔内，依次从第一级至第十七级；

（4）检查所有能见的压气机转子叶片、静子叶片、静子机匣内壁是否有损伤及缺陷；

（5）检查燃烧室内所有能见的燃烧室内壁、外壁喷嘴是否有损伤及缺陷；

（6）检查高压涡轮所有能见的静子叶片、动叶、机匣内壁有否损伤及缺陷。

（十三）润滑油取样（编号 WP40700）

（1）禁止从低排放点提取油样，因为低排放点可能含有重的沉淀物，可能提供不正确的信息；

（2）在机组停机后的 30min 内提取油样；

（3）提取油样的容器不能被污染；

（4）提取时先放走 0.5L 油后再提取油样；

（5）每次取样应在同一位置；

（6）油样标签上应标注如下内容：站名、机组号、发动机号、油型号、机组运行时间、机取样位置；

(7) 取样后应及时送有关部门化验；

(8) 根据化验结果决定是否更换润滑油。

(十四) 液压泵滤清器检查(编号 WP40800)

(1) 用软扳手拧下滤清器壳体；

(2) 检查滤杯内是否有大的颗粒；

(3) 检查滤芯是否污染；

(4) 如有污染需更换滤芯；

(5) 如 VSV 低压报警则需检查液压泵。

(十五) 振动监测系统功能检查(编号 WP41000)

(1) 在压气机后机匣前法兰上安装有燃气发生器探头；

(2) 检查是否有损坏；

(3) 检查是否安装正确及有否松动；

(4) 探头导线是否安装正确及有否松动；

(5) 检查探头的连续性；

(6) 检查探头壳体与接线插脚之间的绝缘性。

(十六) 燃油系统检查(编号 WP41500)

(1) 检查燃料气总管及支管是否有裂纹、裂痕、凹痕及划伤；

(2) 夹紧位置是否有磨损；

(3) 弯曲内径中是否有皱纹及扭结；

(4) 管件及连接件是否有泄漏及松动；

(5) 检查所有燃料喷嘴；

(6) 喷嘴上是否有碳沉淀物及可见的堵塞；

(7) 喷嘴表面是否有裂纹及磨损。

(十七) 可变定子系统检查(编号 WP41800)

(1) 可变定子伺服阀电缆插座是否松动；

(2) 管子管件外部是否有泄漏；

(3) 软管是否有裂纹及破裂；

(4) 熔断丝是否有缺损及松动；

(5) 伺服阀外部是否有缺陷；

(6) 可变定子叶片作动筒是否有泄漏；

(7) 作动筒熔断丝是否有松动及缺损；

(8) 可变定子叶片作动筒安装支架是否有裂纹、松动、扭曲；

（9）可变定子叶片扭矩轴是否有松动；

（10）扭矩轴熔断丝是否有松动或缺损；

（11）输入杆是否有弯曲或变形；

（12）扭矩轴总成熔断丝是否有缺损或松动；

（13）扭矩轴总成是否有松动、裂纹及扭曲；

（14）连接杆是否有裂纹、磨损及松动；

（15）定位销是否有磨损、松动；

（16）制动环弧上螺母是否有松动；

（17）制动环针孔是否伸长，孔件内是否有磨损，金属衬套内是否有磨损、扭曲、刻痕及划痕；

（18）叶片组件是否有松动，传动臂是否弯曲；

（19）叶片销定螺帽是否松动，螺纹是否破损；

（20）叶片传动臂是否有扭曲、弯曲、伸长、裂纹、变形或排列不正。

（十八）热电偶检查（编号 WP41900）

（1）从涡轮中机匣上取下热电偶；

（2）用万用表测量热电偶两端导线之间的电阻是否满足 $0.44\sim0.83\Omega$；

（3）用万用表测量接头及机匣之间的电阻是否不大于 $10M\Omega$。

二、燃气发生器的存放要求

燃气发生器的存放要求如表 7-2 所示。

表 7-2 已安装了的燃气发生器的存放要求

条件	预期的时间间隔	(1)	(2)	(3)	(4)	(5)	(6)
有暖气的库房和干燥炎热的气候	7 天以内	☆					
	8~30 天	☆	☆				
	31 天~6 个月	☆	☆	☆		☆	
	6 个月以上	☆	☆	☆		☆	☆
没有暖气的库房温度	7 天以内	☆					
	8~14 天	☆	☆				
	15~30 天	☆	☆	☆			
	31 天~6 个月	☆	☆	☆	☆	☆	
潮热天气（湿度高于80%）	3 天以内	☆					
	4~8 天	☆	☆				
	8 天~3 个月	☆	☆	☆	☆	☆	
	3 个月以上	☆	☆	☆		☆	☆

此外，燃气发生器还要求：

(1) 装上堵盖和堵塞。

(2) 放上气相防锈纸。

(3) 对压气机做防腐处理。

(4) 在燃气发生器燃烧室机匣之前的机匣上喷一层羊毛脂。

(5) 给可调进口导向叶片(VIGV)联动装置涂润滑脂。

(6) 将燃气发生器装入袋内，并添加干燥剂。

三、动力涡轮维护保养内容

(1) 润滑油取样分析：从动力涡轮回油管路取出一定量的润滑油送专门的检查单位进行分析化验，根据运行时间来取样，不需要停机。

(2) 启动时进行振动分析，启动时观察动力涡轮振动的振幅值，并与历史数据进行对比。

(3) 检查设备地脚螺栓、螺母应紧固无松动。

(4) 检查动力涡轮冷却密封空气系统。

(5) 用内窥镜检查动力涡轮内部。

① 内窥镜检查注意事项：

a. 检查时燃气轮机必须处于静态且轮间温度不超过 80℃；

b. 检查时应使转子轴承处于供油的润滑状态；

c. 用安装在离心压缩机主轴上的手动盘车装置来转动高速动力涡轮；

d. 检查动力透平的叶片时，必须慢慢地转动转子并逐步地把每一个叶片转到内窥镜的视野内；

e. 在联轴器上标记一个转子转动的参考"零"点，以便提供一转或中间角度的参照。

② 内窥镜检查程序：

a. 检查1、2级喷嘴及1、2级叶片的可见区域的外观；

b. 每一片叶片都要从头到尾，包括平台和端面密封仔细地进行检查，完成后把所有检查口回装到原状态并锁紧。

③ 内窥镜检查内容：

a. 检查动力涡轮过渡段是否有裂纹，隔热罩是否有损坏，外部衬里是否有变形、烧坏等；

b. 检查动力涡轮本体是否有异物造成损坏，是否有腐蚀；

c. 检查动力涡轮叶片是否有异物造成损坏，是否有腐蚀、坑蚀、磨蚀、裂纹等，顶部间隙是否正常；

d. 所用矿物油为 PRESILIA 32，须按照道达尔润滑油公司的建议进行润滑油的化验。

四、压缩机维护保养内容

（1）检查矿物油双油滤切换阀是否活动自如；

（2）检查天然气冷却器阀门是否活动自如；

（3）检查天然气冷却器风扇电动机是否工作正常；

（4）检查天然气冷却器风扇电动机声音和振动是否正常；

（5）检查天然气冷却器风扇电动机启动是否正常；

（6）检查天然气干气密封过滤器切换阀是否活动自如。

五、其他系统维护保养内容

（1）检查系统控制和保护柜内各端子排接线是否牢固，接地线是否可靠。

（2）对所有的弹簧管压力表进行校验。

（3）对所有就地显示温度表进行校验。

（4）对所有压力变送器及压力表的取样管进行排污和吹扫。

（5）检查温度检测元件是否完好，是否有接地现象，保证屏蔽线一点接地。

（6）检查燃料气压力调节阀，燃料计量阀是否完好。

（7）用兆欧表检查所有电动机绝缘电阻，并做好相关记录。

（8）检查所有系统软管和接头有无破损，螺栓是否松动并及时进行处理。

（9）检查压缩空气管线是否有泄漏，更换压差高的滤器滤芯。

（10）检查液压启动系统过滤器，必要时拆下滤芯清洗或更换。

（11）检查所有控制阀开关的灵敏度，及控制参数是否符合要求，确认控制阀的工作状态。

（12）检查各径向振动、轴向位移探头的安装间隙电压是否符合要求（参照移交时的安装数据）。

（13）检查所有GG空气过滤器安装位置是否正确，有无损坏，必要时更换。

（14）检查所有穿线管和接线盒，打开所有接线盒检查，应无积水、无腐蚀。必要时进行更换或处理。

（15）确保接地线安装正确、无腐蚀，用扳手检查安装是否牢固。

（16）润滑所有限位开关的限位杆，确保活动自如。

（17）检查可调导叶操作机构的灵活性，及开度反馈信号是否准确。

（18）检查高能点火器的打火情况。

（19）检查GG火焰检测探头安装是否牢固、检测窗口是否清洁。

（20）检查超速保护系统回路工作是否可靠，用信号发生器模拟转速信号，进行超速保护试验。

(21) 检查现场所有温度调节阀、控制阀有无泄漏，调节参数是否正确。

(22) 检查现场热电阻、热电偶安装是否可靠，接线有无松动。

第七节　压缩组 8000h 及以上保养

一、燃气发生器维护保养内容

(1) 检查燃气发生器润滑油和回油泵滤网，电子碎屑探测器，以及磁探测器插头(编号 WP40000)：

① 拆下磁性检测器探头(安装于所有的回油泵进口滤网内)。

② 检查磁性检测器上的磁体，如果在磁体上有明显的外来物，则需检查所有的润滑和回油泵滤网。

③ 松开并拆下滤网和磁性检测器。轴承环、滚珠和滚柱都由含铁材料制成，磁铁的使用有助于确定这些物质是否出现在滤网上。

主发动机轴承的损坏与润滑油回冲温度升高和发动机振动有关，如果发现有外来物，则要检查发动机工作温度或振动参数是否有明显变化。

④ 目视检查磁性检测器头部是否有外来物。

⑤ 如果发现外来物为胶圈、熔断丝等，则要对发动机进行监测直到发现污染物来源。如果滤网连续两天没有碎屑，则可以解除监测。如果还有污染物再检查附件齿轮箱，润滑油进口和 A、B、C 收油池。

⑥ 用异丙醇和软毛刷清洁磁性检测器头部。

⑦ 用仪表风吹干。

⑧ 如果怀疑磁性检测器有误动作，检查接头插针与壳体是否断路，各插针之间电阻应不小于 $10k\Omega$。

⑨ 安装滤网及磁性检测器并打上熔断丝。

(2) 检查燃气发生器入口(编号 WP40100)：见 4000h 的维护检修。

(3) 燃气发生器外部清理(编号 WP40200)：见 4000h 的维护检修。

(4) 检查燃气轮机排气系统(编号 WP40400)：见 4000h 的维护检修。

(5) 燃气发生器水清洗(编号 WP40500)：见 4000h 的维护检修。

(6) 用内窥镜检查燃气发生器内部(编号 WP40600)：见 4000h 的维护检修。

(7) 燃气发生器润滑油取样化验(编号 WP40700)：见 4000h 的维护检修。

(8) 检查液压泵滤清器组件(编号 WP40800)：见 4000h 的维护检修。

(9) 检查燃气发生器点火系统功能(编号 WP40900)：

① 关闭点火器电源，使点火器电源不能使用；

② 冷拖发动机 1min 并减速到停止转动；

③ 重新向点火系统供应电源，点火塞通电；

④ 在点火塞通电时，可以听见破裂声。

(10) 检查燃气发生器振动监视功能(编号 WP41000)：见 4000h 的维护检修。

(11) 燃气发生器超速运行检查(编号 WP41100)。

① 当高压压气机转速每分钟超过 10370r 时，燃气发生器发生超速，机组停机；

② 检查控制硬件和运行软件运行是否正确；

③ 如检查控制硬件和运行软件运行正常，则拆下燃气发生器返厂检查。

(12) 过热检查(编号 WP41200)。

① 如果动力涡轮入口温度 T54 超过 5min 大于 871℃则需要进行过热检查；

② 检查发动机使用的仪器、电缆、控制硬件和软件；

③ 如正常则拆下燃气轮机返厂检查。

(13) 检查燃气发生器各式贮槽组件(编号 WP41300)：25000h 检查项目。

(14) 检查燃气轮机各式贮槽组件(编号 WP41301)：25000h 检查项目。

(15) 检查燃气轮机燃料系统(编号 WP41500)：见 4000h 的维护检修。

(16) 检查压气机前机匣(编号 WP41600)：见 4000h 的维护检修。

(17) 高压回流测量垫片选择(编号 WP41700)。

① 在发动机运行期间，记录发动机以下参数：

a. 转速：9000~9400r/min；

b. PT5.4(动力涡轮进口压力)；

c. PS3(压气机排气压力)；

d. NGG(燃气发生器转速)；

e. P2(进气压力)；

f. T2(进气温度)；

g. HPRCP(高压补偿压力)。

② 依据上述记录数据使用工作表来检查计算孔板直径。

③ 安装新的孔板并重新运行发动机，目的是查看是否符合更高要求。

(18) 检查可变定子叶片系统(编号 WP41800)：见 4000h 的维护检修。

(19) 检查热电偶探头(T5.4)(编号 WP41900)：见 4000h 的维护检修。

(20) 检查附件变速箱(编号 WP42000)：25000h 维护。

(21) 检查高压压气机定子套管(编号 WP42300)：25000h 维护。

(22) 检查高压压气机转子(编号 WP42400)：25000h 维护。

(23) 检查高压涡轮机 1 级喷嘴(编号 WP42700)：25000h 维护。

(24) 检查高压涡轮机 2 级喷嘴(编号 WP42800)：25000h 维护。

(25) 检查涡轮中机匣(编号 WP42900)：25000h 维护。

(26) 检查高压压气机可变定子叶片围带(编号 WP43000)：25000h 维护。

二、动力涡轮维护保养内容

(一) 现场检查 2#径向轴承和止推轴承注意事项

(1) 如果运行过程中轴承没有任何异常，可推迟到下一个检查周期。

(2) 该检查必须拆掉负载联轴器，联轴器回装时，应保持与拆卸时相同的角度位置，锁紧联轴器的螺栓也必须回装原位。

(3) 检查之前，必须检查燃气发生器主轴与从动设备的对中情况。

(4) 对中检查确定动力涡轮主轴的对中状态，可与图纸要求对照，图纸如图 7-2 所示。

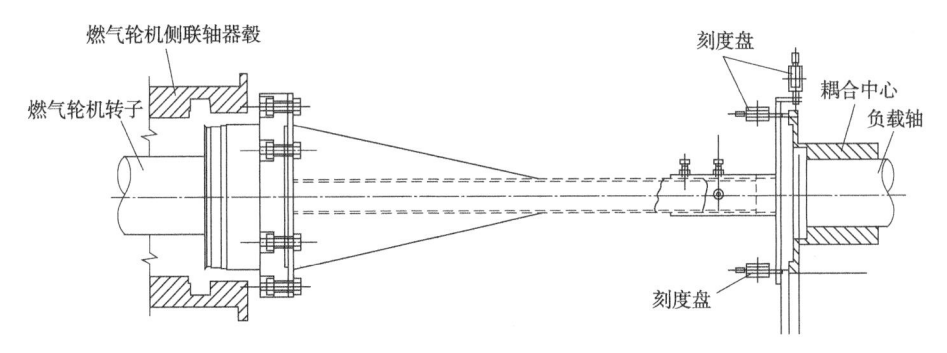

图 7-2 燃气轮机和压气机轴控制校正的典型示例

(二) 2#径向轴承座盖的拆卸程序

(1) 拆卸外壳盖之前，请检查推力轴承游隙并记录测量尺寸。

(2) 首先拆下外部扩散器上半部分的外部绝缘层。

(3) 断开 RTD 与延长电缆的连接，然后卸下 RTD 接线盒和所有无需打开轴承箱即可拆卸的仪器。

(4) 盖好所有因拆卸而造成的开口，拧下锁定轴承箱盖板的四颗螺钉。

(5) 卸下径向轴承的水平接头上的两个销钉，并卸下固定径向轴承的水平和垂直接头的锁紧螺钉。

(6) 将横梁组装在轴承箱盖板上并用螺钉和垫圈将其固定到位。

(7) 将支架组装在横梁上，并用螺栓，螺母和垫圈将其固定。

(8) 用螺纹将支架连接到排气室螺纹衬套和螺钉以及垫圈、销和卡环。

(9) 使用起重小车替换原来的起重横拉杆，用起重装置将叉车插入横梁。

(10) 将拉杆、螺母和垫圈组装到梁上。

(11) 在径向轴承上将拉杆缩短约 15mm，盖上并用螺母将它们锁定。

(12) 通过两个顶头螺钉拆下径向轴承箱盖。

(13) 转动组装在拉杆上端的螺母,抬高轴颈轴承的盖子,直到其水平接头自由向后移动。

(14) 向后移动盖子,直到可以用起重机将其举起并将其移至建立地点进行检查。

(三) 2#径向轴承的检查

(1) 拆掉 2#轴承盖,可塞尺检查油密封的下半体间隙并与表 7-3 的数据对照。

(2) 油密封的上半体可安装在轴承座下半体位置上进行检查。

(3) 2#径向轴承和止推轴承的检查:目视检查轴颈表面是否有异物、剥落、刮痕、点蚀或刮擦。

(4) 按照表 7-3 回装紧固螺钉、连接螺杆;回装之后,检查止推轴承间隙。

表 7-3 钢螺栓、螺母和自锁螺母的扭矩值

尺寸,in	每英寸的螺纹数	扭矩值	
		lbf·in	N·m
8	32	13~16	1.5~1.8
10	24	20~25	2.3~2.8
1/4	20	40~60	4.5~6.8
5/16	18	70~110	7.9~12.4
3/8	16	160~210	18.1~23.7
7/16	14	250~320	28.2~36.2
1/2	13	420~510	47.5~57.6
8	36	16~19	1.8~2.1
10	32	33~37	3.7~4.2
1/4	28	55~70	6.2~7.9
5/16	24	100~130	11.3~14.7
3/8	24	190~230	21.5~26.0
7/16	20	300~360	33.9~40.7
1/2	20	480~570	54.2~64.4

三、压缩机维护保养内容

(1) 检查径向和推力轴承的磨损和过热情况。

(2) 检查压缩机整体并做适当调整。

(3) 检查压缩机矩形齿及离心沉积物。

(4) 检查压缩机轴向位移。

(5) 检查压缩机的螺栓和螺母是否松动。

(6) 检查压缩机柔性隔板的螺栓和螺母是否松动。

(7）检查矿物油箱隔板的状态。

（8）在矿物油箱底部放油，检查润滑油品质。

（9）检查油泵的联轴节。

（10）检查油泵出口油滤的清洁度。

（11）检查油泵打油流量。

（12）更换油滤滤芯，不管油压是否下降。

（13）检查润滑油过滤器切换阀活动是否自如。

（14）检查润滑油泵电动机是否启动正常。

（15）检查润滑油控制阀是否工作正常。

（16）检查润滑油控制阀附件是否工作正常。

（17）更换干气密封过滤器滤芯，不管压力是否下降。

（18）检查干气密封控制阀是否工作正常。

（19）检查干气密封控制阀附件是否工作正常。

（20）检查干气密封安全阀设定值是否正确。

（21）对压力、温度仪表进行校验。

（22）对传感器、调节器进行校验。

（23）检查压力、温度、液位开关是否正常报警。

（24）检查辅助系统的联锁功能是否正常。

（25）检查机组停机保护系统是否工作正常。

（26）检查机组停机按钮是否可正常操作。

四、其他系统维护保养内容

（1）完成4000h的维护检修内容。

（2）对现场所有金属屑探测器进行清洁检查。

（3）对现场所有双金属温度计进行校验。

（4）现场热电阻、热电偶送检。

（5）对CO_2消防系统的紫外线探头、可燃气探头、温度探头进行检查，必要时送检。

（6）用压力校验仪对所有压力/差压变送器进行校验。

（7）用模拟信号发生器对所有温度变送器进行校验。

（8）检查并校准所有压力开关设定值，确定其触点接触良好、动作灵敏。

（9）对本特利检测系统进行功能测试和校检，振动探头和轴向位移探头须送相关单位进行校验，并保存好校验合格证。如果运行中未出现故障，可延至下一检查周期进行。

（10）检查气动执行机构是否开关到位，行程反馈是否正确。

（11）检查现场所有电磁阀是否动作灵敏，开关到位。

（12）对 MCC 柜进行维护检查。

MCC 柜的维护项目：

① 在带电状态下检查面板指示灯有无损坏，发现损坏及时更换。

② 切断柜内的动力电源和控制电源，验电后挂相应警示牌。

③ 打开柜门(或拉出抽屉)，逐个检查内部接线是否松动，内部电子元件是否有过热烧损现象，检查内部过流继电器定值是否准确。

④ 检查抽出件的触头是否完好，清洁触头并涂上凡士林保养。

（13）校验所有安全阀设定值是否符合技术要求，具体定值见表 7-4。

表 7-4 安全阀设定值列表

序号	工作编号	名称	设定值，kPa
1	PSV-132	油泵调节阀	1370
2	PSV-173	回油压力释放阀	1200
3	PSV-207	燃气过滤器安全阀	4600
4	PSV-208	燃气加热器安全阀	4600
5	PSV-115	主润滑油泵 PL-1 安全阀	1200
6	PCV-112	矿物油压力控制阀	175
7	PCV-752	压缩机非驱动端主排放	150
8	PCV-754	压缩机驱动端主排放	150
9	PSV-759	压缩机主排放安全阀	6500
10	PSV-760	压缩机主排放安全阀	6500

附 录

缩写索引表

缩写词	英文名	中文名
ATS	Abort To Start	启动失败
CEC	Core Engine Controller	MARK VIe 控制器
CPU	Central Processing Unit	中央处理器
CDP	Compressor Discharge Pressure	液压伺服阀
DCS	Distributed Control System	集散控制系统
DLE	Dry Type Low Pollution	干式低污染
DM	Deceleration To Minimum Load	减速到最小负荷
DP	Differential Pressure Transmitter	差压变送器
ECD	Electronic Chip Detector	电子碎屑监控器
ESD	Emergency Shutdown	紧急停车
ESP	Emergency Stop Pressurized	压缩机带压紧急停车
ESD	Emergency Stop De-pressurized	压缩机泄压紧急停车
FGS	Fire Gas System	消防系统
GG	Gas Generator	燃气发生器
GT	Gas Turbine	燃气轮机
HMI	Human Machine Interface	人机界面(计算机控制屏)
HSPT	High Speed Power Turbine	高速动力涡轮
ITL	Inhibited To Load	禁止加载
ITI	Inhibited To Ignation	禁止点火
ITS	Inhibited To Start	禁止启动
MCC	Motor Control Center	电动机控制中心(马达控制中心)
N3	Power Turbine Speed	动力涡轮转速
NH	High Pressure Rotor Speed	高压转子转速
NL	Low Pressure Rotor Speed	低压转子转速

续表

缩写词	英文名	中文名
NS	Normal Stop	正常停车
OEM	Original Equipment Manufacturer	原始设备制造商
PID	Proportion Integration Differentiation	比例积分微分
PLC	Programming Language Control	可编程控制器
PT	Power Turbine	动力涡轮
QDM	Quantitative Debris Monitor	碎屑定量监视器
RTD	Resistance Temperature Detector	电阻温度检测器
RTDs	Thermal Resistance Transmitter	热电阻变送器
SAC	Single Annual Combust	环形燃烧室
SI	Stop To Idle	停车到怠速
SCADA	Supervisory Control and Data Acquisition	监控和数据采集系统
SCS	Station Control System	站控系统
SCS	Safety Control Switch	安全控制开关
TMR	Triple Modular Redundancy	三重模块冗余度
UCP	Unit Control Panel	装置控制(柜)面板
UCS	Universal Character Set	通用字符集
UCS	Unit Control System	机组控制系统
UHM	Unit Health Monitoring	装置(健康)状态监视器
UPS	Uninterrupted Power Supply	不间断电源
UV	Ultraviolet	紫外线
VG32·T		40℃时的运动黏度
VIGV	Variable Inlet Guide Vane	可变进气导流叶片
VSV	Variable Stator Vanes	可变定子叶片